에어 콤푸레셔

에어 스프레이건 사용법

에어 스프레이건 사용법   에어 콤푸레셔

How to use an air spray gun

출판사 등록번호 : 제2020-000005호
신고연월일 : 2020년 9월 11일

에어 스프레이건 사용법 - 에어 콤푸레셔

발행일 : 2024-04-19
발행처 : 가나출판사
발행인 : 윤관식
주　　소 : 충남 예산군 응봉면 신리길 33-4
전　　화 : 010-6273-8185
팩　　스 : 02-6442-8185
홈페이지 : http://가나출판사.kr
Email : arm1895@naver.com
저　　자 : 윤관식

파본은 구매처에서 교환해 드립니다.

ISBN : 9791191180169(13400)

- 머리말 -

이 책은 전자책과 종이책으로 동시에 출간하는 책입니다.
즉, 종이책과 전자책의 원고는 동일합니다.

종이책은 책을 보시면 됩니다만, 전자책은 단말기가 아닌 PC에서는 구글 크롬에서, 모바일 역시 구글 ReadEra 앱에서 읽어들여야 원활하게 재생됩니다.

잔자책은 epub 3.0으로 제작했고요, PC 에서는 epub 파일을 선택하고 마우스 우측 버튼을 클릭하여 연결 프로그램을 구글 크롬으로 선택하면 확장 프로그램을 설치하시겠습니까 라고 물어오며 예 라고 대답을 하면 자동으로 확장 프로그램이 설치되면서 구글 크롬에서 재생됩니다.

모바일에서도 미리 앱스토어에서 ReadEra 앱을 설치해 놓고 epub 파일을 선택하고 나타나는 프로그램 목록에서 ReadEra 앱을 선택하면 이 책의 목차 링크 및 하이퍼링크가 완벽하게 실행됩니다.

이 책은 에어 스프레이건 사용법 이라는 책이고요, 에어 스프레이건 방아쇠는 누구나 당길 수 있지만, 에어 스프레이건으로 페인팅을 제대로 하는 것은 전혀 별개의 문제입니다.

에어 스프레이건은 매우 간단한 기계이지만, DSLR 카메라로 사진을 잘 찍는 것처럼 매우 어렵습니다.

그래서 이 책이 있는 것이고요, 그러나 그렇다고 불가능한 것은 아닙니다.

필자 역시 페인트의 전문가는 아니지만, 필자는 에어 스프레이건으로 무언가 사업을 해 보려고 돈을 무려 1,500 만원 이상을 써 가면서 수 많은 페인트와 헤일 수 없이 많은 에어 스프레이건과 콤푸레셔도 여러 대 구입해서 에어 스프레이건으로 페인팅을 하면서 결국 에어 스프레이건 사용법을 터득하였습니다.

필자가 에어 스프레이건을 사용하면서 가장 어려웠던 부분이, 필자도 난생 처음 사용해 보는 에어 스프레이건이었기 때문에 전문가의 조언이 필요했습니다만, 어떠한 페인트, 에어 스프레이건 전문가에게서도 전혀 도움을 받지 못 했습니다.

오히려 소위 뻥끼쟁이 수십 년이라는 등, 이른바 에어 스프레이건 및 페인트의 전문가라는 사람들로부터 얼마나 많은 핀잔을 받았는지 모릅니다.

기술로 먹고 사는 소위 기능공들이 외골수로 자신의 분야에서 전문가가 된 것은 높이 살 만 하지만, 그토록 폐쇄적이고 배터적일 줄은 꿈에도 몰랐습니다.

필자는 책을 쓰는 것이 직업이지만, 현재 필자가 거주하는 곳은 시골이고요, 그래서 지금은 부업도 아니고 취미 수준이지만, 양봉을 하고 있는데요, 소위 뻥끼쟁이 수십 년이라는 사람들과 양봉을 수십 년 씩 한 사람들의 공통점이 있습니다.

뻥끼쟁이 수십 년이나 양봉에 수십 년 동안 한 분야에 종사하면서 전문가로 활동을 한 것은 높이 살 만 합니다.

그러나 이분들의 공통점은 오로지 자신들이 하는 것만 옳고 다른 사람들이 하는 것은 그르다는 편견이 어찌 그리 지독하게도 자리 잡고 있는지 놀랍기만 합니다.

마치 구한말 대원군이 쇄국 정책을 편 것 처럼 새로운 기술은 전혀 받아들일 생각을 하지 않습니다.

아무리 수십 년 동안 자신의 분야에서 전문가로 활동을 했다 하더라도 새로운 것이 있으면 받아들이고 배울 생각을 해야 하건만 필자가 상대한 사람들은 그렇게 하는 사람이 전무하였습니다.

필자는 이미 머리가 허연 사람이지만, 필자는 나이가 있으므로 필자 나이에 학교에 다닌 사람들은 컴퓨터라는 것이 없었기 때문에 필자가 처음 컴퓨터를 접한 것은 필자 나이 중년이었고요, 필자는 이렇게 중년 이후에 컴퓨터 공부를 시작했어도 컴퓨터 자격증을 약 10개나 취득하고 관련 서적을 수십 권 집필하였습니다.

양봉 역시 이제 겨우 3년차이지만, 이미 양봉에 관한 발명 특허를 2건이나 출원하였습니다.

에어 스프레이건 역시 난생 처음 만져보는 것이지만, 단 몇 년 만에 에어 스프레이건 사용법을 터득하고 지금 이 책을 집필하고 있습니다.

그리고 가장 중요한 것은, 앞에서 소개한 바와 같이 필자도 난생 처음 에어 스프레

에어 스프레이건 사용법 에어 콤푸레셔

이건을 사용하는 것이기 때문에 에어 스프레이건에 대해서는 완전 문외한이었기 때문에 에어 스프레이건 전문가의 조언을 구하려고 했지만, 어떠한 전문가도 알려주는 사람이 없었고요, 결국 필자는 돈을 무려 1,500만원 이상 사용해서 스스로 독학으로 에어 스프레이건 사용법을 터득하였습니다.

다시 말해서 필자는 옛날부터 페인트칠을 하던 페인트공이 아니고요, 에어 스프레이건 역시 옛날부터 다루던 사람이 아니기 때문에 필자의 에어 스프레이건 사용법이나 페인트에 관한 기술 및 지식은 완전히 새로운 기술입니다.

그런데 소위 에어 스프레이건 및 뻥끼쟁이 수십 년 이라고 하는 사람들, 그리고 양봉 수십 년씩 한 사람들의 공통점은 새로운 신기술을 받아 들이기는 커녕 배척한다는 사실입니다.

여러분 역시 여러분이 몸 담고 있는 분야에서는 내노라 하는 전문가들일 것입니다.

그러나 이 책을 보신다는 것은 여러분도 에어 스프레이건에 대해서는 아직 잘 모르기 때문에 이 책을 보실 것입니다.

이 책에서 다루는 에어 스프레이건이 아니더라도 어떠한 신 기술을 배울 때에는 편견과 고정 관념부터 타파해야 합니다.

이렇게 편견과 고정 관념만 가지지 않는다면 에어 스프레이건 사실 별 것도 아닙니다.

부디 이 책으로 여러분 모두 필자보다 더 낳은 에어 스프레이건의 전문가가 되시기를 진심으로 기원합니다.

저자 윤 관식

목차

에어 스프레이건 사용법	1
필자의 유튜브 채널 및 블로그에 오시는 방법	10
제 1 장 에어 스프레이건	13
1-1. 에어 스프레이건의 구조	15
1-2. 에어 스프레이건의 종류	23
1-2-1. 중력식 에어 스프레이건	26
1-2-2. 네일 아트용 미니 에어 스프레이건	27
1-2-3. 중력식 소형 에어 스프레이건	28
1-2-4. 흡상식 에어 스프레이건	29
1-2-5. 에어 스프레이건 불량	31
1-3. 노즐	38
1-3-1. 노즐의 직경	40
제 2 장 에어 콤푸레셔	45
2-1. 에어 콤푸레셔	47
2-1-1. 마력(hp)	47
2-1-4. 무소음/저소음 콤푸레셔	56
2-1-5. 현장용 에어 콤푸레셔 주의 사항	58
2-1-6. 에어 생산량	59
2-1-7. 무소음/저소음 콤푸레셔(2)	62
2-2. 급유식/무급유식	63
2-3. 압력	67
2-3-1. 압력 스위치 압력 조절 방법	68
2-3-2. 3.5마력 /2.5마력 압력 스위치	71
2-4. 자동 수분 제거기	76
2-5. 우레탄 호스 연결	80
2-6. 에어 호스의 종류 및 구경	82
2-6-1. 원터치 피팅	83
2-4-1. 자동 수분 제거기에서 압력 조절	85
2-7. 에어 탱크 물 빼기	87
2-8. 에어에 섞여 있는 기름	89
2-9. 오일 교환	90
2-10. 나사 규격	94
2-11. 기타	99

How to use an air spray gun

2-11-1. 냉장고 콤푸레셔 ------------------------------------- 100
2-11-3. 콤푸레셔 압력스위치 ---------------------------------- 105
2-11-4. 산업용 콤푸레셔 ------------------------------------- 109

제 3 장 도장 부스 --- 113
3-1. 스프레이 부스 -- 115
3-2. 시로코팬 -- 117
3-3. 도장 부스 프레임 만들기 --------------------------------- 123
3-4. 200mm 홀쏘 --- 125
3-5. 홀쏘 작업 --- 127
3-6. 필터 설치 --- 134

제 4 장 페인트 --- 139
4-1. 황금색을 얻기 위한 노력 --------------------------------- 141
4-2. 프라이머 -- 145
4-3. 하도 페인트 -- 147
4-4. 중도 페인트 -- 148
4-5. 상도 페인트 -- 149
4-6. 페인트의 종류 -- 150
4-6-1. 페인트의 종류와 용도 ---------------------------------- 150
4-6-2. 수성 페인트 -- 151
4-6-3. 실리콘 페인트 --------------------------------------- 155
4-6-4. 우레탄 페인트 --------------------------------------- 157
4-6-5. 에폭시 페인트 --------------------------------------- 158
4-6-6. 아크릴 페인트 --------------------------------------- 162
4-6-7. 유성 페인트 희석제 시너 ------------------------------- 166
4-6-8. 멀티 페인트(대단히 중요) ------------------------------ 167
4-6-9. 2액형 페인트 --------------------------------------- 176
4-6-10. 1액형 페인트 -------------------------------------- 177
4-2. 펄 페인트 --- 178
4-2-1. 금분 -- 179
4-2-2. 은분 -- 181
4-2-3. 동분 -- 183
4-3. 중국산 금색 제품들 ------------------------------------ 185
4-4. 페인트 가게들의 현 주소 --------------------------------- 187

4-5. 강철의 연금술사 ---------- 197
4-5-6. 젯소 ---------- 201
4-5-7. 빠데/퍼티 ---------- 203
4-5-8. 가는 입자 펄 페인트 ---------- 207
4-5-9. 조색기 ---------- 209
4-5-10. 입자가 굵은 펄 안료 ---------- 211
4-5-11. 페인트 교반기 만들기 ---------- 212
4-5-12. 2액형 페인트의 장점 ---------- 226
4-5-13. 페인트 경화제 ---------- 226
4-6. 평활도 ---------- 229
4-7. 에어 스프레이건 그물망 ---------- 233

제 5 장 종합 ---------- 237
5-1. 중력의 영향 ---------- 239
5-2. 트러블 ---------- 242
5-3. 중력 문제 해결 ---------- 244
5-3-1. 페인트 회전 건조기 만들기 ---------- 245
5-3-2. 모터 커플링 ---------- 248
5-3-3. 모터 속도 조절기 ---------- 254
5-3-4. 일본산 밝은 골드 ---------- 256
5-3-5. 황금분 ---------- 258
5-3-6. 클리어 코트 ---------- 258
5-4. 수성 페인트로 전환 ---------- 264
5-5. 유성 페인트 수성 페인트 혼합 ---------- 267
5-6. 거제 대우 옥포 조선소 ---------- 272
5-7. 유성 페인트의 문제점 ---------- 275
5-8. 해외 직구의 문제점 ---------- 281
5-9. 중국의 황금색 제품들 ---------- 286
5-10. 유튜브 동영상 조회수 ---------- 290
5-11. 1액형 페인트의 문제점 ---------- 292
5-12. 2액형 페인트의 문제점 ---------- 295

필자의 유튜브 채널 및 블로그에 오시는 방법

이 책은 부족한 지면에 에어스프레이건 사용법 - 페인팅에 대한 내용 등을 모두 담았기 때문에 많은 내용을 수록할 수가 없습니다.

따라서 이 책에서 부족한 내용은 필자의 유튜브 채널 및 네이버에 있는 필자의 블로그에 보충 설명 형식 혹은 참고 자료 등으로 올려 놓았으므로 필자의 홈페이지에 오셔서 보충하시기 바랍니다.

유튜브에서 '가나출판사' 검색하여 동그라미 속에 들어 있는 필자의 얼굴을 클릭하면 필자의 유튜브 채널에 오실 수 있습니다.

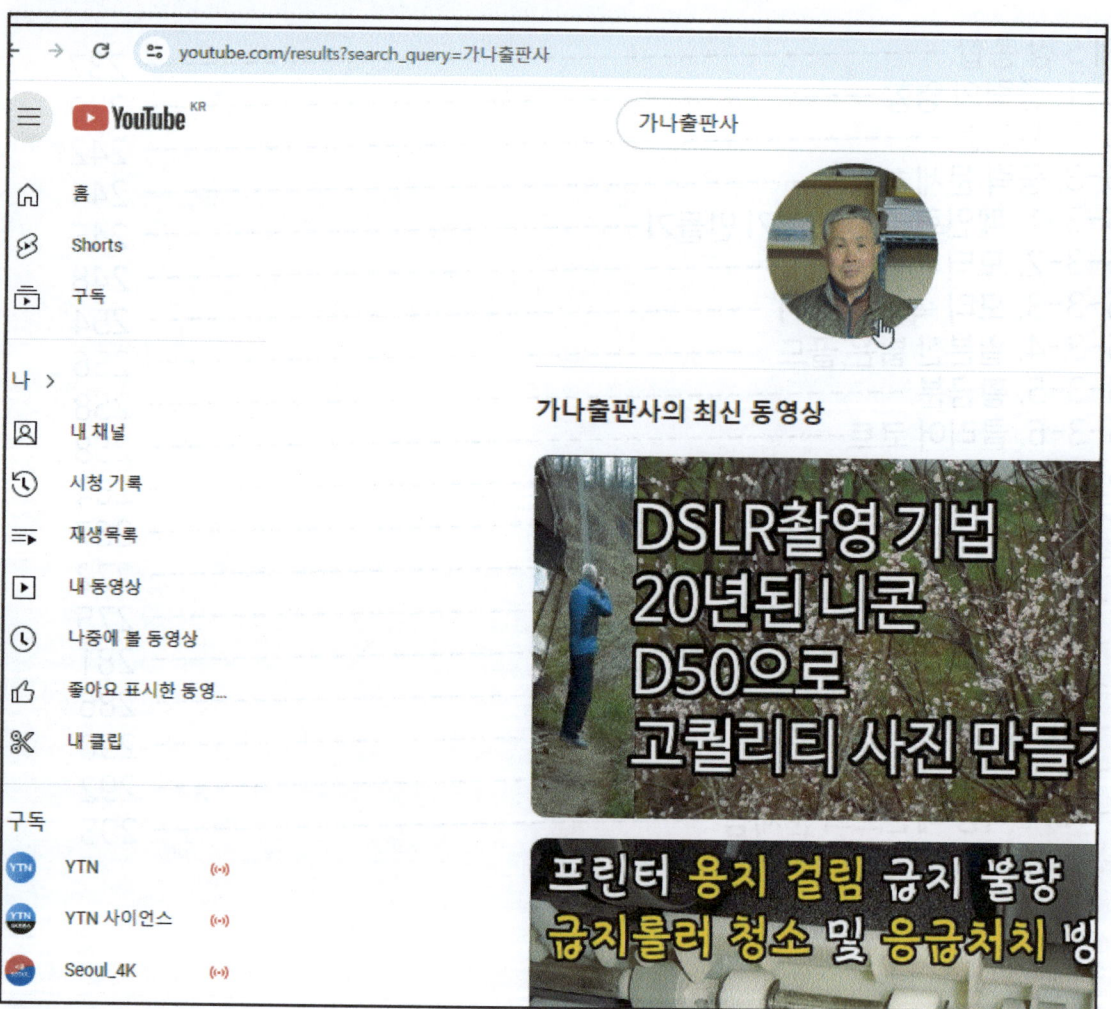

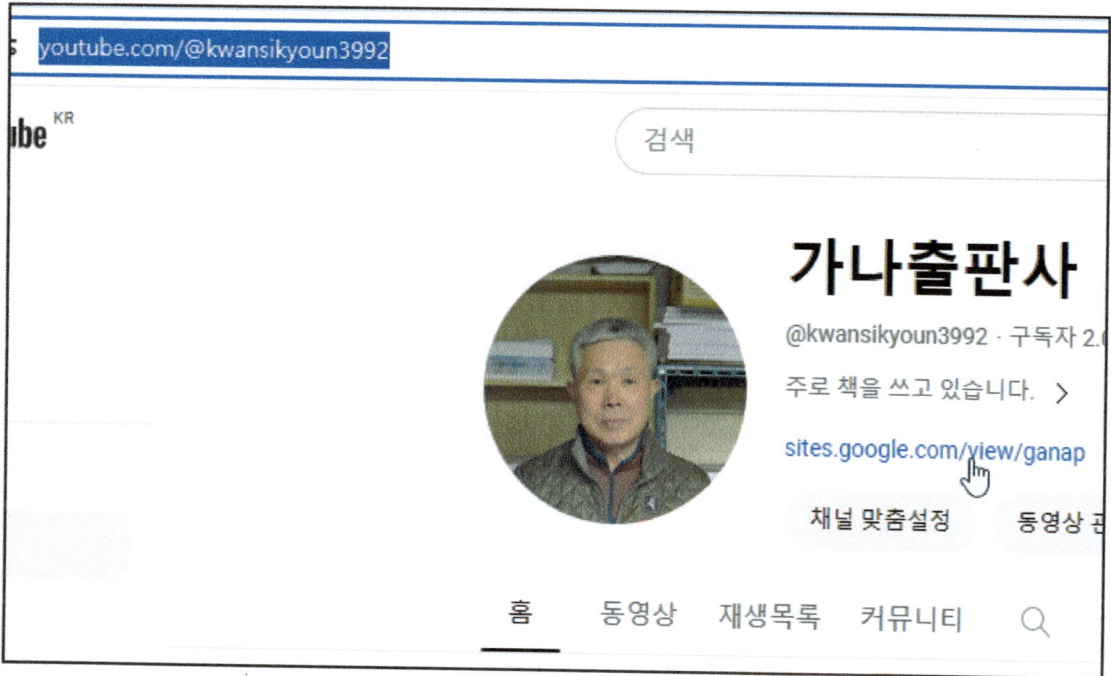

위의 필자의 [유튜브 채널]에서는 다시 손가락이 가리키는 주소를 클릭하면 아래 화면에 보이는 필자의 홈페이지에 오실 수 있습니다.

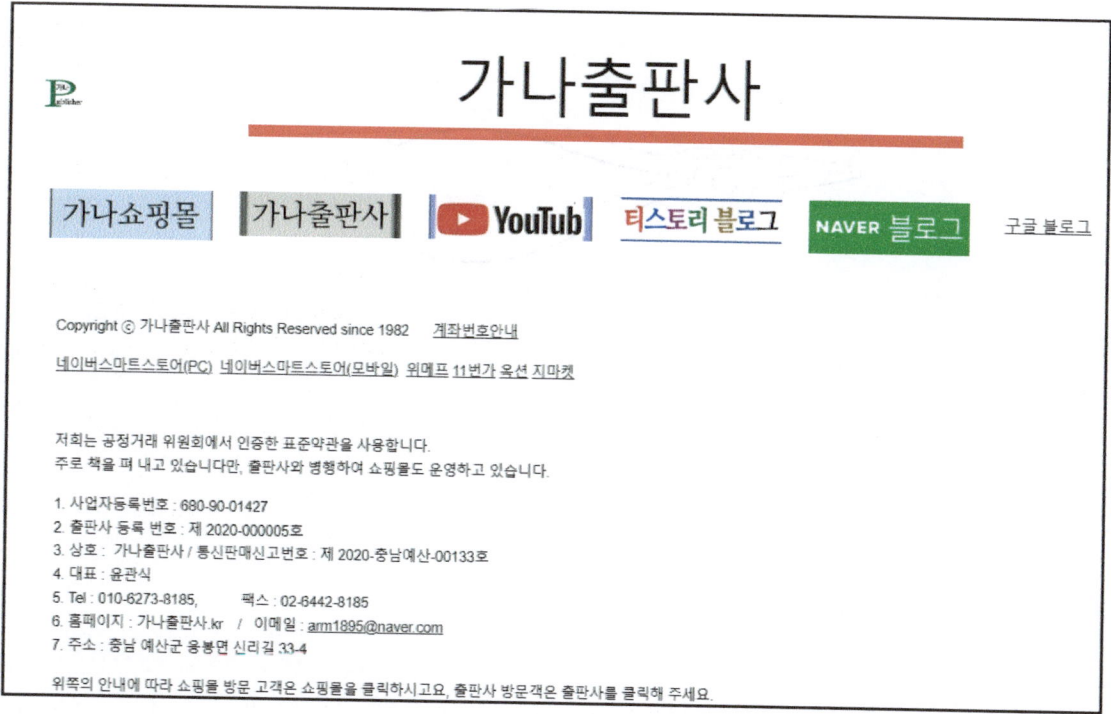

에어 스프레이건 사용법   에어 콤푸레셔

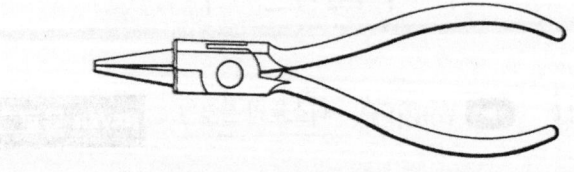

How to use an air spray gun

//
제 1 장 에어 스프레이건

How to use an air spray gun

에어 스프레이건 사용법　　　　　　　　　　　　　　　　에어 콤푸레셔

How to use an air spray gun

에어 스프레이건 사용법

1-1. 에어 스프레이건의 구조

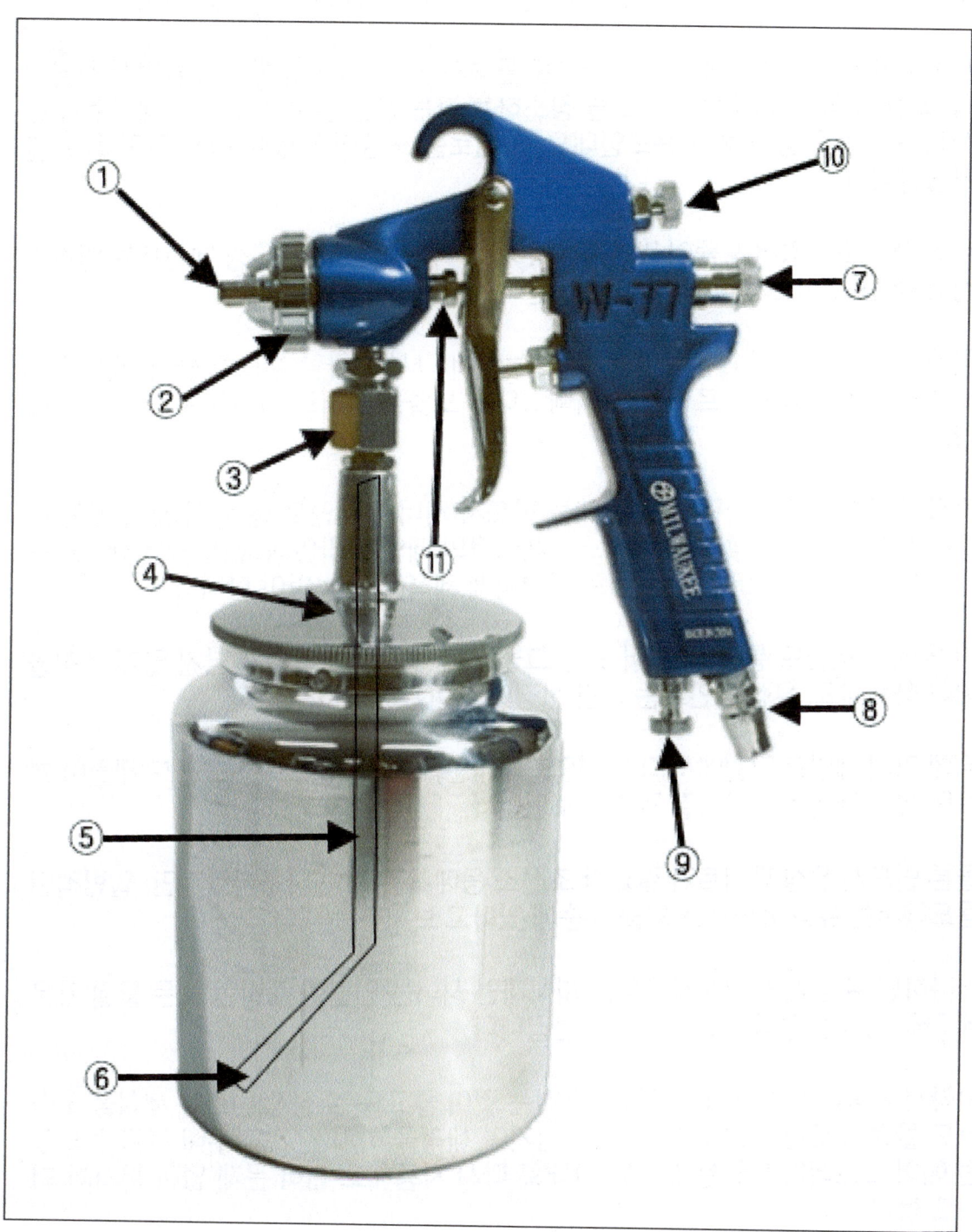

How to use an air spray gun

에어 스프레이건 사용법   에어 콤푸레셔

(1) 분사 방향 레버 : 수직 혹은 수평으로 분사할 때 사용하는 레버입니다만, 실제로는 수직이든 수평이든 거의 만지지 않고 사용해도 별 문제가 없습니다.

(2) 노블 캡 분리 : 시계 반대 방향으로 돌려서 풀고, 시계 방향으로 돌려서 잠급니다. 노즐이 막혔을 때 풀어서 노즐 청소하는 가는 강철 철사로 후벼서 페인트가 분사되는 여러 구멍을 뚫는 용도인데요, 실제로는 노즐이 막혔을 경우 거의 회복 불가능합니다.

수성 페인트의 경우 노즐이 막히는 경우가 거의 없습니다만, 유성 페인트는 일종의 접착제이므로 마르면 접착제와 같이 굳어 버립니다.

굳은지 얼마 지나지 않은 것은 시너로 녹여서 다시 분사할 수도 있습니다만, 일단 노즐을 후벼야 할 정도로 상태가 나빠졌다면 노즐을 뚫어도 제대로 분사가 안 됩니다.

따라서 유성 페인트라면 사용 후에는 반드시 시너를 페인트 통 속에 넣고 에어 스프레이건 방아쇠를 당겨서 에어 스프레이건의 페인트 라인에 들어 있는 페인트를 완전히 뿜어내고, 그리고도 시너로 완벽하게 세척을 해 놓아야 합니다.

이 밖에는 페인트 통 속에 들어 있는 그물망도 페인트 찌꺼기가 남지 않게 세척을 해야 하는데요, 유성 페인트는 여간 신경이 쓰이는 것이 아닙니다.

뒤에 가서 페인트 단원에서 다시 설명합니다만, 아마도 앞으로 어느정도 세월이 흐르면 유성 페인트는 사라질 것으로 보입니다.

물론 반드시 유성 페이트가 필요한 조선소 등에서는 계속 사용하겠지만, 일반적인 용도에서는 유성 페인트는 퇴출 수순에 있다고 보시면 됩니다.

왜냐하면 유성 페인트에 사용하는 희석제인 시너는 인간이 개발한 모든 물질 가운데 가장 강력한 맹독성 물질이기 때문입니다.

따라서 가능하면 수성 페인트를 사용하는 것이 좋고요, 수성 페인트는 세척을 하더라도 물로 씻으면 되므로 편리하며, 심지어 세척을 하지 않고 겨우내 보관해 놓았던 에어 스프레이건을 봄에 그냥 그대로 다시 사용해도 전혀 문제 없이 분사가 되기도 합니다.

How to use an air spray gun

(3) 에어 스프레이건과 페인트통 연결 나사 : 이것은 약간 긴 설명이 필요합니다. 일단 에어 스프레이건 모델 중에서 W-71 모델은 이 나사의 크기가 작고, W-77 모델은 이 나사의 크기가 큽니다.

이것이 참으로 큰 차이가 납니다.

에어 스프레이건 작업을 하다가 식사를 하는 등 한 동안 쉬었다가 다시 분사를 하려면 페인트 통 속에 들어 있는 페인트가 중력에 의하여 밑으로 가라 앉습니다.

그러면 식사 후에 돌아와서 페인트통을 흔들어서 페인트통 속에 들어 있는 페인트가 뒤 석이게 해서 다시 분사를 하게 되는데요, 이 과정에서 이 나사가 작은 W-71 모델은 에어 스프레이건과 페인트통이 딱 하고 부러져서 떨어지면서 페인트가 사방 팔방으로 튀기고 엎질러져서 온통 난리가 나며 페인팅 작업을 하던 곳도 잘못하면 망치게 되는, 한 마디로 악의 축입니다.

다시 말해서 이 나사가 작은 모델인 W-71 모델은 판매하면 안 되는 모델입니다만, 지금도 여전히 많이 팔리고 있으니 이 책을 안 보신 분이라면 필자와 같이 페인트통이 부러져서 떨어지는 불상사를 겪을 확률이 높다고 할 수 있습니다.

따라서 이 책을 보시는 여러분은 W-71 모델보다는 나사의 크기가 큰 W-77 모델을 구입하시는 것이 좋습니다.

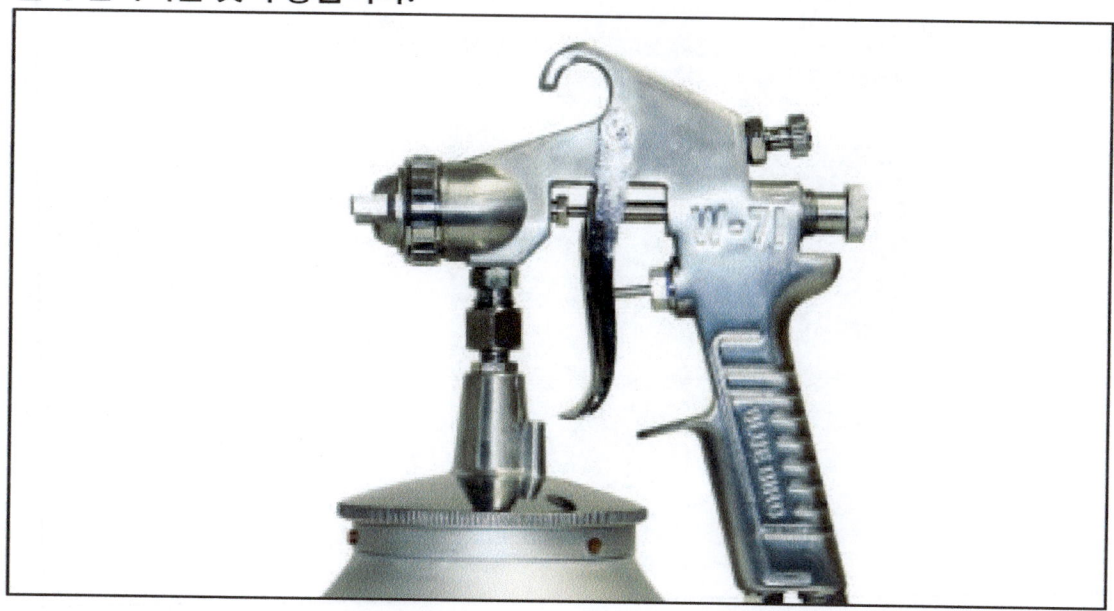

How to use an air spray gun

앞의 화면에 보이는 모델이 W-71 모델이고요, 나사가 작은 모델이고요, 자칫하면 이곳이 부러져서 온 사방에 페인트 범벅이 되어 망하는 모델이고요, 아래 화면에 보이는 것이 나사가 큰 W-77 모델입니다.

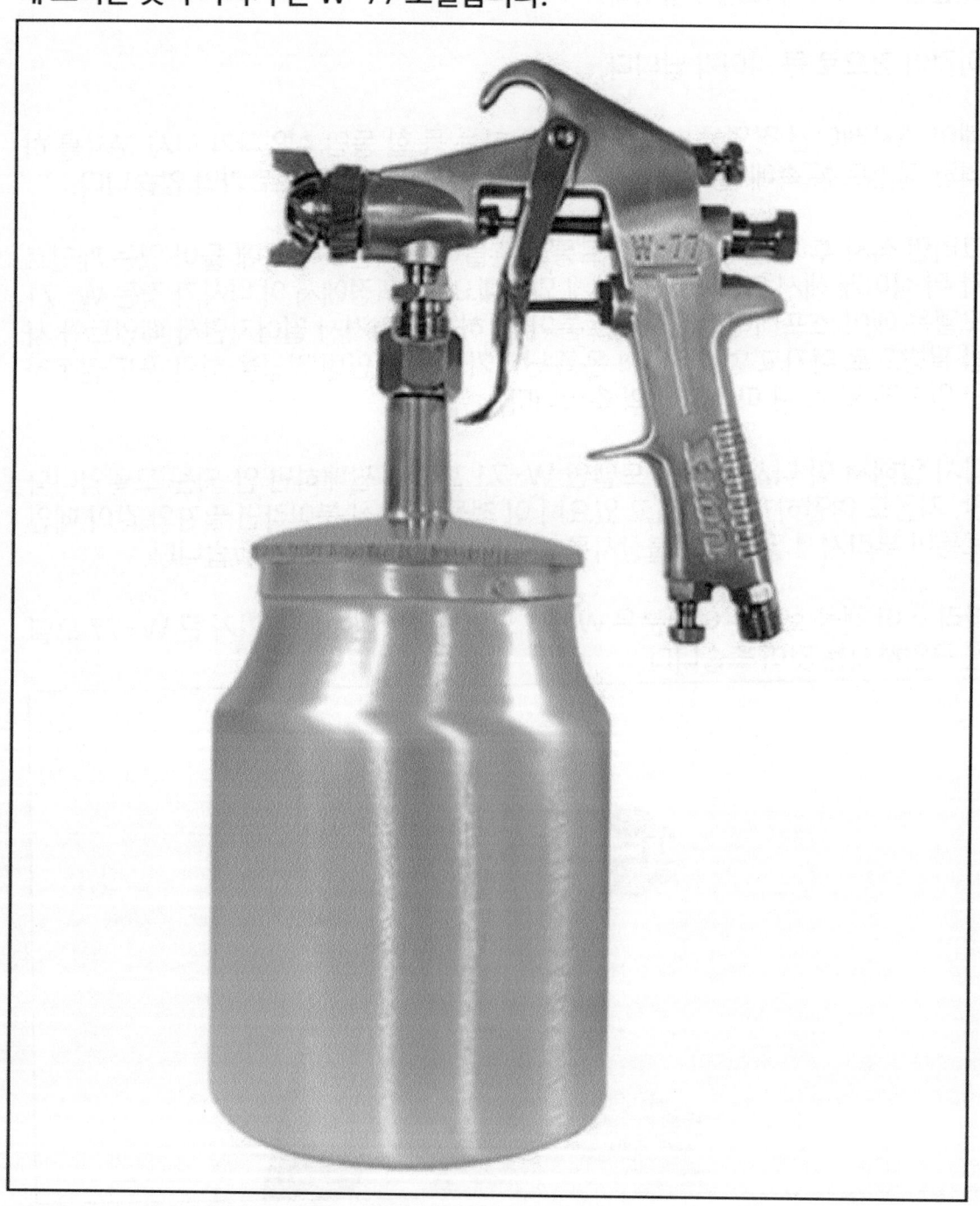

How to use an air spray gun

에어 스프레이건 사용법   에어 콤푸레셔

에어 스프레이건을 구입할 때 앞의 화면에 보이는 것과 같이 에어 스프레이건과 페인트 통이 한 셋트로 되어 있는 제품도 있고요, 페인트 통 따로 에어 스프레이건 따로 구입할 수 있는 제품도 있습니다.

페인트 통은 일종의 소모품이고요, 따로 구입할 수도 있지만, 웬만하면 에어 스프레이건을 구입할 때 같이 구입하는 것이 좋고요, 아무리 조심해서 사용해도 그리 오래 사용하지 못하고 망가지는 것이 페인트 통입니다.

(4) 페인트 통 뚜껑 : 페인트 통 뚜껑은 안 쪽에 페인트가 새지 않게 하는 고무 패킹이 들어 있습니다.

이 패킹이 꽉 맞게 잠가져야 에어 스프레이건 방아쇠를 당겼을 때 페인트통 뚜껑으로 페인트가 새어 나오지 않습니다.

특히 유성 페인트의 경우 단 한 번이라도 굳었을 경우 노즐은 철사로 휘버서 뚫는다 하여도 페인트 통 뚜껑 안쪽에 들어 있는 고무 패킹이 늘어나거서 눌어붙어 버리면 페인트 통을 버리고 새것으로 사용해야 합니다.

또한 이 고무 패킹이 눌어붙으면 에어 스프레이건과 페인트 통이 그야말로 죽어도 안 열립니다.

강제로 열 수도 있지만, 페인트통은 내구성이 약한 알루미늄 재질입니다.

손 힘이 어느 정도 강한 사람이라면 큰 힘 들이지 않고도 납작하게 찌그러뜨릴 수 있을 정도로 약합니다.

심지어 에어 스프레이건을 사용하다가 페인트 통 속에 에어 스프레이건에 붙어 있는 긴 금속 스트로우 끝에 끼우는 그물망에 페인트가 엉겨 붙어서 분사가 안 될 때는 에어 스프레이건 노즐을 손으로 막고 방아쇠를 당겨서 그물망에 엉겨 붙은 페인트를 에어를 역으로 분사하여 떼어내고 다시 분사를 하는 수가 있는데요, 투명 페인트에 펄을 넣어서 섞어서 쓰는 펄 페인트는 수시로 이런 작업을 반복하는데요, 이 때 에어가 페인트 통 속으로 들어가면 페인트 통이 부풀어서 밑 부분이 야구공 같이 둥글게 변형됩니다.

이렇게 페인트 통 밑 바닥이 둥글게 변형되면 세워 놓을 수가 없기 때문에 벽에 걸

어 놓아야 하는 등 여간 불편한 것이 아닙니다.
그래서 페인트 통은 스페어로, 그리고 에어 스프레이건도 스페어로 가지고 있는 것이 좋습니다.

뒤에 가서 에어 스프레이건의 종류 편에서 다시 설명합니다만, 에어 스프레이건 비싼 것은 그야말로 억 소리가 나게 비싸고요, 이 책에서는 그런 고가의 에어 스프레이건은 필자도 사용 해 본 적도 없고요, 그런 엄청나게 비싼 에어 스프레이건을 사용하는 사람이 이 책을 볼 리도 없고요, 따라서 이 책에서는 그런 엄청나게 비싼 에어 스프레이건은 다루지 않고요, 1만원대~몇 만원 대의 에어 스프레이건을 다룹니다.

따라서 에어 스프레이건의 가격이 저렴하므로 몇 개 스페어로 사 두어도 부담이 되지 않고요, 필자가 이런 내용을 이 책을 쓰기 전에 필자의 유튜브 채널이나 블로그에 올렸더니 비싼 에어 스프레이건을 사용하는 이유가 있다고 댓글을 다시는 분들이 있었는데요, 이 책에서는 그런 비싼 에어 스프레이건은 다루지 않습니다.

조선소나 현대 자동차, 미국의 포드, 테슬라 등의 자동차 제조사에서 쓰는 에어 스프레이건은 당연히 일반적인 에어 스프레이건과는 다릅니다.

그러나 일반인이 그런 비싼 에어 스프레이건을 쓸 일도 없거니와 그렇게 비싼 에어 스프레이건에 그렇게 비싼 페인트를 칠할 사람이 이 책을 보고 공부를 해서 그런 고가의 장비를 사용할 리가 없기 때문이기도 하고요, 필자가 이 책을 집필하지만, 필자도 그런 고가의 장비는 접한 적이 없습니다.

다시 말해서 일반적인 용도, 나아가 전문적인 용도라도 자동차 제조사에서 사용하는 정도의 고가의 장비, 조선소에서 사용하는 고가의 장비가 아니라면, 가구 제조업체에서 사용하는 용도로도 충분한, 앞에서 설명한 아주 싼 저가형 에어 스프레이건으로 작업을 해도 이와 같은 용도로는 충분하고도 남는다는 것만 아시면 되겠습니다.

(5) 스트로우 : 페인트 통은 (4)의 뚜껑을 조립하면 뚜껑과 하나로 되어 있으며 이 뚜껑에는 (5)의 금속 스트로우가 정 중앙에 연결되어 있고요, 이 끝에는 페인트 속의 이물질이 노즐에 유입되어 노즐이 막히지 않도록 그물망이 씌워져 있고요, 그리고 이 페인트 통 세트는 (3)의 나사를 통해서 에어 스프레이건에 연결되는 구조이고요, 에어 스프레이건은 보통 앞으로 숙여서 사용하므로 앞쪽으로 구부러져 있고

있고요, 자꾸 사용 횟수가 늘어나고 페인트를 따라 넣고 다시 잠그고 분사하는 작업을 반복하다 보면 앞으로 구부러진 스트로우가 뒤로 가기도 합니다만, 스트로우 끝이 페인트 속에만 있으면 상관이 없습니다.

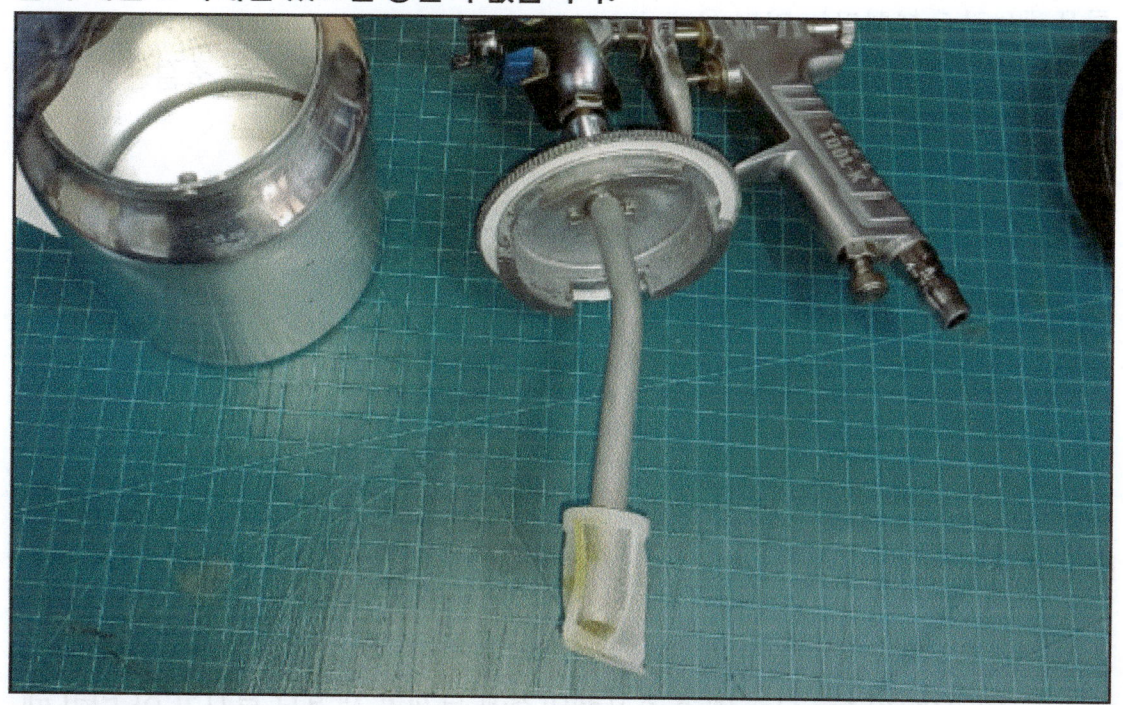

(7) 페인트 분사량 조절 나사입니다만, 단순히 이 나사만 조절해서는 제대로 조절이 안 되고요, (9)의 에어량 조절 나사와 같이 조절을 해야 원활하게 조절됩니다.

여기서 초보자는 큰 딜레마에 빠지게 됩니다.

어떠한 방법으로 어떻게 조절을 해도 에어 스프레이가 제대로 분사가 되지 않는 경우가 있기 때문입니다.

일단 원칙만 얘기하자면 콤푸레셔의 압력 및 압력보다 훨씬 더 중요한 것은 에어 생산량이고요, 다시 말해서 에어가 충분해야 합니다.

네일 아트 등에 사용하는 초미니 분사기라면 모를까 에어 스프레이건을 제대로 사용하기 위해서는 3.5마력 이상의 콤푸레서가 필수입니다.

물론 1마력이나 2마력 콤푸레셔로 분사해도 안 되는 것은 아니지만, 조금 전에 언

에어 스프레이건 사용법   에어 콤푸레셔

급한 바와 같이 초보자가 커다란 딜레마에 빠지는 것이 바로 에어 콤푸레셔가 부족하기 때문입니다.

콤푸레셔가 충분하다는 가정 하에 (7)의 페인트 조절은 (9)의 에어량에 따라 가변적으로 조절해야 하며 실제로 실무에서는 필자의 경우 지금은 이런 조절은 거의 하지 않고 그냥 분사합니다.

필자는 지금은 유성 페인트는 사용하지 않고 수성 페인트만 사용하기 때문이고요, 3.5마력 쌍기통 피스톤식 콤푸레셔를 사용하기 때문에 에어 생산량이 충분하기 때문입니다.

물론 이전에 적절히 조절을 해 놓았기 때문에 조절하지 않고 사용하는 것입니다.

(10) 분사 각도 조절 나사 : 직진식으로 분사를 할 것인지 방사향으로 분사를 할 것인지 에어 스프레이건 방아쇠를 당기고 나사를 돌려 보면 금방 알 수 있고요, 필자는 이 나사도 거의 조절하지 않고 그냥 분사하고요, 그래도 콤푸레셔가 충분하기 때문에 언제 분사해도 아주 잘 됩니다.

(11) 이 나사를 풀고 (7)의 나사를 풀어서 노즐 끝에 있는 니들을 분리할 수가 있는데요, 이렇게 한다는 것은 에어 스프레이건에 문제가 생겨서 분사가 안 되기 때문인데요, 이 정도라면 에어 스프레이건 새것이라도 1만원 대이므로 새로 사는 것이 좋습니다.

다만, (11)의 나사가 풀어져 있다면 잠가야 합니다.

만일 에어 스프레이건이 막혀서 분사가 안 될 때 응급 조치한다면 (3)의 나사를 풀고 에어 스프레이건과 페인트 통을 분리한 다음, 역으로 에어를 불어 넣거나 (2)를 분리하고 에어 스프레이건 청소용 가는 강철 철사를 이용하여 막힌 구멍을 뚫어주는 작업 등을 해야 하는데요, 거듭 얘기합니다만, 이 정도 상태라면 고쳐도 자칫 페인팅을 망치게 됩니다.

에어 스프레이건이 비싸다면 모르겠지만, 고작 단돈 만 원대의 가격이므로 페인팅을 많이 하는 사람이라면 평소에 스페어로 몇 개 정도 가지고 사용하는 것이 스트레스도 받지 않고 정신 건강에 해롭지 않습니다.

How to use an air spray gun

1-2. 에어 스프레이건의 종류

앞에서도 얘기했습니다만, 필자는 페인트 업종에 종사하는 사람도 아니고요, 페인팅을 하는 사람은 더더욱 아닙니다.

페인트 관련 학과를 전공한 것도 아니고요, 필자가 3D 프린터를 가지고 무언가 사업을 해 보려고 3D 프린터를 여러 대 구입하여 여러 종류의 출력물을 만들어서 판매를 하려고 시도했는데요, 현재 과학으로는 화성 기지를 3D 프린터로 만들 수도 있는 시대이지만, 개인이 구입해서 사용하는 3D 프린터를 가지고 판매를 위한 상품을 만들기는 거의 불가능할 정도로 어렵습니다.

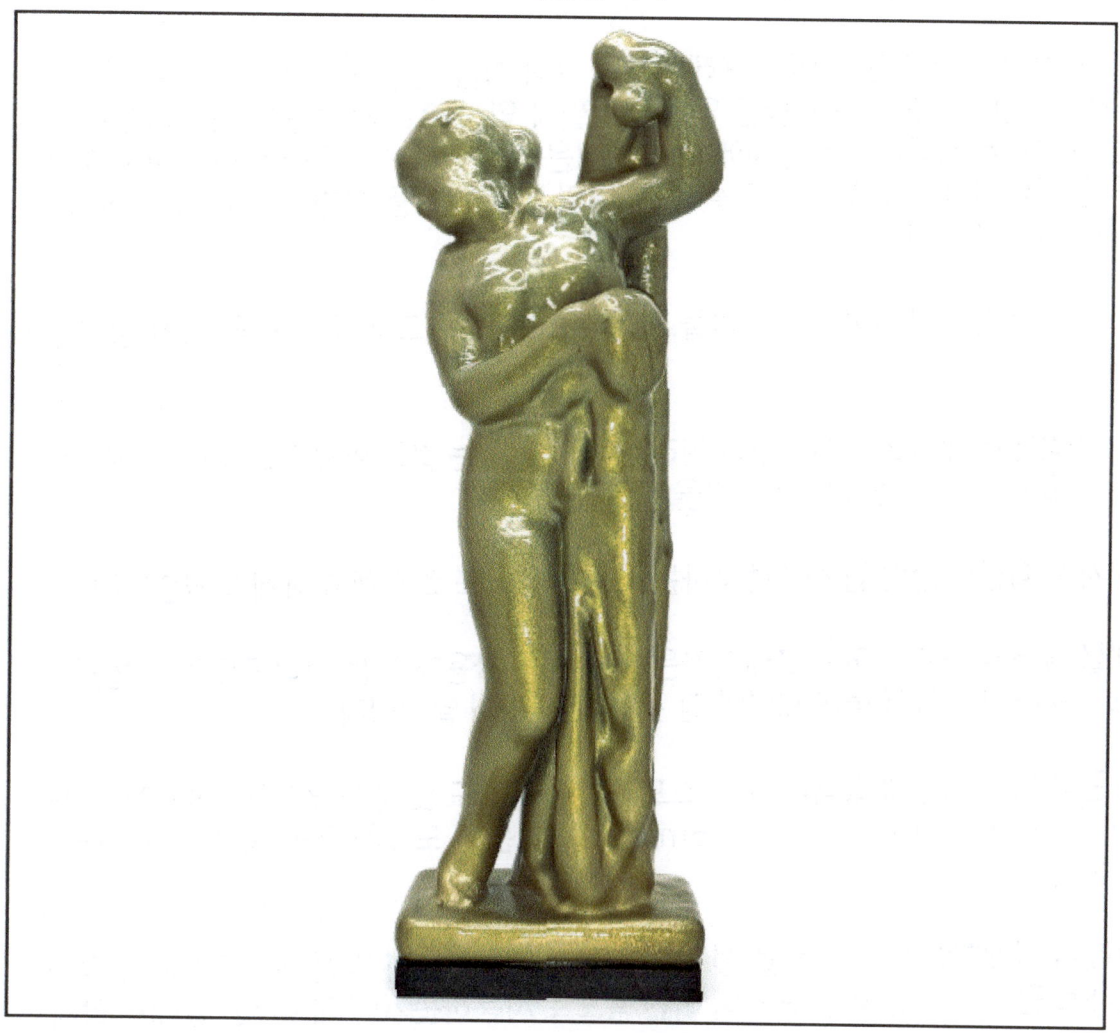

앞의 화면에 보이는 것은 필자가 헤일 수 없이 많이 출력한 3D 프린터 인쇄물의 하나인데요, 필자가 판매를 위하여 필자의 쇼핑몰에 올린 상품이고요, 판매를 하기 위해서 올렸으므로 매끈하게 보이지만, 3D 프린터에서 나온 직후에는 많은 서포트가 붙어 있으며 이것을 모두 떼어내야 하며, 이 과정에서 표면이 매우 거친 상태가 됩니다.

아무리 노력하고 아무리 애를 써도 복잡한 구조에서는 도저히 매끈하게 할 방법이 없습니다.

그래서 앞의 화면에 보이는 인형은 무려 6개월 동안 페인트 칠로만 거친 표면을 캄푸라치하여 완성한 작품입니다.

이 과정에서, 필자는 에어 스프레이건은 난생 처음 사용해 보는 것이고요, 페인트 역시, 페인트를 모르는 사람은 없으므로 필자 역시 그런 사람 중의 하나이고요, 어떤 페인트를 사용해야 하는지에 대한 지식은 전무했으므로 무려 돈을 1,500 여 만 원을 들이면서 별의 별 페인트를 사서 별의 별 테스트를 하면서 결국 앞의 화면과 같이 만들었습니다.

그래서 에어 스프레이건 사용법을 터득한 것이고요, 그래서 이 책을 쓰게 된 것입니다.

이 과정에서 에어 스프레이건이 여러 종류가 있다는 것을 알았고요, 에어 스프레이건 노즐도 여러 종류가 있다는 것을 알았습니다만,..

필자는 페인트 관련 업종에 종사하는 사람들을 극도로 경계를 하게 되었습니다.

예를 들어 필자도 에어 스프레이건은 난생 처음 사용해 보는 것이므로 전혀 몰랐으므로 구매처에 가서 물어 보아야 할 것이 아닌가 이 말입니다.

그런데 어느 매장에 갔더니 에어 스프레이건 종류도 몇 종류 있지만, 여기에 또 노즐이 0.8mm, 1mm, 2mm, 2.5mm 등이 있는데 도대체 어떤 종류를 선택해야 하는지 알 수가 없었습니다.

그래서 판매처에 어떤 노즐을 선택해야 하는가 물었더니 자신들은 구매자가 달라는대로 판매만 할 뿐 어떤 노즐이 어떤 용도로 사용하는가에 대해서는 절대로 알려

줄 수 없다는 답변을 들었습니다.
아무리 나중에 혹시 문제가 생길 우려가 있다고 해도, 콤푸레셔도 판매를 하고 에어 스프레이건도 종류별로 다 판매를 하면서 에어 스프레이건 노즐을 어떤 것을 선택해야 하는가 하는 문의에 대한 답변 치고는 자자손손 밥 빌어 먹고 굶어 죽어도 시원찮을 답변입니다.

이것은 대표적으로 한 가지 예만 든 것일 뿐 이 밖에도 페인트 관련 무려 1,500 만원 어치나 구입을 했으니 그 동안 겪은 에피소드가 한 둘이 아닙니다.

필자는 이미 머리가 허연 나이입니다만, 이 나이에도 세상을 도대체 어떻게 살아야 하나 걱정을 하는 이유입니다.

그 사람들이 필자에게 직접적인 피해를 입힌 것은 아니지만, 노즐이 굵은 것은 어떤 용도이고, 노즐이 가는 것은 어떤 용도라는 귀띔 정도는 해 주었으면 좋으련만, 그것은 오로지 구매자가 달라는대로 줄 뿐 노즐 굵기에 대한 설명은 해 줄 수 없다고, 에어 스프레이건 관련 전문 판매 업체에서 그런 답변을 하니 이런 사람들과 같은 공기를 마시고 산다는 것이 몹시도 역겨울 뿐입니다.

그리고 필자로서는 난생 처음 구입하는 에어 스프레이건인데 가격대도 너무 차이가 많이 났습니다.

비싼 것은 무려 수십 만원이고요, 저렴한 것은 2~3만원 대 였습니다만, 그것도 인터넷 가격에 비해서는 턱 없이 비싼 가격이라는 것을 나중에야 알았습니다.

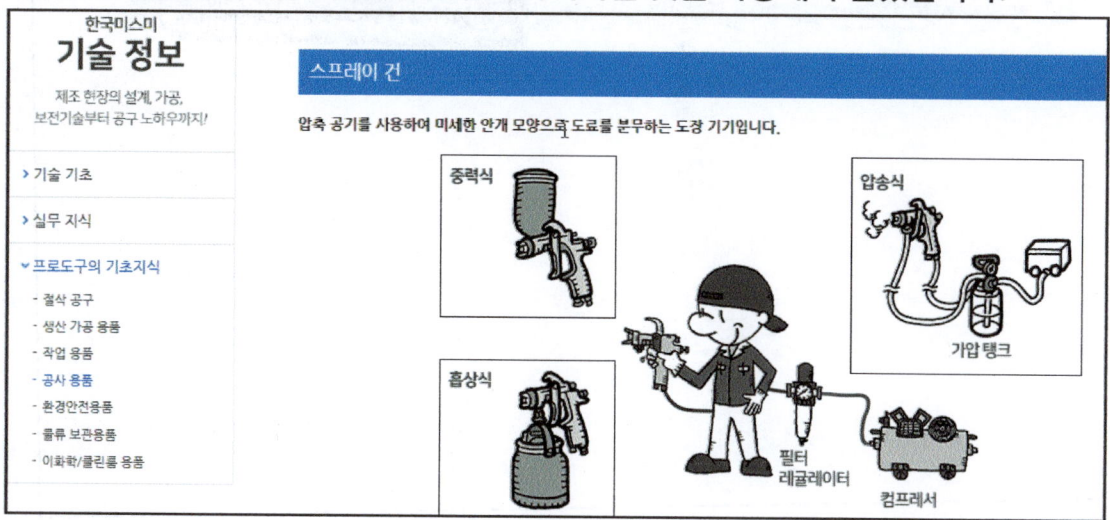

1-2-1. 중력식 에어 스프레이건

앞의 화면은 한국 스미스에서 인용한 화면이고요..

중력식이란 중력식이라는 말 자체가 어폐가 있습니다.
물론 중력에 의해서 페인트가 밑으로 내려 오는 것은 맞지만, 그냥 저절로 내려 오는 것이 아닙니다.

흡상식과 마찬가지로 에어 스프레이건 방아쇠를 당겨서 에어가 지나가면서 빨아 들여야 페인트가 나오면서 에어와 섞여서 노즐로 분사되는 것입니다.

차라리 중력식이라고 하지 말고 소형 에어 스프레이건, 혹은 소량 에어 스프레이건 이라고 하는 것이 맞는 말입니다.

이와 별개로 아주 작은 네일 아트용 에어 스프레이건도 있는데요, 필자가 처음 에어 스프레이건을 구입하려고 물어본 업체에서 맨 처음 보여준 제품입니다.

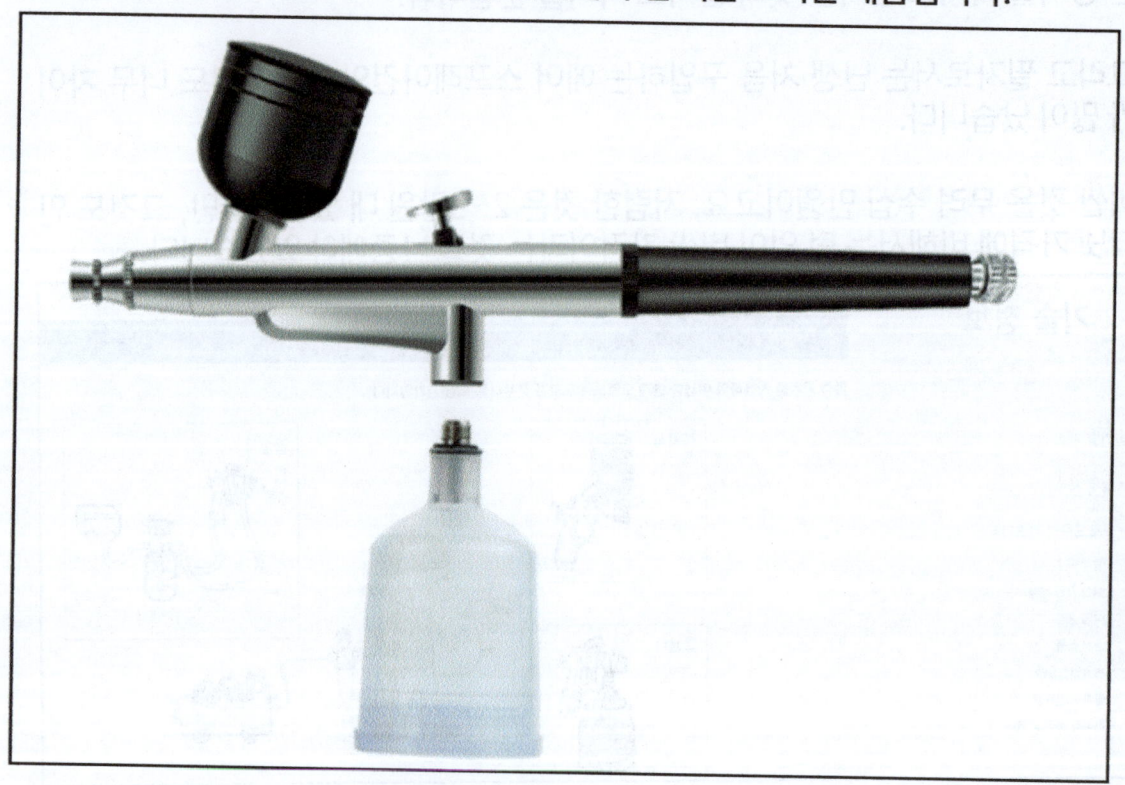

How to use an air spray gun

1-2-2. 네일 아트용 미니 에어 스프레이건

앞의 화면에 보이는 것은 필자가 이 나이 되도록 보도 듣도 못한 난생 처음 보고 듣는 제품이고요, 여성들이 네일 샵에서 이런 네일 아트용 에어 스프레이건으로 손톱에 칠을 하는지는 전혀 알지 못합니다.

물론 이런 제품으로 아파트 등의 실내에서 작은 스프레이 부스를 만들어 놓고 작은 피규어 등에 칠을 하는 사람도 있다고 합니다.

그러나,..
필자가 이 책을 쓰기까지 얼마나 많은 페인팅을 했겠어요?

그야말로 손톱에 칠을 하는 용도 이외에는 이런 에어 스프레이건으로 페인트 칠을 한다는 것은 절대로 불가능합니다.

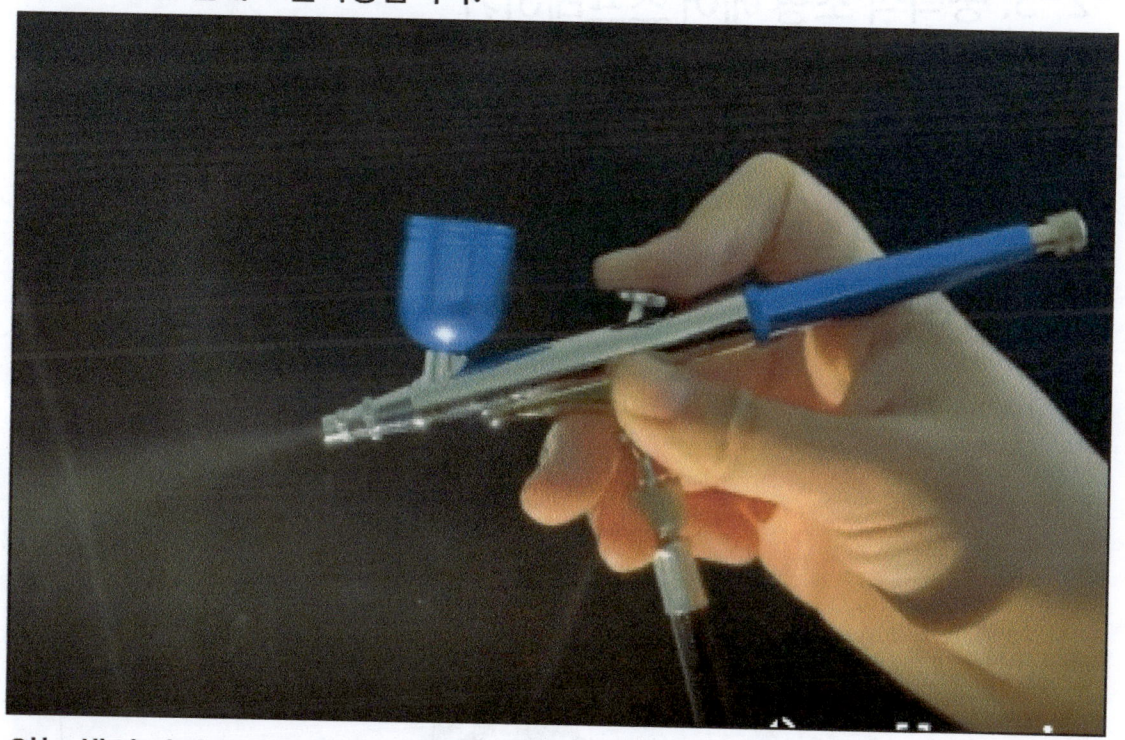

위는 해외 사이트인 알리 익스프레스 판매 화면에서 인용한 화면인데요, 위의 크기를 보세요..
이런 제품으로 칠을 할 수 있는지요..

에어 스프레이건으로 칠을 해 보면 페인트 낭비가 참 심하다는 생각을 하게 됩니다.
피도면 혹은 피도체에 칠해지는 나머지는 그냥 허공으로 날아가 버리기 때문에 필자가 앞에서 판매를 하기 위하여 필자의 쇼핑몰에 올려 놓은 한 뼘 정도 크기의 인형에 칠을 하는데도 엄청나게 많은 페인트가 들어갑니다.

물론 엄청나게 많은 페인트를 한꺼번에 칠하는 것이 아닙니다.
뒤에 가서 페인트 단원에서 자세하게 설명합니다만, 페인팅은 붓으로 칠을 하든, 에어 스프레이건으로 칠을 하든, 두껍게 칠하는 것은 금물입니다.

따라서 앞의 화면에 보이는 네일 아트용 미니 에어 스프레이건은 그야말로 네일 아트용이고요, 아파트 등의 실내에서 작은 피규어에 칠를 하는 용도 이외에는 사용할 데가 없다는 것을 아시기 바랍니다.

1-2-3. 중력식 소형 에어 스프레이건

앞의 화면도 해외 사이트인 알리 익스프레스에서 인용한 화면인데요..
중력식 에어스프레이건도 어차피 중력에 의해서 페인트가 나오는 것이 아니고요,
흡상식과 똑같은 원리로 에어가 지나가면서 빨아들여서 분사가 되는 원리입니다.

그래서 중력식이라는 말 대신 소형이라는 말을 사용하는 것이 더 정확한 표현이고요, 중력식 에어 스프레이건도 페인트 통을 큰 것을 달아서 사용할 수 있 는 제품도 있지만, 그렇다면 무엇하러 불편하게 이런 방식으로 사용하는가 이 말입니다.

1-2-4. 흡상식 에어 스프레이건

앞에서 에어 스프레이건의 구조를 설명할 때 보여 드린 모습이고요, 에어 스프레이건의 오리지널이라고 보시면 됩니다.

여기에 초보자의 경우 또 함정에 빠질 수 있습니다.

필자 역시 초보 시절 잘 몰라서 함정에 빠져서 헛 돈만 버리고 결국 에어 스프레이건도 버린 경험이 있는데요..

필자가 처음 구입한 에어 스프레이건이면서 필자 딴에는 그대도 가격이 비싼 것이 조금이라도 성능이 더 나을 것이 아닌가 하고 상당히 비싼 에어 스프레이건을 구입을 했고요, 그 비싼 에어 스프레이건이 국산이어서 비싼 제품이었지만, 결과적으로는 중국산을 수입해서 포장만 국산으로 둔갑을 해서 판매한 제품이고요, 결정적으로 페인트 통이 750ml 였습니다.

그러나 이후 구입한 것은 모두 1000ml 페인트 통만 지금까지 사용하는데요, 우선 그 때 구입한 에어 스프레이건은 750ml 페인트 통이기 때문에 다른 페인트 통과 호환이 안 되고요, 어차피 페인트 통은 소모품이므로 얼마간 쓰고는 버리고 새 페인트 통으로 교체해서 사용하면 됩니다만, 문제는 이 뿐만이 아닙니다.

에어 스프레이건으로 고작 예쁘게 칠을 하고 에어 스프레이건 방아쇠를 놓는 순간 치익.. 하고 침을 뱉듯이 페인트를 뱉어 버리므로 다 된 밥에 재 뿌리는 격으로 도저히 사용할 수가 없습니다.

이런 에어 스프레이건을 구입하면 골치가 아픕니다만, 이후 필자는 에어 스프레이건을 무려 수십 개, 페인트 통 역시 수십 개를 구입했지만, 단 한 번도 그 때의 사건은 일어나지 않았으므로 여러분도 이런 문제는 걱정하지 않아도 됩니다.

How to use an air spray gun

필자는 물론 사업을 하기 위해서 구입한 것이지만, 에어 스프레이건 장사를 하는 것도 아니고 무려 수십 개를 구입을 했으니 기가 막힐 노릇입니다만, 유성 페인트를 사용하면 여러분도 이런 일을 겪을 수 있습니다.

1-2-5. 에어 스프레이건 불량

이것은 필자의 블로그에 올린 화면을 인용한 것인데요, 에어 스프레이건 불량을 고치는 화면입니다.

아무리 중국산이라지만, 사실 중국산을 욕할 것이 없습니다.
어차피 국산이라고 판매하는 것도 사실은 대부분 중국산이고요, 이 제품은 아마도 중국에서 에어 스프레이건을 처음 만든 업체이든지 처음 만드는 사람이 만든 에어 스프레이건으로 보입니다.

에어 스프레이건 작동은 잘 되는데 에어 호스 커플링이 들어가지를 않습니다.
불량입니다만 필자는 이것도 고쳤습니다.

필자가 아이언 맨이라면 모를까, 인간의 힘으로는 절대로 에어 호스를 연결할 수가 없습니다.

에어 호스가 들어가는 커플링이 이 세상에 다른 규격이 있는 것도 아니고, 완전히 다른 규격으로 만들어져 있습니다.

기가 막힐 노릇입니다.

에어 호스 커플링이 들어가서 딸깍하고 끼워져야 하는데 딸깍 하고 끼워지지 않으므로 딸깍 하고 끼워지는 곳에 홈을 직접 파서 수리를 하는 과정입니다.

필자도 인터넷으로 구입한 것인데요, 당시 에어 스프레이건 초보 시절이었고요, 유성 페인트를 사용했고요, 페인트 칠하고 에어 스프레이건을 청소하고 페인트통을 비우고 또 청소하고 반복하는 것이 너무나 번거로워서 여기 보이는 중력식 몹쓸 에어 스프레이건을 무려 10 여 개나 구입을 했습니다.

페인트 종류 별로 넣어놓고 매번 교체하지 않고 사용하기 위해서입니다.
사실 바보 같은 생각이지만, 당시에는 이것이 최선이라고 생각했습니다.
그런데 이런 엉터리 제품이 온 것입니다.

에어 스프레이건 사용법 에어 콤푸레셔

그래서 에어 스프레이건에 들어가는 에어 호스 커플링을 바이스로 물어놓고 렌치로 강제로 풀어서 위에 보이는 것과 같이 톱줄(야스리)로 갈아서 강제로 홈을 만들었습니다.

위에 보이는 톱줄로 에어 호스 커플링 딸깍 물리는 자리(홈)를 만든 것입니다.

여기에 선반이 있는 것도 아니고 선반이 있어도 선반 가공을 할 줄 모르니 어차피 선반이 있어도 사용할 수 없고요, 그래서 쇠줄로 갈아서 홈을 만든 것입니다.

How to use an air spray gun

에어 스프레이건 사용법					에어 콤푸레셔

이 책을 보시는 분이라면 이미 에어 스프레이건이 어렵다는 것을 아시고 이 책을 구입하셨을 것입니다.

에어 스프레이건이 간단한 용도로 조금만 작업을 하면 모르겠지만, 전문 에어 스프레이건이 직업이 아니더라도 필자와 같은 정도만 에어 스프레이건 작업을 한다 하여도 팔이 굉장이 아프고 힘이 듭니다.

페인트 통 1리터, 에어스프레이건 무게, 그리고 에어 호스까지 들고 하루종일 에어 스프레이건 작업을 하다보면 머리 어깨 무릎 팔, 안 아픈 곳이 없습니다.

그래서 에어 스프레이건은 최대한 무게가 가볍도록 모두 알루미늄으로 제작되어 있습니다.

How to use an air spray gun

에어 스프레이건 사용법 에어 콤푸레셔

일반인은 잘 모르겠지만, 금속은 강철이 아니라면 강해야 자르기도 쉽고 가공하기가 쉽습니다.

금속의 강도가 약하면 가공하기가 힘들고 어렵습니다.

더구나 에어 스프레이건은 금속의 강도가 약한 정도가 아니라 이빨로 씹으면 이빨 자욱이 날 정도의 아주 강도가 약한 알루미늄입니다.

그래서 에어 스프레이건에 끼워져 있는 에어 호스 커플링 등은 잘 빠지지도 않고 잘 잠가지지도 않습니다.

그래서 힘으로, 우격다짐으로 강제로 하다가는 에어 스프레이건 사용 해 보지도 못하고 망가뜨립니다.

How to use an air spray gun

그래서 살살 달래 가면서, 기름칠도 하면서 잠그고 앞의 화면에 보이는 것처럼 드디어 에어 호스를 딸깍 하고 잠갔습니다.

그러나 앞에서도 언급했습니다만, 필자가 3D 프린터로 출력하여 판매를 해 보려고 만든 제품에 칠하는데도 이런 미니 에어 스프레이건으로는 역부족입니다.

그래서 10개 이상 되는, 이른바 중력식이라는 못 된 소형 에어스프레이건은 모조리 폐기하였습니다.

이유가 있습니다.

뒤에 가서 페인트 단원에서 다시 더 자세하게 설명합니다만, 필자가 만든 제품은 3D 프린터에서 출력한 제품이고요,..

3D 프린터는 필라멘트라는 원료를 사용해서 출력을 하는데요, 이것이 식물성 플라스틱입니다.

에어 스프레이건 사용법   에어 콤푸레셔

앞의 화면에 보이는 가느다란 줄 같이 생긴 것이 3D 프린터 원료인 필라멘트인데요, 석유 화합물이 아니라, 인간이 사용하는 3D 프린터이기 때문에 인간에게 해롭지 않고 안전한, 사탕수수 등에서 추출한 천연 식물성 플라스틱입니다.

식물성 플라스틱의 특성 중의 하나는 석유 화합물인 일반 플라스틱과는 물과 기름과 같이 섞이지 않는다는 점이고요, 이것은 일반적인 접착제로는 접착할 수 없다는 뜻입니다.

플라스틱인데도 글루건 안 붙습니다.
돼지 본드 안 붙습니다.
강력 본드 안 붙습니다.

물론 특수하게 조합된 접착제는 붙지만, 일반적으로 접착이 안 됩니다.

그래서 물론 일반적인 금속이나 가구 등에도 초벌 페인팅으로 프라이머를 가장 먼저 칠하지만, 앞에서 본 필자가 3D 프린터로 출력한 출력물은 거친 표면을 가장 먼저 프라이머로 메워야 하는데요, 다시 말해서 페인트칠로 울퉁불퉁한 표면을 메우는 것입니다.

그리고 나서 하도 페인트로 거친 표면이 거의 메워질 때까지 칠을 하고 이후에 중도 및 상도 페인트로 마감을 합니다.

지금 설명은 간단히 했지만, 이 과정이 무려 길게는 6개월이 걸립니다.

생각해 보세요.

페인팅의 두께는 불과 몇 마이크로미터인데, 3D 프린터로 출력한 출력물의 울퉁불퉁한 표면을 몇 번을 칠해야 메워질지요..

이 책을 보시는 여러분은 어떤 목적으로 에어 스프레이건을 사용하시려고 하는지는 모르겠습니다.

그러나 필자와 같이 3D 프린터로 출력한 출력물을 페인팅으로 메워서 매끈한 조각상 등으로 만들려고 한다면 여러분 역시 필자가 걸어온 길을 똑같이 걸어야 한다는 것을 알아야 합니다.

How to use an air spray gun

다만 필자는 무에서 유를 창조했기 때문에 돈도 무려 1,500만원 이상 들어갔고요. 세월도 무진장 오래 걸렸지만, 여러분은 이 책을 보시기 때문에 필자보다는 훨씬 수월하게 작업을 할수 있습니다.

1-3. 노즐

앞에서 필자가 맨 처음 에어 스프레이건을 구입하러 매장에 갔을 때 그 매장의 주인에게, 에어 스프레이건의 노즐이 여러 규격이 있는데 어떤 것을 선택해야 하는지 물었더니, 그 판매자왈, 그것은 오로지 구매자가 달라는대로 판매만 할 뿐 노즐이 큰것과 작은 것의 차이는 절대로 알려 줄 수 없다는 답변을 들었다고 했습니다.

그래서 그 사람은 자자 손손 밥이나 빌어 먹다가 굶어 죽을 인성이라고 했는데요, 에어 콤푸레셔와 에어 스프레이건 등을 산더미처럼 쌓아놓고 판매하는 곳에서 이런 답변을 하니 기가 막힐 뿐입니다.

이 책을 보시는 여러분은 필자와 같이 매장에 가서 똑같은 질문을 하지 마시고요, 여기 설명을 보시고 여러분 스스로 선택해서 구매하시면 됩니다.

에어 스프레이건 사용법 　　　　　　　　　　　　　　에어 콤푸레셔

앞의 화면은 방금 구글에서 검색한 결과이므로 참조만 하시고요, 앞의 화면에 보이는 것과 같이 노즐만 따로 구입해서 교체할 수도 있지만, 앞에서 몇 번 언급한 바와 같이 에어 스프레이건 및 페인트통까지 몽땅 불과 만원 대, 만원대 후반, 2만원대 정도면 구입할 수 있으므로 노즐만 따로 사서 교체하는 것은 거의 필요가 없는 일입니다.

따라서 맨 처음 에어 스프레이건을 구입할 때 노즐 구경을 확인하고 구입하는 것이 가장 합리적이라고 할 수 있습니다.

앞 쪽에서 에어 스프레이건의 구조 설명을 할 때 그려 놓은 에어 스프레이건 도면에서 방아쇠를 당기면 노즐을 막고 있는 니들이 열리면서 에어와 함께 페인트가 분사되는데요, 이 때 노즐 구경이 적절해야 원활하게 분사가 됩니다.

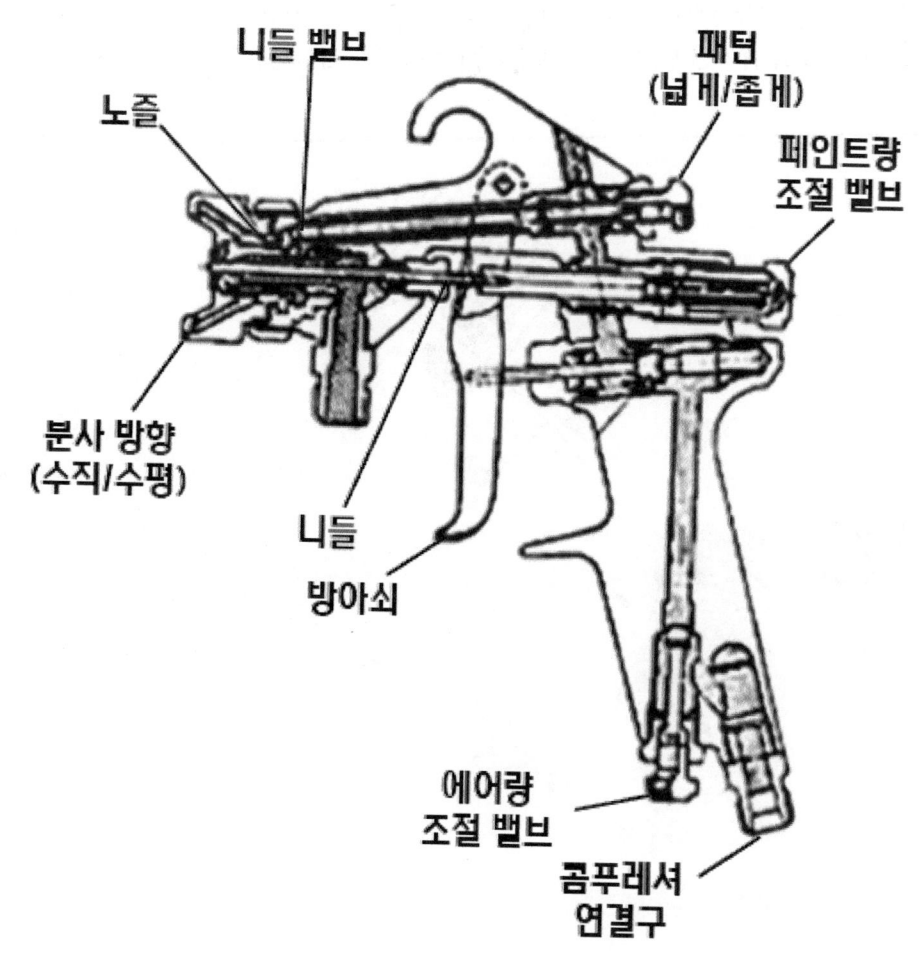

How to use an air spray gun

1-3-1. 노즐의 직경

1. 네일 아트 용의 미니 에어 스프레이건 : 0.5mm, 0.8mm, 1mm, 1.2mm..

2. 중력식 소형 에어 스프레이건 : 1.3mm, 1.4mm, 1.5mm..

3. 흡상식 에어 스프레이건 : 1.5mm, 1.8mm, 2.0mm, 2.5mm, 3.0mm..

이상의 규격은 절대적인 것은 아니고요, 예를 들어 흡상식 에어 스프레이건에 1.3mm 노즐을 끼울 수 있습니다만, 이것은 에어 스프레이건의 크기가 문제가 아니라 페인트의 종류에 따라 절대적인 관계가 있습니다.

예를 들어 락카 페인트와 같이 미세한 페인트는 구경이 아주 작아도 분사가 되고요, 펄 페인트는 2.5mm ~3.0mm 의 대구경 노즐을 사용해도 분사가 잘 안 되기도 합니다.

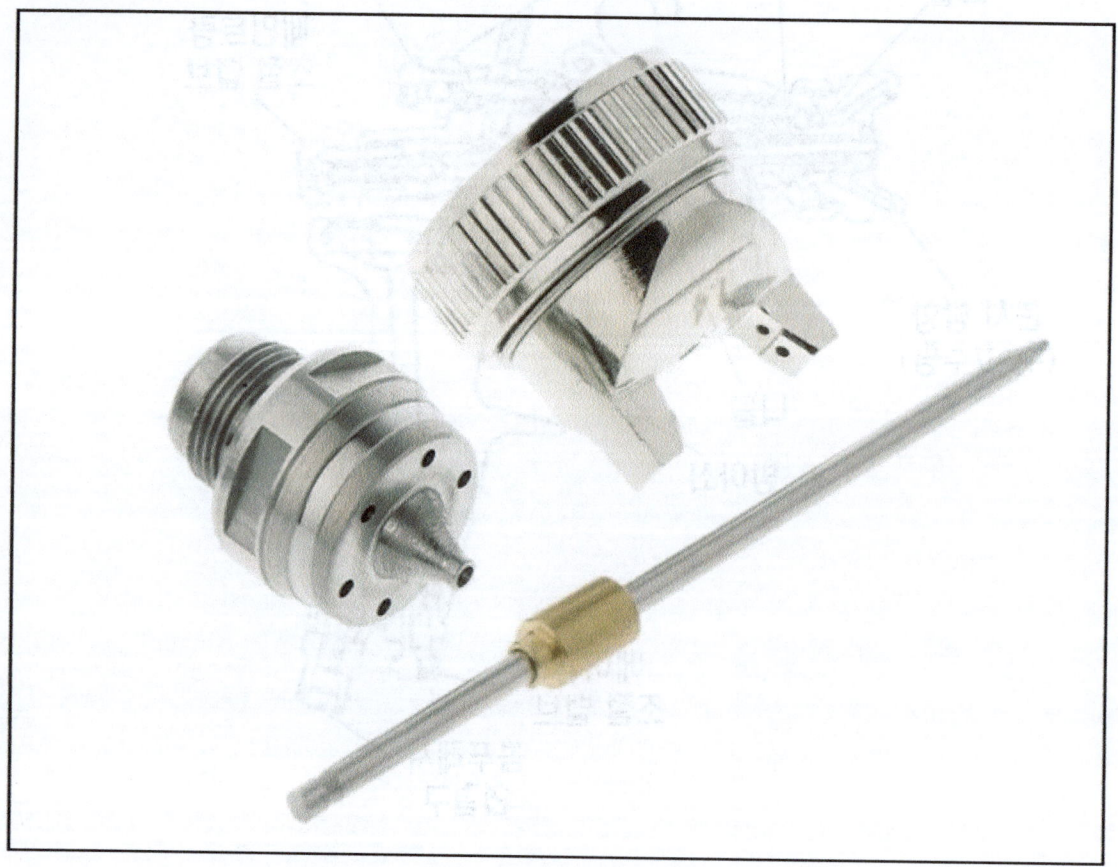

앞의 화면은 해외 사이트인 알리 익스프레스에서 인용한 화면이고요,..

필자는 단 한 번도 노즐을 교체해 본 적이 없습니다.

앞에서도 설명한 바와 같이 에어 스프레이건 세트로 한 세트에 고작 만원 대의 가격이기 때문입니다.

그러나 에어 스프레이건 가격이 수십 만원에서 백만원이 넘는 고가의 장비라면 노즐을 교체하면서 사용할 것으로 예상은 됩니다만, 필자도 그런 고가의 장비는 사용해 본 적이 없기 때문에 그 부분에 대한 설명은 생략합니다.

앞의 화면은 며칠 전에 필자가 2개를 구입한 화면인데요, 에어 스프레이건과 페인트통을 합쳐서 고작 만원 대이기 때문에 노즐을 교체하는 것보다 저렴합니다.

How to use an air spray gun

이상의 설명과 같이 에어 스프레이건 노즐의 구경은 자신이 사용할 페인트에 맞는 구경을 선택해야 하는데요, 초보자의 경우 페인트를 어떤 페인트로 선택해야 하는지도 모르므로 이것도 역시 무리입니다.

그래서 이 정도 초보자인 경우에는 구경이 큰 것을 선택하는 것이 좋은데요, 그러나 예를 들어 3.0mm 구경의 노즐은 구하기도 어렵고요, 실제 사용하는 곳도 거의 없습니다.

또한 페인트가 락카 페인트와 같이 미세한 페인트에 2.5mm 노즐을 사용하면 분사량이 너무 많아서 에어 스프레이건을 아무리 조절을 해도 페인팅을 제대로 하기가 어렵습니다.

그래서 일반적으로 이런 내용들을 모르고 그냥 에어 스프레이건 가게에 가서 에어 스프레이건을 구입하면 대부분 1.5mm 노즐이 끼워져 있고요, 2.0mm 노즐이 장착된 에어 스프레이건은 선택 사양으로 진열되어 있습니다.

따라서 에어 스프레이건 선택 및 노즐 구경 선택은 뒤에 가서 페인트 설명 편에서 페인트에 대한 지식을 먼저 쌓은 뒤에 구입하는 것이 좋습니다.

페인트의 종류는 페인트 가게를 하는 사람은 물론 페인트의 박사라고 하더라도 알 수 없을 정도로 너무나 많기 때문에 에어 스프레이건 사용법과는 별개로 페인트에 대해서도 거의 박사 수준이 되어야 에어 스프레이건 사용법이 완성이 된다고 생각하시는 것이 좋습니다.

그래서 페인팅이 별 것 아닌 것 같지만 어렵고요, 에어 스프레이건 별 것 아닌 것 같지만 그토록 어려운 것입니다.

필자의 경우 모르니까, 물어볼 곳도 없고, 물어 보아도 제대로 알려 주는 곳이 없으니까 이것 저것 사다가 헤일 수 없이 헛돈 쓰고 낭비하면서 터득했고요, 그래서 이 책을 쓰고 있으니 결과적으로는 낭비한 것은 아니라는 결론이네요..

다시 강조합니다만, 필자가 이 책을 집필하고 있지만, 필자는 절대로 페인트의 전문가가 아닙니다.

에어 스프레이건의 전문가도 아니고요, 다만 지금까지 설명한 것과 같이 엄청난 비용을 들여서 에어 스프레이건 사용법을 터득했고요, 엄청난 페인트를 구입을 해서 적어도 필자가 사용하는 페인트에 대해서는 거의 해박하게 알고 있고요, 그래 보았자 필자가 사용 해 본 페인트의 종류는 고작 20여 종류 밖에 안 됩니다.

그러나 이것도 사실 엄청난 숫자입니다만, 여전히 모든 페인트에 대해서는 전혀 알 수가 없습니다.

따라서 필자가 모르는 부분도 있을 수 있으므로 이 책에서 다루지 않는 부분은 여러분 스스로 터득해야 합니다.

에어 스프레이건 사용법

How to use an air spray gun

제 2 장 에어 콤푸레셔

에어 스프레이건 사용법　　　　　　　　　　　　　**에어 콤푸레셔**

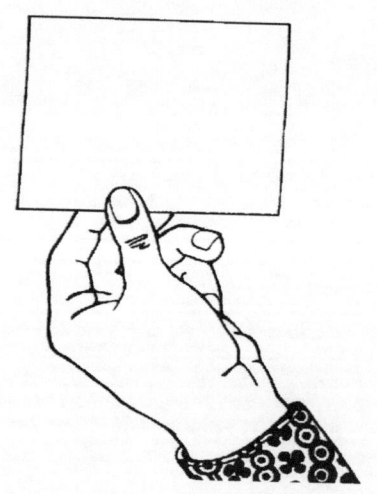

How to use an air spray gun

2-1. 에어 콤푸레셔

2-1-1. 마력(hp)

일반인이 일반적으로 흔히 잘 못 알고 있는 상식 중의 하나가 콤푸레셔를 마력으로 구분을 하는 것인데요, 실제로는 전문가가 아닌 비 전문가는 대부분 마력으로 콤푸레셔를 구분하기 때문에 일단 마력에 대해서 설명을 하겠습니다.

마력이란 마력(馬力), 즉, 말 1마리의 힘으로 영문으로는 hp(horsepower)로 표기를 하며 오늘날에는 원동기의 힘의 기준으로 사용되기도 합니다.

이 때 원동기란 엔진이므로 일반인이 엔진을 다룰 일은 없기 때문에 일반인의 일반적인 파워는 모터의 힘을 의미한다고 할 수 있습니다.

즉, 다시 말해서 콤푸레셔를 선택할 때도 콤푸레셔를 돌리는 모터의 힘으로 0.5마력 콤푸레셔, 1마력 콤푸레셔, 2.5마력 콤푸레셔, 3.5마력 콤푸레서.. 등으로 불리는데요, 이렇게 구분하는 것은 사실은 엉터리이지만, 실제로는 이렇게 구분을 해서 판매를 하고 구매를 하기 때문에 실질적으로는 절대로 엉터리라고만 볼 수 없는 조건입니다.

콤푸레셔의 성능을 결정짓은 요소는 사실은 마력이 아니라 다음에 설명하는 에어량이나 오일 유무 등과 같은 복합적인 요소가 많이 있는데도 불구하고 일단 마력이 콤푸레셔 선택의 척도가 되어 있는 것은 주지의 사실입니다.

그렇다면 에어 스프레이건을 사용하기 위한 콤푸레셔의 마력 수는 얼마나 되는 콤푸레셔를 사용해야 할까요?

앞에서 소개한 네일 아트용 초미니 에어 스프레이건이라면 어차피 실내에서 네일 샵 등에서 사용하는 콤푸레셔이기 때문에 무소음 저용량, 0.5마력 혹은 이보다 적은 힘의 콤푸레셔도 충분합니다.

그러나 이 책에서 다루는 에어 스프레이건 사용법에 의해서 설명을 하자면, 중력식(실제로는 중력식이라고 표현하는 것이 잘 못 된 표현이지만) 소형 에어 스프레이건이라면 0.5마력이나 1마력 콤푸레셔만 가져도 아쉬운대로 에어 스프레이건 작업을 할 수 있으나 피도면이 넓은 곳이나 비교적 강한 분사를 요구하는 작업에는 사용할 수 없습니다.

필자도 처음에는 위에 보이는 에어 스프레이건으로 시작했고요, 위에 보이는 에어 스프레이건을 무려 10개 정도 구입을 했습니다.

필자도 처음에 에어 스프레이건을 사용해서 페인팅을 해 보려고 준비를 하면서 공부를 하던 중에 모두들 에어 스프레이건을 사용하기 위해서는 5마력 정도 되는 엄청난 콤푸레셔를 사용해야 한다고 하기에 당시 필자는 1마력과 2.5마력 콤푸레셔를 가지고 있었기 때문에 필자가 가지고 있는 콤푸레셔로 사용할 수 있는 에러스프레이건을 찾다보니 위에 보이는 제품을 구입한 것인데요,..

어차피 어떠한 공부를 하던지 비용을 지불해야 하는 것이지만, 필자로서는 뼈아프게 큰 돈을 지불한 것이 못내 아쉽습니다.

이후 무려 1,500만원 정도를 써 가면서 결국 에어 스프레이건 사용법을 완성하기는 하였지만, 그래 보았자 겨우 필자가 사용하는 분야에 국한된 기술이고요, 이 책에서도 필자가 아는 범위 외에는 필자도 모르기 때문에 기술 할 것이 없습니다.

How to use an air spray gun

에어 스프레이건 사용법   에어 콤푸레셔

필자가 경험한 바에 의하면 시중에서 흔하게 볼 수 있는 페인트 가게, 그 중에서도 아주 큰 대형 페인트 가게조차도 페인트 전문가, 자칭 뺑끼쟁이 40년이라고 자랑하는 사람들 모두 필자가 원하는 페인트에 대해서는 전문가는 커녕 모조리 필자만큼 아는 사람이 단 한 사람도 없었습니다.

심지어 대형 페인트점을 운영하는 대형 업체조차 페인트에 대해서 조금 심하게 말하면 필자보다 모르는 사람이 대부분입니다.
그러니 필자가 어디에 가서 문의를 하고 어디에 가서 기술을 배울 수 있겠어요??

그러니 필자 스스로 독학으로 깨우칠 수 밖에요..
그래서 돈을 무려 1,500만원 정도를 써 가면서 몇 년 동안 죽어라 에어스프레이건을 분사를 해서 이제 겨우 필자가 사용하는 분야에서만 에어 스프레이건 사용법을 터득한 것입니다.
지난 세월을 생각하면 너무나 가슴 아프고 기가 막힙니다.
누군가 단 한 마디만 조언을 해 주었더라면 1,500만원이 아니라 단돈 150만원만 가져도 충분할 것을, 필자 혼자 독학을 하다보니 이런 일이 생긴 것입니다.

필자는 사업상 시도하는 것이기 때문에 개인이 고민을 해서 한 개 겨우 마련하는 것과는 차원이 다릅니다.

How to use an air spray gun

에어 스프레이건 사용법　　　　　　　　　　　　　에어 콤푸레셔

필자는 앞의 화면에 보이는 대형 에어스프레이건도 수십 개나 구입을 했는데요, 이 중에서 가격이 비싼 국산 에어스프레이건도 있습니다만, 다 그런 것은 아니겠지만, 필자가 사용한 국산 에어스프레이건은 방아쇠를 당겨서 스프레이를 분사하고 방아쇠를 놓으면 멈추어야 하는데 멈추기는 멈추지만 멈춘 후에 칙칙 하고 마치 침을 뱉듯이 분사가 됩니다.

그래서 다 된 밥에 재 빠뜨린다고, 기껏 예쁘게 칠해 놓은 페인트칠에 침을 툇툇 뱉어 놓은 것 같이 뿌려지기 때문에 결국 폐기하고 말았습니다.

우리나라는 중국보다 경제적인 면에서는 한참 우위에 있지만, 우리나라는 이제 선진국이 되어 최첨단 제품이 아니면 거의 만들지 않고, 중국은 세계의 공장으로 무엇이든지 만들어 내기 때문에 계속 기술이 좋아질 수 밖에 없습니다.

그래서 이런 에어스프레이건 만드는 기술 등은 우리나라는 중국보다 한 참 뒤지는 것이 현실이고요, 너무나 가슴 아픈 일입니다.

필자는 이 나이에도 각종 SNS를 매우 왕성하게 하는데요, 에어스프레이건 사용법 역시 필자의 블로그와 필자의 유튜브 채널에 올려 놓았더니 어떤 분이 댓글로 전문가는 에어스프레이건 100만원짜리를 쓴다고 댓글을 달아놓은 분이 있는데요,..

필자는 이 나이에도 순진무구.. 하루 종일 컴퓨터 앞에서 책을 쓰는 것이 직업이다 보니 세상 물정에 어둡고 툭하면 사기를 당하곤 하는데요,..

그래서 필자는 이 나이에도 학생으로 치면 가장 말 잘 듣는 착한 학생이고요, 그래서 그 분 말씀대로 진짜로 에어스프레이건 100만원짜리를 사서 써 보려고 사러 갔었습니다.

그러나 필자가 에어 관련 대형 판매점에 가서 물어보아도 그렇게 비싼 에어스프레이건은 없고, 가장 비싸 보았자 약 30만원 정도 하지만, 1년 내내 단 한 개도 팔리지 않기 때문에 가져다 놓지 않는다는 답변을 들었습니다.

그래서 그 매장에서는 가장 비싼 국산 에어스프레이건을 사 가지고 왔습니다만, 앞에서 설명한 것과 같이 방아쇠를 당겨서 분사를 하고 다시 방아쇠를 놓으면 분사를 멈춰야 하는데 분사는 멈추지만 분사를 멈추면서 마치 침을 뱉듯이 툇툇하고 저절로 페인트가 뿜어져 나가기 때문에 결국 폐기하고 만 것입니다.

How to use an air spray gun

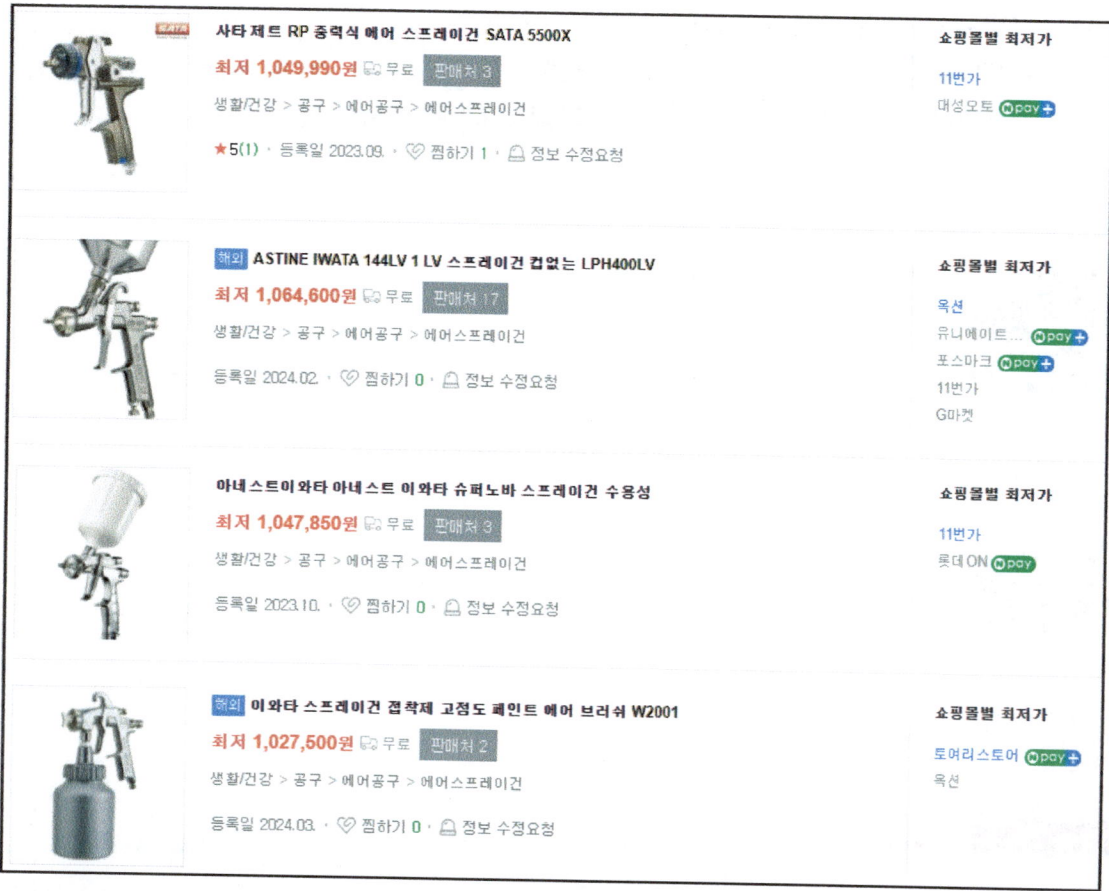

위는 방금 네이버에서 검색한 것이고요, 위에 보이는 에어 스프레이건들은 왜 이렇게 비싼지 모르겠습니다.
다만 필자의 경험상 이런 고가의 에어 스프레이건은 보기도 어렵고 구하기도 어렵고 그래서 필자는 단돈 만원짜리 에어 스프레이건으로 페인팅을 합니다.

콤푸레셔의 기준이 아닌, 비 기준인 마력으로 콤푸레셔를 선택할 때 앞에서 소개한 바와 같이 네일 아트 샵에서 사용하는 네일 아트용 초미니 에어 스프레이건이라면 콤푸레셔가 가능한 작고 무소음이어야 하겠지만, 그 외에는 일단 콤푸레셔는 가능한 큰 것이 좋습니다.

필자도 처음에는 0.5마력 콤푸레셔를 사용하다가 잘 안 되어 1마력 콤푸레셔를 구입했다가 그것도 잘 안 되어 2.5마력 콤푸레셔를 또 구입했다가 그것도 잘 안 되어 또 다시 3.5마력 콤푸레셔를 구입했는데요, 최종적으로 구입한 3.5마력 콤푸레셔가 에어 스프레이건 최소 마력 콤푸레셔라고 할 수 있습니다.

위는 에어 콤푸레셔 가격을 보여 드리기 위하여 방금 네이버에서 검색한 것이고요, 지금 에어 콤푸레셔의 마력 수를 설명하고 있습니다만, 아래 화면에 보이는 것과 같이 이제는 에어 콤푸레셔 가격으로 설명을 해 보겠습니다.

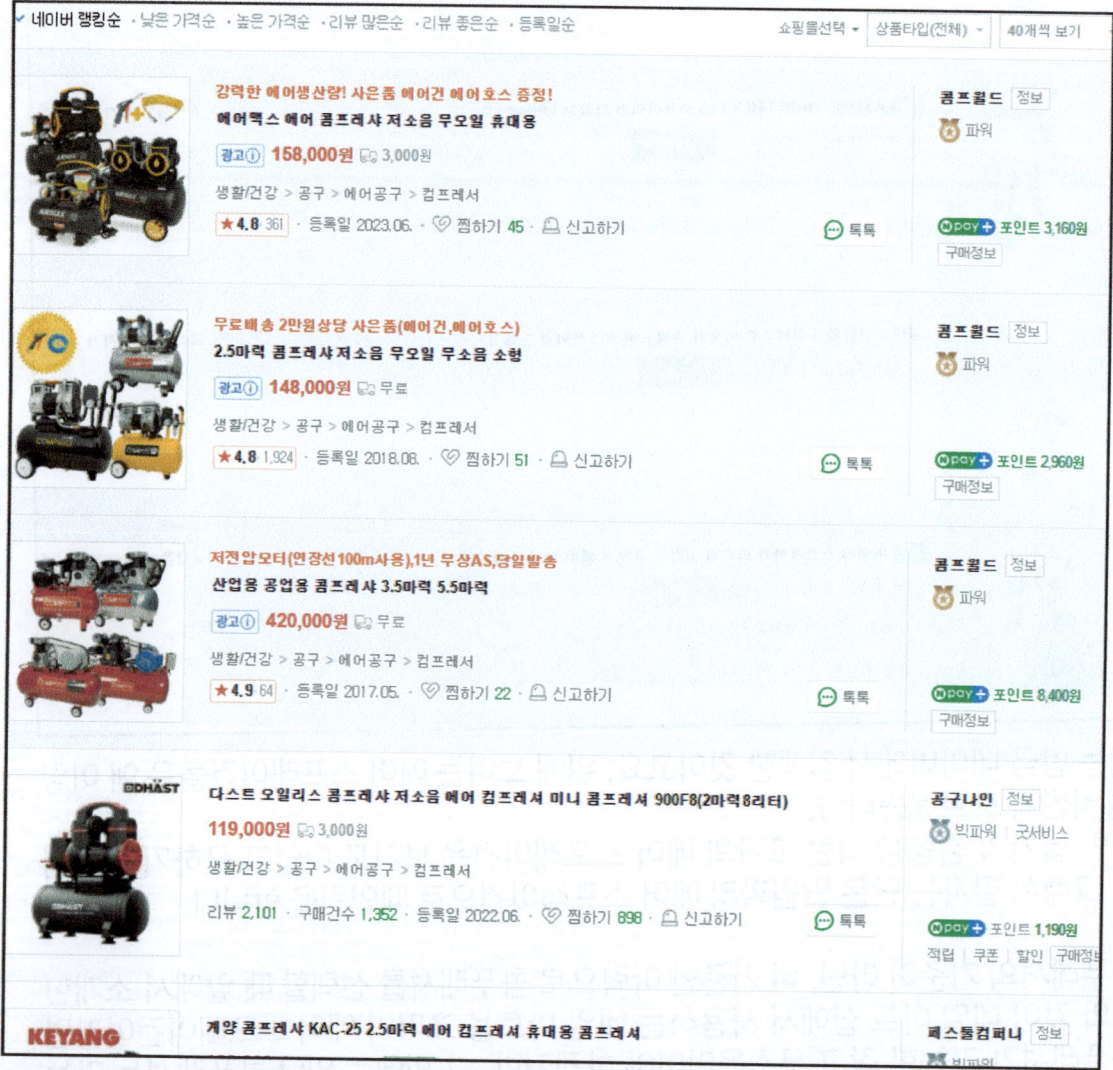

처음에 에어 콤푸레셔를 구입하려고 하시는 분은 저렴한 가격의 소형 콤푸레셔를 찾으시는 분이 대부분인데요, 일단 가격으로 설명을 하자면 대략 10만원대~20만원대 초반의 에어 콤푸레셔는 에어 스프레이건을 사용하기에는 역부족입니다.

이러한 저가형 콤푸레셔는 에어 타카를 사용하는 것이 주된 목적의 에어 콤푸레셔입니다.

How to use an air spray gun

에어 타카는 방아쇠를 당길 때마다 소량의 고압력 에어가 에어 타카의 피스톤을 가격하여 콘크리트나 나무에 못을 박을 때 사용하는 용도이고요, 그래서 에어 타카는 에어를 많이 사용하지 않기 때문에 가격이 저렴한 에어 콤푸레셔도 됩니다.

그러나 에어 스프레이건은 에어 콤푸레셔의 압력도 높아야 하지만, 지속적으로 고압의 에어가 나와야 제대로 분사가 되기 때문에 쉽게 가격으로 설명하자면 10만원대의 콤푸레셔와 20만원대 초반의 콤푸레셔는 에어 스프레이건을 사용하기에는 역부족이라는 얘기입니다.

물론 알기 쉽게 설명한 것이고요, 이것이 절대적인 조건은 아닙니다.

필자 역시 그리 넉넉한 사람이 아니기 때문에 저렴한 에어 콤푸레셔를 구입했다가 다시 구입, 또 재구입.. 결과적으로는 정상적인 에어 콤푸레셔 구입 가격의 몇 곱절을 주고 구입하는 기가 막히는 경험을 하게 된 것입니다.

에어 스프레이건 사용법   에어 콤푸레셔

앞의 화면에 보이는 것이 필자가 최종적으로 구입한 에어뱅크 3.5마력 콤푸레셔인데요, 처음에 이 콤푸레셔를 구입했으면 40만원 정도만 들어갔겠지만, 처음에 10만원대 에어 콤푸레셔를 구입했다가 다시 10만원대 후반 에어 콤푸레셔를 구입했다가 다시 20만원대 초반 에어 콤푸레셔를 구입했다가 다시 20만원대 후반 에어 콤푸레셔를 구입했다가 최종적으로 앞의 화면에 보이는 에어 뺑크 3.5마력 쌍기통 에어 콤푸레셔를 구입한 것입니다.

그래서 결과적으로 돈이 몇 곱절 더 들어간 것입니다.

일단 3.5마력 콤푸레셔는 산업용으로 분류되는 강력한 에어 콤푸레셔입니다.

그래서 아래 화면에 보이는 것과 같이 카센터 등에서 사용하는 에어 콤푸레서는 에어 탱크가 크고 무겁기 때문에 필자는 무게가 가벼운 앞의 화면에 보이는 현장용 3.5마력 에어 콤푸레셔를 구입한 것입니다.

제품사양

제품명	산업용 3마력 230리터
모델명	CWF MK113-230
소비전력	2.2 KW
용량/재질	탱크 230 L / 스틸(철)
에어생산량	357 L/min
소음도	75 dB (측정방식에 따라 다름)
무게/압력	237 kg / 8.5 bar
사이즈(가/폭/높)	140cm X 46cm X 102cm
전기사양	단상220V / 3상380V
제조국	국내산 (콤프월드)

How to use an air spray gun

앞의 화면은 방금 검색한 결과이므로 참고만 해 주시고요, 앞의 화면에 보이는 에어 콤푸레셔는 3마력 콤푸레셔인데 중량이 무려 237Kg입니다.

에어 탱크가 크기 때문인데요, 이런 엄청난 무게의 에어 콤푸레셔를 현장용으로 가지고 다닐 수가 없습니다.

그래서 필자가 구입한 것은 콤푸레셔는 3.5마력이지만, 현장으로 쉽게 들고 다닐 수 있도록 가볍게 에어 탱크를 작게 만든 모델입니다.

- 제조사 : 에어뱅크
- 모델명 : AB350
- 탱크용량 : 40L
- 사이즈 L × D × H (cm) : 64 × 34 × 64
- 중량 : 36kg
- 공기량 : 318(L/min)
- 전압 : 220V, 1Ph, 60Hz
- 압력 : 9.5kgf/㎠ / 138PSI

필자가 에어뱅크 3.5마력 콤푸레셔를 구입한 것은 에어뱅크를 잘 알기 때문이 아닙니다.
오히려 필자는 에어뱅크가 어떤 업체인지도 전혀 알지 못합니다.

다만 앞에서 설명한 바와 같이 여러 개의 콤푸레셔를 구입하면서 도저히 안 되겠다 싶어서 마지막으로 구입한 것이 이 모델이고요, 이것도 부족하면 도 다시 다른 콤푸레셔를 구입했겠지만 이 콤푸레셔를 사용하므로써 필자의 에어 스프레이건 사용법이 완성되었습니다.

그리고 현장용이라고 하더라도 위에 보이는 것과 같이 중량이 36Kg으로 결코 가볍지 않은 무게입니다.
특히 필자는 약 4년 전에 심장 수술을 받아서 지금은 힘을 못 씁니다.

그래서 무게가 가벼우면서도 필자가 원하는 강력한 콤푸레셔를 찾다보니 이 제품을 구입한 것이고요, 필자가 다루기에는 이 무게도 적지 않은 무게이지만, 일단 3.5마력인데도 저소음 2.5마력보다 소리가 훨씬 조용합니다.

2-1-4. 무소음/저소음 콤푸레셔

콤푸레셔의 종류 중에 무소음 또는 저소음 콤푸레셔가 있는데요, 소리가 적거나 나지 않으면 당연히 좋지만, 무소음 또는 저소음이라는 단어에 함정이 있습니다.

생각해 보세요,..

콤푸레셔는 엔진과 같습니다.

자동차 엔진이, 경운기 엔진이 소리가 나지 않는 엔진은 없습니다.
엔진 속에서 폭탄이 터지듯이 쉬지 않고 폭발을 하는데 어찌 소리가 나지 않을 수가 있는가 이 말입니다.

다만, 소리가 덜 나게 여러가지 방음 장치를 한 것 뿐입니다.

그러나 전기 자동차는 소음이 없습니다.

전기 자동차는 연료를 넣고 쉬지 않고 폭발을 하는 내연기관이 아니라 소리 없이 돌아가는 모터를 엔진으로 사용하기 때문입니다.

그렇다면 에어 콤푸레셔 소리가 나지 않게 하는 방법이 무엇이 있을까요?

에어 콤푸레셔는 문자 그대로 에어, 즉, 공기를 압축하는 기계이고요, 에어는 비중이 없기 때문에 아무리 압축을 많이 해도 에어 그 자체로는 할 수 있는 일이 별로 없습니다.

그러나 비중이 없는 그 에어를 압축을 하여 그 압축 공기로 기계를 움직이면, 땅 속으로 수 백 미터를 파고 들어가는 엄청난 파괴력을 나타냅니다.

그리고 그러한 엄청난 압축 공기를 만들어 내기 위해서는 엄청청청청청청청청난, 상상을 초월하는 막대한 에너지를 사용해야 합니다.

필자가 젊은 시절 땅을 수 백 미터씩 파고 들어가는 시추기 사업을 한 적이 있는데요, 그 시추기에 사용하는 에어 콤푸레셔는 8톤 트럭에 실려 있는 에어 콤푸레셔를 사용하며 그 에어 콤푸레셔가 하루 10시간 정도 작업에 사용되는 연료는 경우 4드럼입니다.

이해가 되세요..
경유 4드럼을 10시간 정도에 소모를 합니다.

이렇게 에어를 압축하는, 다시 말해서 압축 공기를 생산 하는데는 상상을 초월하는 막대한 에너지가 필요합니다.

이 책에서 다루는 에어 스프레이건에 사용하는 에어 콤푸레셔가 왜 강력해야 하는지 단적으로 보여주는 사례입니다.

압축 공기를 생산 하는데는 어마어마한 에너지가 필요하며 그래서 에어 스프레이건을 원활하게 사용하기 위해서는 필자가 사용하는 정도의 3.5마력, 그것도 필자가 사용하는 것과 같은 쌍기통 피스톤식 에어 스프레이건이 제격이며 그것도 필자가 사용하는 3.5마력 쌍기통 에어 콤푸레셔는 겨우 최소 수준이라는 것을 알아야 합니다.

2사람 이상 에어 스프레이건을 사용하는 현장이라면 이것도 부족해서 5마력 정도의 에어 콤푸레셔를 사용해야 한다는 것을 알아야 합니다.

다시 강조합니다만, 네일 아트 수준의 초미니 에어 스프레이건이라면 콤푸레셔가 작아도 상관이 없습니다.

그러나 적어도 필자가 3D 프린터로 출력한 출력물, 조각상 등을 포함해서 벽이나 바닥, 기타, 가구 등에 칠을 한다면 필자가 사용하는 3.5마력 쌍기통 에어 콤푸레셔가 최소 기준이라는 것을 알아야 합니다.

돈이 부족해서, 또는 잘 몰라서 이보다 용량이나 가격이나 마력이 적은 에어 콤푸레셔를 구입했다가는 필자와 똑같이 에어 콤푸레셔를 여러 대 구입하게 되어 결과적으로 훨씬 많은 돈이 들어간다는 것을 알아야 합니다.

2-1-5. 현장용 에어 콤푸레셔 주의 사항

지금까지 설명한 것과 같이 압축 공기를 생산 하는데는 막대한 에어지가 필요하며 필자가 사용하는 현장용, 에어 탱크가 작은 3.5마력 콤푸레셔의 경우 콤푸레서의 전체적인 중량을 줄이기 위하여 산업용 정품 에어 콤푸레셔보다 작은 모터를 사용합니다.

작다고 해도 필자가 사용하는 에어뱅크 3.5마력 쌍기통 에어 콤푸레셔의 경우 소비 전력이 무려 2.2Kw입니다.

이렇게 강력한 모터가 달려 있기 때문에 3.5마력 콤푸레셔를 돌릴 수 있는 것이고요, 그러나 실제로는 이보다 더 강력한 모터가 필요하지만, 더 큰 모터를 장착하면 콤푸레셔 중량이 훨씬 무거워지기 때문에 최소한으로 작은 모터를 채용해서 그나마 콤푸레서 총 중량이 36Kg인 것이고요..

그래서 필자가 사용하는 에어뱅크 3.5마력 쌍기통 에어 콤푸에서나 이에 준하는 에어 콤푸레셔, 다시 말해서 현장용으로 가볍게 제작된 에어 콤푸레셔는 연속 10분 이상 가동하면 안 됩니다.

어차피 모터가 열받으면 멈추므로 모터가 탈 염려는 없지만, 모터가 열을 받아서 자동으로 멈추면 열이 식을 때까지 최소한 10분 이상 기다려야 하므로 작업에 차질이 생길 수 있으므로 연속으로 10분 이상 작업을 하지 말아야 합니다.

물론 에어 스프레이건 작업을 하면서 연속으로 10분 이상 분사하는 일은 거의 없습니다.

만일 연속으로 10분 이상 계속 분사를 한다면 흡상식 에어 스프레이건 페인트통 1,000cc 용량이라도 다 분사되고 말 시간입니다.

따라서 실제로는 10분 이상 연속으로 에어 스프레이건을 분사를 하지 않기 때문에 전국의 수 많은 현장에서 현장용으로 사용하는 것이고요, 이렇게 현장용이 아니라면 에어 탱크가 큰 산업용 에어 콤푸레셔를 사용하는 것이 정석이고요, 이 경우 앞에서 본 바와 같이 3마력 산업용 에어 콤푸레셔중량이 무려 237Kg이나 나가는 중량물이므로 다루는 것이 쉽지 않습니다.

2-1-6. 에어 생산량

지금까지 콤푸레셔를 선택하는데 도움이 될만한 첫 번 째 정보로서 에어 콤푸레셔의 마력으로 설명, 그리고 가격으로 설명을 했는데요, 사실은 에어 콤푸레셔, 특히 이 책에서 다루는 에어 스프레이건을 사용하기 위한 에어 콤푸레셔의 가장 큰 선택 기준은 바로 분당 에어 생산량입니다.

에어 스프레이건은 에어 사용량이 적은 에어 타카와 달리 엄청난 에어를 소모하기 때문입니다.

그래서 1마력, 혹은 2.5마력 콤푸레셔를 가지고도 에어 스프레이건 작동은 되지만, 에어 스프레이건 방아쇠를 당기고 에어 콤푸레서의 압력 탱크에 찬 에어가 빠지는 그 짧은 몇 초 정도의 찰나의 시간만 에어 스프레이건이 제대로 작동을 하며 에어 콤푸레셔 에어 탱크의 에어가 불과 몇 초 만에 빠지고 나면 다시 에어 콤푸레셔가 작동을 하며 모터가 열이나서 녹아 내릴 정도로 오랫동안 에어 콤푸레셔 작동을 해야 그 작은 에어 탱크에 다시 에어가 차서 콤푸레셔가 멈춥니다.

그래서 필자가 사용하는 3.5마력 쌍기통 에어 콤푸레셔보다 성능이 뒤지는 에어 콤푸레셔로는 에어 스프레이건 작업을 하기가 어려운 것입니다.

만일 2.5마력 혹은 1마력 콤푸레셔를 가지고 어쩔 수 없이 에어 스프레이건 작업을 해야 한다면 페인트를 묽게 희석을 하면 분사가 되기는 됩니다.

그러나 어떠한 페인트이든지 희석 비율이 있으며 정도 이상 농도를 묽게 해서 분사를 하면 필연적으로 페인팅이 제대로 되지 않습니다.

그래서 필자가 사용하는 3.5마력 쌍기통 에어 콤푸레셔가 그나마 최소 사양인 것입니다.

일단 필자가 사용하는 에어 콤푸레셔는 쌍기통이기 때문에 회전이 그리 빠르지 않습니다.

2.5마력 이하 단기통 에어 콤푸레서는 따발총을 쏘듯이 오란한 소리와 함께 모터가 회전을 하면서 콤푸레셔 엔진을 돌리지만, 단기통이기 때문에 에어 생산량이 적

에어 스프레이건 사용법　　　　　　　　　　　　　　　　　　　에어 콤푸레셔

적기 때문에 모터가 녹아 내릴 정도로 열을 받을 때까지 장시간 회전을 해야 겨우 에어 탱크에 에어를 채우고 멈춥니다.

그러나 필자가 사용하는 3.5마력 콤푸레셔는 쌍기통이기 때문에 회전이 빠르지 않아도 피스톤 2개가 움직여서 에어를 생산하기 때문에 콤푸레셔 소리도 퉁.. 퉁.. 퉁.. 퉁.. 이렇게 묵직한 저음이 나며 회전이 빠르지 않아도 에어가 빨리 차서 에어 탱크에 에어가 고갈된 상태라도 1분 이내에 에어가 차서 콤푸레셔가 멈춥니다.

그리고 가장 중요한 것은 이렇게 에어 탱크에 에어가 차서 멈춘 뒤에 에어 스프레이건 작동을 하여도 한 동안 에어 탱크의 에어가 소진되다가 다시 에어 콤푸레셔가 작동하여 에어스 생산되는 순항 에어 생산량이 많기 때문에 에어 스프레이건 작업을 하루 종일 해도 되는 것입니다.

그래서 필자가 사용하는 3.5마력 쌍기통 에어 콤푸레셔를 가져야 하며 이것도 그나마 최소 사양인 것입니다.

- 제조사 : 에어뱅크
- 모델명 : AB350
- 탱크용량 : 40L
- 사이즈 L × D × H (cm) : 64 × 34 × 64
- 중량 : 36kg
- 공기량 : 318(L/min)
- 전압 : 220V, 1Ph, 60Hz
- 압력 : 9.5kgf/㎠ / 138PSI

위의 화면 마우스가 가리키는 곳을 보면 분당 에어 생산량이 318 리터입니다. 이에 비하여 다음 화면에 보이는 것은 일반적인 2.5마력 에어 콤푸레셔의 에어 생산량이고요, 고작 120리터입니다.

이것이 에어 스프레이건 사용시 가장 큰 핵심 포인트입니다.

분당 에어 생산량이 필자가 사용하는 분당 318리터 정도 되어야 합니다.

How to use an air spray gun

앞에서 필자가 초보자가 알기 쉽게 설명하느라고 콤푸레셔의 마력 수와 가격으로 설명을 했는데요, 다시 말해서 콤푸레셔의 마력 수가 2.5마력 이하, 그리고 콤푸레셔 가격으로 대체로 20만원 이하의 에어 콤푸레셔는 가장 큰 문제가 분당 에어 생산량이 적기 때문에 안 되는 것입니다.

다시 설명하자면 분당 에어 생산량이 적기 때문에 에어 탱크에 압력이 차 있을 때는 에어 스프레이건이 원활하게 분사가 되지만, 그게 고작 몇 초에 불과합니다.

그리고 다시 에어 탱크에 빠진 공기를 보충하기 위하여 참으로 오랫동안 콤푸레셔가 돌아가기 때문에 전기세도 3.5마력 콤푸레서보다 오히려 훨씬 더 많이 나오고 콤푸레셔도 무리가 가서 수명도 짧아지고 결과적으로 에어 스프레이건 작업은 안 되는 것은 아니지만, 결국 안 되는 것입니다.

이대로 작업을 해야 한다면 부득이 페인트를 희석제로 희석시켜서 즉, 농도를 묽게 해서 분사를 해야 하며 이 경우 페인팅이 제대로 될 리가 없는 것입니다.

How to use an air spray gun

2-1-7. 무소음/저소음 콤푸레셔(2)

앞에서 무소음/저소음 콤푸레셔 설명을 하다가 다른 설명으로 이어졌습니다만, 여기서 다시 설명하겠습니다.

일단 필자가 사용하는 3.5마력 쌍기통 에어 콤푸레셔도 소리가 안 나는 것은 아니지만, 쌍기통 엔진으로 2.5마력 콤푸레셔와 같이 빠르게 회전을 하지 않아도 많은 양의 에어를 생산하기 때문에 퉁.. 퉁.. 퉁.. 퉁.. 묵직한 중음이 나기 때문에 조용한 실내가 아니라면 그리 거슬리지 않습니다.

이에 비하여 2.5마력 무소음이 아닌 저소음 혹은 저소음도 아니고 그냥 2.5마력 콤푸레셔는 귀가 째지는 소리가 나서 사용상 제약이 따르고요, 저소음이라는 것은, 자동차의 소음기와는 다르지만, 자동차의 소음기와 같이 콤푸레셔의 에어 필터에 호스를 꽂아서 소리를 줄여주는 것이 저소음 콤푸레셔이고요, 이것도 시그럽기는 하지만, 그냥 이런 장치도 없는 콤푸레셔보다는 약간 조용합니다.

앞의 화면은 필자가 가지고 있는 또 다른 2.5마력 콤푸레셔의 소음기인데요, 이런 소음기도 없는 막가파식 콤푸레셔보다는 약간 조용하지만, 여전히 시끄러운 것은 매일반입니다.

이에 비하여 아래 화면에 보이는 것은 방금 구글 크롬에서 검색한 것이고요, 무소음 콤푸레셔이고요, 한 눈에 보아도 앞에서 보았던, 필자가 현재 사용하는 3.5마력 혹은 바로 앞에서 본 2.5마력 콤푸레셔와 같은 피스톤이 없다는 것이 금방 눈에 띕니다.

2-2. 급유식/무급유식

2-2-1. 스크류/터보(원심) 콤푸레셔

이 책은 전문적인 학술 서적이 아니기 때문에 콤푸레셔의 모든 것을 다룰 수는 없습니다만, 그래도 아무리 초보자라 하더라도 알아야 할 것이 또 있습니다.

바로 지금 설명하는 급유식과 무급유식이 있는데요,..

콤푸레셔의 종류 중에서 일반적으로 가장 널리 그리고 일반적으로 가장 강력하게 에어를 생산하는 것이 피스톤 방식으로 알고 있습니다만, 꼭 그렇지는 않습니다.

물론 피스톤이 엔진과 같이 무자비하게 공기를 압축하는 것은 맞습니다.

그러나 일반적인 에어 콤푸레셔가 아닌 어마어마한 산업용 거대한 대형 콤푸레셔는 피스톤 방식보다는 스크류 방식이나 물 펌프와 같은 임펠러 방식을 사용하기도 합니다.

에어 스프레이건 사용법   에어 콤푸레셔

앞의 화면은 지마켓 판매 화면에서 인용한 화면인데요..
앞의 화면에 보이는 것과 같이 이 콤푸레셔는 필자가 사용하는 3.5마력 쌍기통 콤푸레셔와 달리 물 펌프와 같은 임펠러를 회전시켜서 에어를 생산하는 방식이고요, 무려 5마력 콤푸레셔입니다.

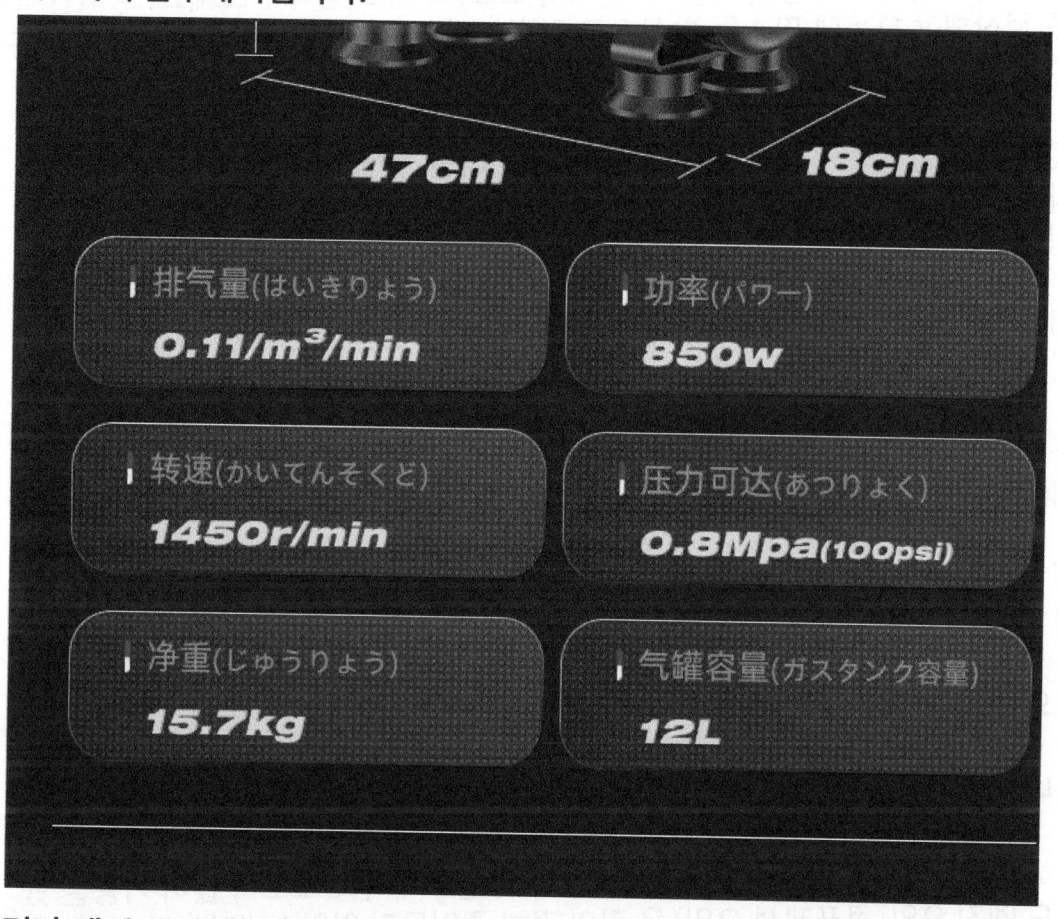

그러나 에어 생산량을 보면 위에 보이는 것과 같이 0.11 세제곱 미터로 표기를 해 놓았습니다.

이것을 리터로 환산하면 110리터입니다.
무려 5마력 전력을 사용하면서 에어 생산량은 겨우 2마력 수준으로 고작 110리터 입니다.

그래서 이것을 가리고자 눈속임으로 에어 생산량을 리터로 써 놓지 않고 위에 보이는 것과 같이 0.11 세제곱 미터로 표기를 해 놓았다고 볼 수 있습니다.

How to use an air spray gun

이와 같이 무소음 콤푸레셔는 대부분 오일 리스 콤푸레셔이며 엔진과 같이, 필자가 사용하는 3.5마력 쌍기통 에어 콤푸레셔와 같이 엔진이 없으니까, 피스톤이 없으니까 소리가 적을 수 밖에 없고요, 그래서 피스톤이 없기 때문에 오일도 없는 것이고요 그래서 에어 생산량이 적을 수 밖에 없고요, 그리고 생각해 보세요. 강력한 에어를 생산해야 하는데 피스톤 방식으로 강력하게 에어를 압축해야 하는데 피스톤이 아닌 임펠러 방식으로 에어를 압축한다는 것이 영 내키지 않습니다.

이것은 물론 필자의 지극히 개인적인 생각입니다만, 방금 설명한 것과 같이 공기를 무자비하게 압축을 해야 하는 에어 콤푸레셔가 공기를 무자비하게 압축하는 피스톤이 아닌 임펠러 방식으로 공기를 압축하기는 어렵다고 봅니다.

그래서 필자 생각에는 에어 콤푸레셔는 정식으로 오일을 사용하는 피스톤 방식이 좋다는 것이 필자의 생각입니다.

요즘은 기술이 발달하여 자동차 엔진도 보통 100만 킬로미터 운행을 해도 끄떡 없습니다.

에어 콤푸레셔도, 필자가 사용하는 쌍기통 피스톤식 에어 콤푸레셔도 오일만 떨어지지 않게 관리를 하면 거의 반 영구적으로 사용할 수 있다는 뜻입니다.

필자의 경우 지금까지 몇 년 동안 사용하면서 오일은 맨 처음 운전 시작할 때 넣은 이후 단 한 번도 주유를 하지 않았습니다만, 항상 오일은 줄어들지 않고 그 자리에 있습니다.

그토록 에어 스프레이건을 많이 사용해서 에어 콤푸레셔를 그토록 많이 가동을 했는데도 엔진 오일(콤푸레셔 오일)은 거의 전혀 줄어들지 않았습니다.

따라서 지금 현재 여타의 콤푸레셔가 있는 분이라면 자신이 가지고 있는 콤푸레셔를 사용해야 하겠습니다만, 새로 콤푸레셔를 구입하시려는 분이라면 조용한 실내에서 사용해야 할 경우에는 어쩔 수 없이 임펠러 방식이라도 무급유(오일 리스), 무소음 콤푸레셔를 사용할 수 밖에 없고요,..

그렇지 않다면 필자와 같이 피스톤식으로 작동하는, 그리고 2.5마력은 안 된다는 것을 아시고요, 필자가 사용하는 콤푸레셔와 같은 쌍기통 에어 콤푸레셔, 3.5마력 에어 콤푸레셔를 구입하시기를 적극 권해 드립니다.

2-3. 압력

그 다음으로 고려해야 할 사항이 압력인데요, 사실 압력은 고려 대상이 아니라고 해도 됩니다.

왜냐하면 소형이건 대형이건 네일 아트용 초미니 에어 스프레이건에 사용하는 미리 콤푸레셔가 아니라면 어떠한 콤푸레셔이건 압력은 8Kg 동일합니다.

8Kg 이라는 압력은 1제곱 센티당 압력을 뜻하고요, 콤푸레셔의 성능 중에서 에어 생산량이 많은 비싼 콤푸레셔이건, 에어 탱크가 큰 산업용 대형 콤푸레셔이건 0.5마력 콤푸레셔이건 1마력, 혹은 2.5마력 콤푸레셔이건, 현재 필자가 사용하는 쌍기통 3.5마력 콤푸레셔이건 압력은 8Kg으로 동일합니다.

오히려 이보다 높은 9Kg 이상의 압력으로 사용하는 경우도 있는데요, 기준은 8Kg 이라는 것을 아시고요, 그래서 어떠한 콤푸레셔도 기본으로 8Kg의 압력이 나오는 것이 정석이기 때문에 콤푸레셔의 압력은 고려 대상이지만, 고려 대상이 아니라고 한 것입니다만,..

앞에서 소개한 바와 같이 필자는 하도 많은 콤푸레셔를 구입을 해서 다른 사람은 경험하지 못한 경험이 많이 있는데요 그 중의 하나가 콤푸레셔 압력이 올라가지 않는 콤푸레셔가 있었습니다.

영등포의 가야 공구라는 업체에서 온라인으로 구입한 콤푸레셔인데요, 오일리스, 저소음 콤푸레셔였고요, 오일리스, 무소음, 저소음은 피스톤 방식이 아니기 때문에 강력하지 못하다고 이미 앞에서 소개를 하였습니다만, 화면에는 분명히 8Kg 압력이 나온다고 되어 있지만, 아무리 콤푸를 오래 가동을 해도 도무지 3Kg 이상 압력이 올라가지 않았습니다.

그래서 콤푸레서가 이상이 있는 것 같다고 교환을 해 달라고 했더니 판매자왈 구매자인 필자보고 택배로 보내라고 합니다.

세상에, 이런 배째라고 조폭같은 판매자가 있으니 기가 막히는데요, 이와 같이 피스톤 방식이 아니면 에어 압력이 올라기지 않을 수가 있으므로 이런 콤푸레셔를 만나지 않으려면 반드시 반품 여부를 확인하고 구매하셔야 합니다.

2-3-1. 압력 스위치 압력 조절 방법

소형 콤푸레셔이건 중형 콤푸레셔이건 대형 콤푸레셔이건 어떠한 콤푸레셔이건, 네일 아트에 사용하는 초미니 콤푸레셔가 아니라면 위와 같이 8Kg 이상의 압력이 나와야 합니다.

콤푸레셔가 소형인가 대형인가 구분하는 것은 에어 생산량 및 다른 조건으로 구분하는 것이고요, 압력으로 구분하는 것은 아니라는 얘기입니다.

다시 말해서 앞에서 필자가 경험한 바와 같이 압력이 올라가지 않는 콤푸레셔는 무언가 문제가 있는 콤푸레셔이고요, 그래서 반품 및 교환 가능 여부를 반드시 확인하고 구매하셔야 합니다.

필자는 에어 스프레이건 외에도 책을 만드는 무선 제본기가 에어 실린더로 작동하기 때문에 무선 제본기에도 콤푸레셔가 연결되어 있는데요, 무선 제본기는 0.5 마마력 콤푸레셔가 원래 달려 있었지만, 고장이 나서 이미 폐기했고요, 2.5마력 콤푸레셔를 연결해서 사용하다가 2.5마력 콤푸레셔는 소리가 너무 커서 지금은 아예 중후한 저음이 나는 3.5마력 쌍기통 콤푸레셔에 연결해서 사용합니다.

이렇게 0.5마력 콤푸레셔를 사용하던 무선 제본기에 3.5마력 콤푸레셔를 연결해도 되는 것은 우선 기본적으로 0.5마력 콤푸레셔이든, 3.5마력 콤푸레셔이든 압력은 8Kg으로 동일하기 때문입니다.

물론 무선 제본기는 6mm 작은 우레탄 에어 호스를 사용하기 때문에 고압의 에어를 고압으로 연결하면 우레탄 에어 호스가 터질 수가 있기 때문에 무선 제본기 자체에도 압력 조절기가 달려 있고요, 필자가 사용하는 3.5마력 쌍기통 에어 콤푸레셔에도 뒤에서 설명하는 수분 제거기 및 압력 조절기가 달려 있습니다.

이 때 필자가 사용하는 무선 제본기와 같이 5~6mm 작은 에어 호스를 사용하는 기기에 무지막지하게 에어를 불어 넣으면 에어 호스가 터지기 때문에 압력을 조절해야 하는데요, 가장 기본적으로 콤푸레셔에 달려 있는 압력 스위치의 압력을 조절할 수 있습니다.

앞의 화면 참조하여 압력 스위치 위의 가운데 홈에 십자 드라이버를 집어넣고 시계 반대 방향으로 나사를 풀어서 압력 스위치 덥개를 벗깁니다.

위의 손가락이 가리키는 나사를 스패너로 돌려서 압력을 조절할 수 있습니다.

시계 방향으로 돌리면 압력이 올라가고요, 시계 반대 방향으로 돌리면 압력이 내려 갑니다.

콤푸레셔의 기본 압력은 8Kg이므로 특수한 경우가 아니면 압력은 더 이상 올리지 않는 것이 좋습니다.

압력을 너무 높이면 압력이 차지 않아서 콤푸레서가 멈추지 않을 수도 있습니다.

2-3-2. 3.5마력 /2.5마력 압력 스위치

지금 설명하는 내용은 매우 중요한 내용입니다.

필자가 현재 주력으로 사용하는 에어 콤푸레셔는 3.5마력 쌍기통 에어 콤푸레셔이고요, 산업용은 중량이 무려 237Kg이기 때문에 필자가 사용하는 모델은 현장용으로 제작된 36Kg의 모델이고요,..

아아아아..
오호라 통제여..

필자가 이 정도로 탄식을 하는 이유가 있습니다.

다시 강조 및 설명을 합니다만, 이 모델은 산업용 237Kg의 중량물이 아니고요, 현장용으로 최대한 가볍게 만든 36Kg 중량의 모델입니다.

그래서 모터도 산업용 모델에 비하여 작은 모터가 달려 있어서 연속으로 10분 이상 작동하면 안 된다고 앞에서 설명을 했습니다.

그러나 어차피 에어 스프레이건을 10분 이상 연속으로 분사를 하는 일은 거의 없으므로 실제로는 전국의 여러 현장에서 이 모델의 에어 콤푸레셔를 사용하고 있다고 앞에서도 얘기를 했습니다.

아아아아..
오호라 통제여..

그런데..
그런데..

지금 강조해서 설명한 것과 같이 이 모델의 산업용은 무려 237Kg이나 나가는 중량물이고요, 그래서 현장용으로 가볍게 만든 36Kg 모델이라는 것은 이미 몇 번 언급을 했으므로 감을 잡았을 것입니다.
그런데.. 아아.. 잊으랴.. 가 아니라 아아 탄식이 절로 나옵니다. 에휴.. 에휴..

필자가 왜 이렇게 탄식을 하는지 다음 설명을 주의깊게 읽으셔야 합니다.

현재 필자가 주력으로 사용하는 3.5마력 쌍기통 현장용 에어 콤푸레셔는 현작용으로 최대한 가볍게 만든 것은 이해를 할 수 있고요, 10분 이상 연속으로 사용하면 안 된다는 것도 이해를 할 수 있습니다.

그런데,..
아아..
탄식이 절로 나옵니다.

지금까지 지루할 정도로 설명한 것과 같이 산업용 237Kg의 어마어마한 콤푸레셔와 달리 현장용으로 작게 만들어졌다는 것은 알 수 있습니다.

그런데 이런 세상에..
필자가 사용하는 에어뱅크 3.5마력 쌍기통 콤푸레셔는 분명히 3.5마력이고 아무리 현장용으로 만들어진 에어 콤푸레셔라고 하더라도 모터는 무려 2.2Kw의 엄청난 모터가 달려 있습니다.

그렇다면 압력 스위치도 모터 소비 전력에 맞는 3.5마력 콤푸레셔용 압력 스위치가 달려 있어야 합니다.

그런데..
아아..
탄식이 절로 나옵니다.

필자가 사용하는 에어뱅크 3.5마력 쌍기통 콤푸레셔에 2.5마력 에어 콤푸레셔용 압력 스위치가 달려 있습니다.

이것도 압력 스위치를 교체를 하다가 들어 맞지 않으니까, 여러 메이커의 압력 스위치, 3.5마력 압력 스위치를 여러 개 사다가 그래도 맞지 않아서 콤푸레셔를 차에 싣고 여기는 충남 예산군 응봉면인데요, 예산 읍내를 다 뒤져도 맞는 압력 스위치가 없어서 홍성까지 가서 여러 판매처를 뒤졌지만, 분명히 3.5마력 콤푸레셔이고 모터 소비 전력이 무려 2.2Kw 이므로 여기에 맞는 압력 스위치를 끼워.. 끼우려고 해도 맞지 않아서 들어가지가 않습니다.
심지어 선반으로 나사를 깎아서 맞출 생각도 해 보았는데요, 그러다가..

하도 안 되니까, 도로 집으로 와서, 마침 필자는 2.5마력 콤푸레셔도 있고요, 여기서 빼 놓은 압력 스위치가 있었기 때문에 이것을 끼워보니 딱 맞습니다.

아아..
오호라 통제여..
탄식이 절로 나옵니다.

3.5마력 콤푸레셔, 모터 소비 전력이 무려 2.2Kw 인데, 2.5마력 콤푸레셔 압력 스위치가 달려 있습니다.

아아..
탄식이 절로 나옵니다.

에어뱅크라는 회사가 얼마나 큰 회사인지는 모르겠습니다.

아아..
탄식이 절로 나옵니다.

아무리 현장용으로 최대한 가볍게 만들었다 하더라도 분명히 3.5마력 콤푸레셔인데 압력 스위치를 2.5마력 압력 스위치를 달아 놓았습니다.

그래서 무려 1주일 정도 고생을 하고 이 무거운 콤푸레셔를 차에 싣고 예산 읍내, 홍성 읍내에까지 가서 수 많은 콤푸레셔 관련 업체를 찾아 다니고..

결국은 도로 집으로 와서 2.5마력 콤푸레셔에서 빼 놓은 고장난 2.5마력 압력 스위치를 끼워보니 딱 맞더라 이 말입니다.

아아..
탄식이 절로 나옵니다.

아무리 규모가 작은 콤푸레셔 제작 업체라 하더라도 3.5마력 콤푸레셔에 2.5마력 압력 스위치를 달았다는 것은 아무리 이해를 하려고 해도 이해를 할 수가 없습니다.
아니 절대로 이해를 할 수가 없습니다.

이게 왜 문제가 되는가 하면요, 전기는 일반 가정용 소형 가전 제품은 전기 용량이 대충 맞아도 가정용 가전 제품은 거의 문제가 될 것이 없습니다.

그러나 이 제품은 모터 소비 전력이 무려 2.2Kw 입니다.

이런 전기 제품은 해당 전기 제품의 소비 전력에 맞는 스위치를 사용하지 않으면 안 되는 것입니다.

그래서 정격이라는 것이 있고요, 소비 전력을 표기하는 것입니다.

아무리 중소 기업이라 하더라도 3.5마력 콤푸레셔에 2.5마력 콤푸레셔용 압력 스위치를 달아 놓았기 때문에 2.5마력 압력 스위치에 과도하게 많은 전류가 흐르므로 압력 스위치가 감당을 하지 못 합니다.

그래서 압력 스위치가 수시로 고장이 납니다.

그래서 고장난 압력 스위치를 교체를 하려다가 무려 1주일 넘게 고생을 하면서 알아낸 사실입니다.

심지어 필자가 차에 싣고 예산과 홍성의 콤푸레셔 수리점을 여러 곳 들렸는데요, 그곳은 콤푸레셔 전문 수리점이니 척하고 보아도 알 수 있는 사람들이고요, 그 사람들도 3.5마력 콤푸레셔이니 당연히 3.5마력 압력 스위치를 끼우려고 해도 나사가 맞지 않아서 들어가지 않으니 고개만 갸우뚱 합니다.

세상에..
기가 막힐 노릇입니다.

그래서 어쩔 수 없이 한 동안 압력 스위치를 압력 스위치의 회로대로 연결하지 않고 직결로 연결을 해서 사용했습니다.

이렇게 해도 단기간 사용은 가능하지만, 장기간 사용할 수는 없습니다.

그래서 최종적으로 압력 스위치를 교체한 이후에는 콤푸레셔 전원 선을 잘라서 따로 소비 전력이 충분한 차단기를 따로 달고, 콤푸레셔를 가동할 때는 또 따로 부착한 텀블러 스위치를 켜서 콤푸레셔를 가동하고요, 콤푸레셔 사용을 마친 이후에는

에어 스프레이건 사용법   에어 콤푸레셔

텀블러 스위치를 꺼 놓습니다.
이렇게 해 놓지 않을 경우 콤푸레서를 사용하지 않는 야간이나 휴일에 여러가지 이유로 자연적으로 에어가 빠지기 때문에 콤푸레셔가 자동으로 작동을 했다가 멈추기를 반복하면서 필연적으로 콤푸레셔 압력 스위치가 고장이 납니다.

3.5마력 콤푸레셔에 2.5마력 콤푸레셔 압력 스위치가 달려 있기 때문에 전기 용량이 맞지 않아서 압력 스위치가 쉽게 고장이 나기 때문에 이렇게 한 것입니다.

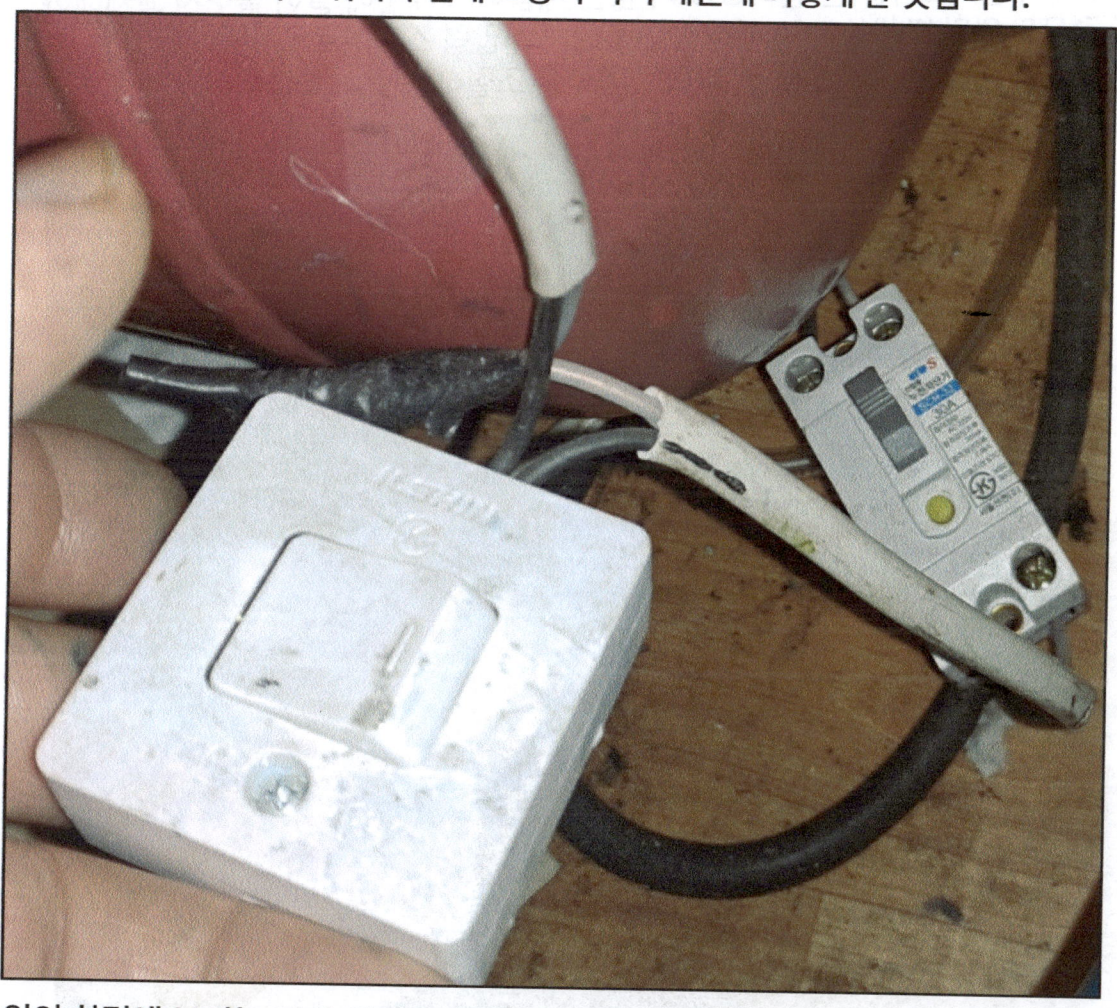

위의 화면에 보이는 것과 같이 콤푸레셔 인입선에 안전하게 전기 차단기를 설치했고요, 전기 차단기에서 나오는 전기는 다시 위에 보이는 텀블러 스위치를 통해서 콤푸레셔에 전원을 공급하게 해 놓았습니다.
이렇게 사용한 뒤로는 아직까지 압력 스위치를 한 번도 교체한 적이 없습니다.

2-4. 자동 수분 제거기

앞에서 콤푸레셔의 압력 스위치 커버를 뜯어서 콤푸레셔의 압력을 조절하는 방법을 알아 보았는데요, 실제로는 콤푸레셔의 압력 스위치는 가능한 건드리지 않는 것이 좋습니다.

콤푸레셔 압력 스위치는 전력 소모가 많은 제품이기 때문에 눌어 붙어서 교체해야 할 경우도 왕왕 발생하고요, 따라서 콤푸레셔의 압력 스위치로 압력을 조절하는 것은 바람지 하지 않고요, 다음 방법으로 압력을 조절하는 것이 좋습니다.

에어 스프레이건 사용법   에어 콤푸레셔

앞의 화면에 보이는 것이 자동 수분 제거기인데요, 콤푸레셔는 공기를 압축하는 기계이고요, 공기 중에는 수분이 상당히 많이 포함되어 있기 때문에 에어 탱크에는 항상 일정 량의 물이 들어 있습니다.

그래서 가끔씩 에어 탱크 밑의 나사를 풀어서 물을 빼 주어야 하는데요, 이것이 매우 번거롭습니다.

자칫하면 고압으로 다칠 우려도 있고요, 주변이 온통 물바다 및 기름 바다가 될 수 있습니다.

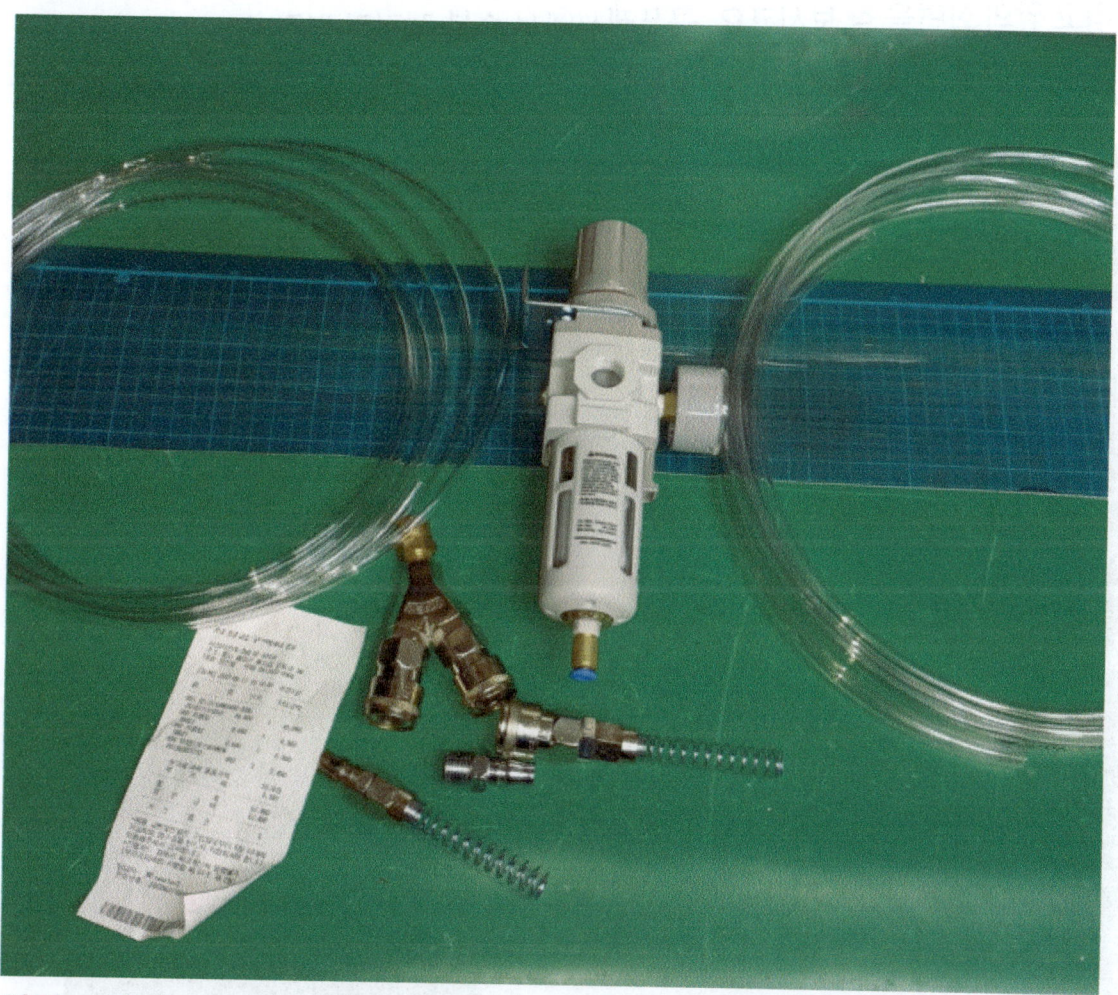

압력 조절기는 수동과 자동이 있고요, 수동은 압력 조절기 밑에 달려 있는 물통을 분리해서 물을 비우는 방식이고요, 자동은 밑에 호스를 연결하여 에어컨의 물을 빼

는 것과 같이 외부로 물을 뺄 수 있고요, 여기 보이는 것은 외부로 물을 뺄 수 있는 자동 수분 제거기이고요, 어차피 수동 수분 제거기는 거의 사용 불가입니다.

수동 수분 제거기를 콤푸레셔를 만드는 것과 같이 정밀하게 만들면 좋겠지만, 수동 제거기를 필자가 만져보니 너무나 조잡해서 신뢰할 수 없습니다.

자칫하면 물통을 분리하다가 파손될 우려 및 물을 흘릴 우려도 있으므로 수분 제거기는 필자와 같이 자동으로 구입하는 것이 좋습니다.

그리고 앞의 화면을 잘 보시고요, 콤푸레셔에서 수분 제거기 연결 호스, 수분 제거기 밑에 끼우는 호스 밑 콤푸레셔에 연결하는 커플링 등을 한꺼번에 구입을 해야 수분 제거기를 장착할 수 있습니다.

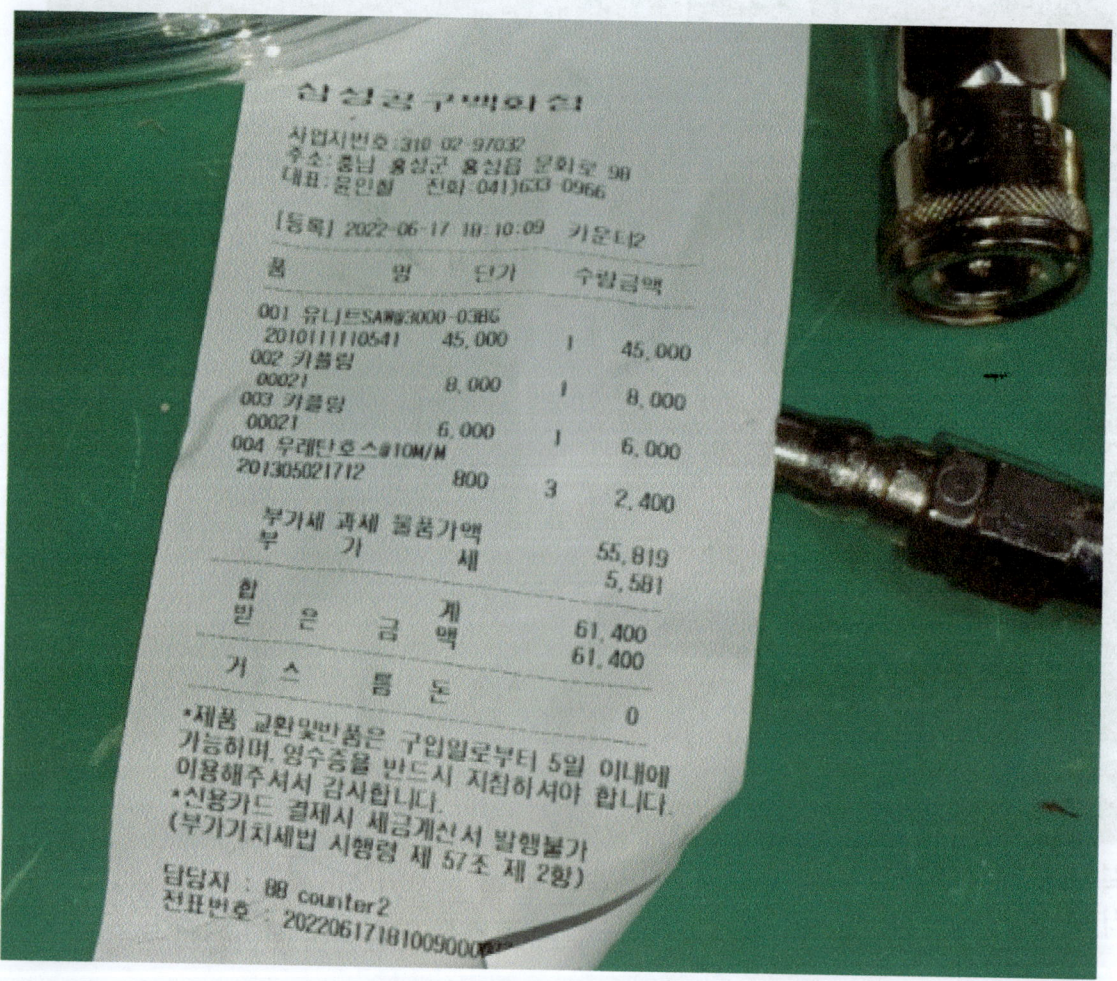

에어 스프레이건 사용법   에어 콤푸레셔

앞의 화면은 2022년도 영수증이므로 지금 가격과는 다를 수 있다는 것을 아시고요, 어차피 여러분도 필자와 같이 한다면 필자와 똑같이 구입해야 합니다.

그리고 수분 제거기에 압력계가 없는 모델도 있는데요, 여기 보이는 것과 같이 압력계가 있어야 압력을 조절할 수가 있습니다.

따라서 꼼꼼하게 살펴보시고 구매해야 하고요, 아래 화면 좌측이 콤푸레셔 토출구와 연결하는 곳이고요, 우측은 필자가 일부러 2구 커플링을 따로 구입해서 아래 화면에 보이는 것과 같이 장착한 것입니다.

필자는 용도에 따라서 하나는 책 만드는 기계인 무선 제본기에 연결하고 하나는 밖으로 연결해서 에어 스프레이건을 사용하기 위함입니다.

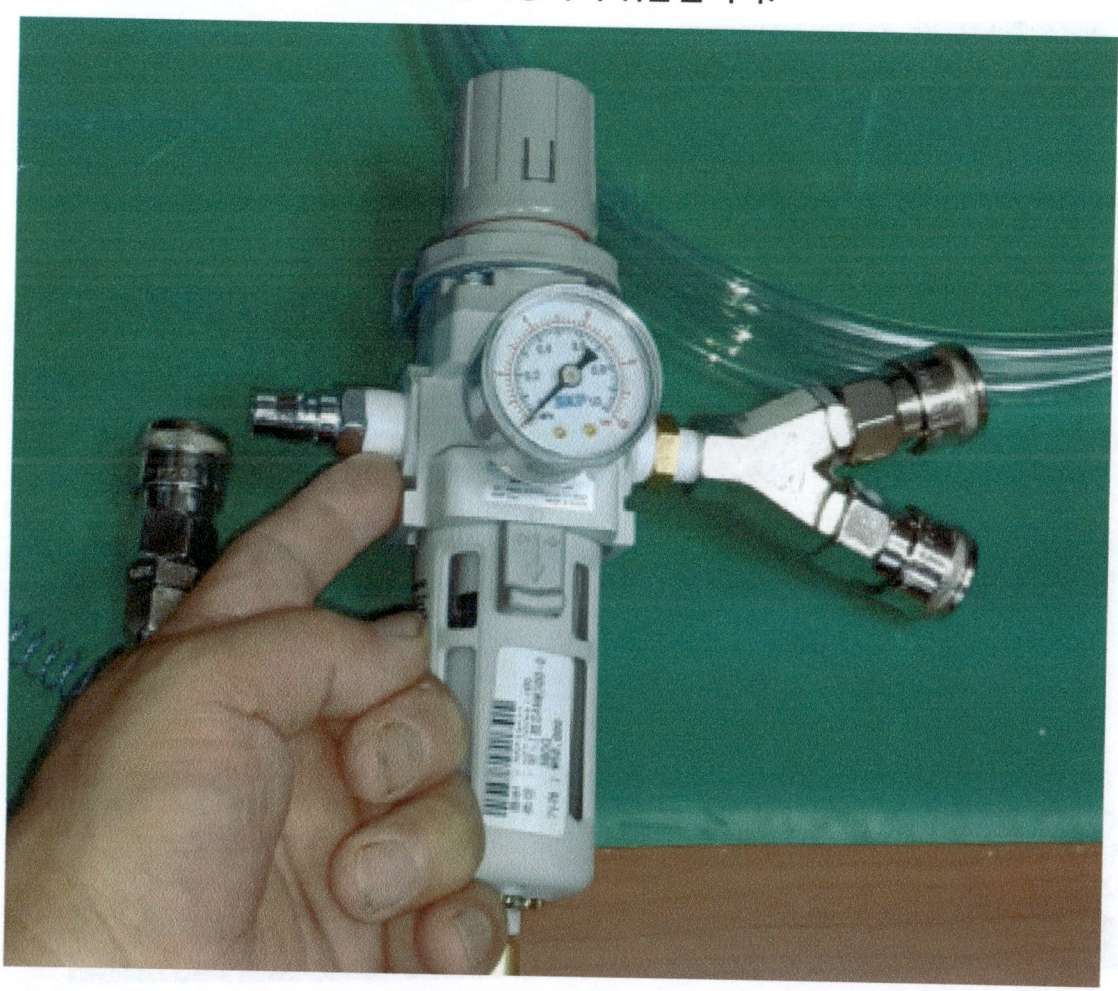

How to use an air spray gun

그리고 앞의 화면 손가락이 가리키는 것은 커플링을 조이기 전에 테프론을 감고 조여서 에어가 조금도 새지 않게 하는 것을 보여주는 것입니다.

필자의 경우 이렇게 모든 커플링에 테프론을 감아서 조였기 때문에 콤푸레셔에 압력이 차서 압력 스위치가 떨어지고 하루나 이틀이 지나도 콤푸레셔가 거의 작동하지 않습니다.

에어가 전혀 새지 않기 때문입니다.
여러분도 이렇게 작업을 해야 합니다.

2-5. 우레탄 호스 연결

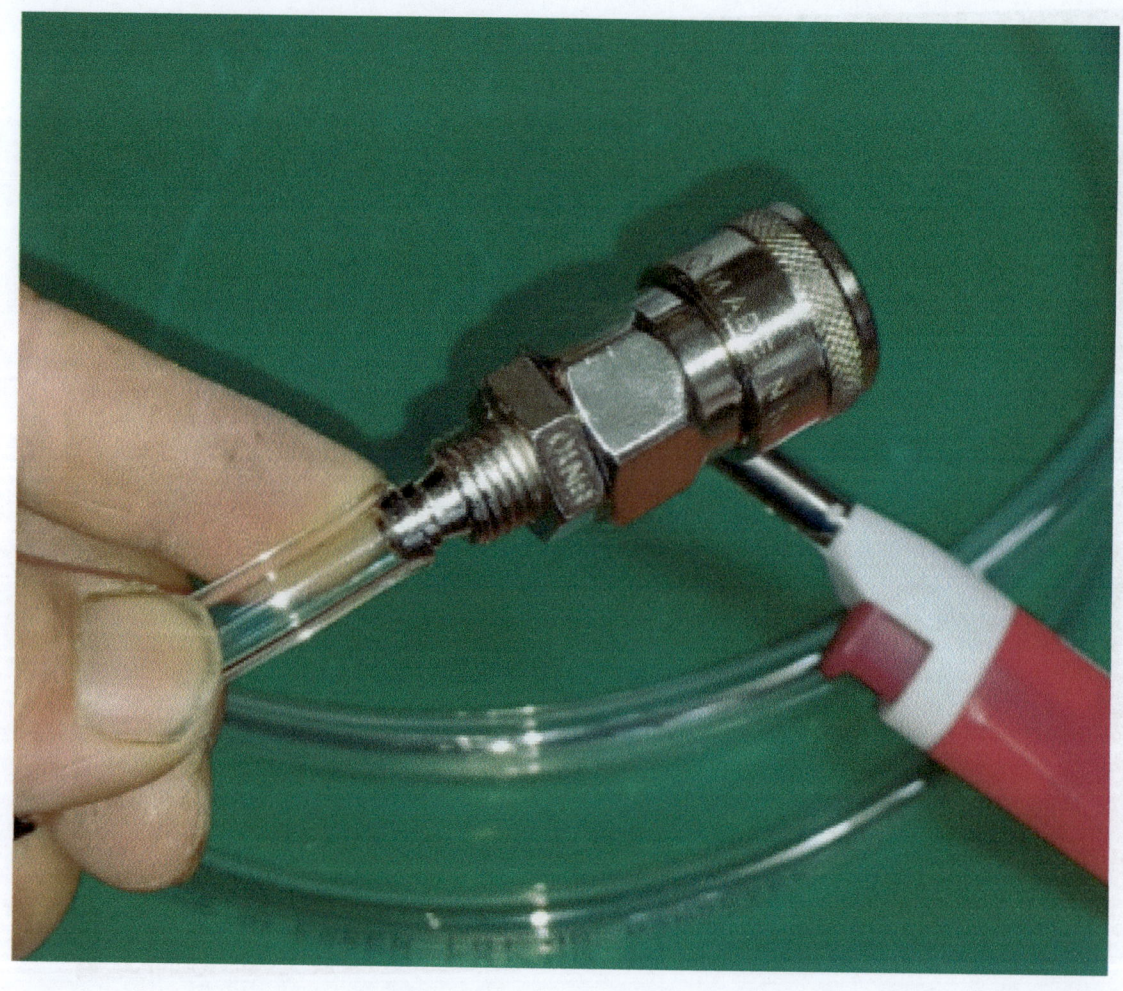

에어 스프레이건 사용법   에어 콤푸레셔

콤푸레셔 에어 호스는 여러 종류, 투명 불투명 등이 있지만, 필자는 여기 보이는 우레탄 투명 호스를 사용했고요, 그래야 호스 안에 물이 차는지 기름이 있는지 확인할 수 있기 때문입니다.

우레탄 재질은 불을 대면 금방 녹지만, 에어 콤푸레셔의 엄청나게 강한 압력을 견디는 특수한 재질이기 때문에 우레탄 호스에 금속 커플링을 끼울 때는 라이터로 살짝 지져서 끼워야 합니다.

앞의 화면에 보이는 것과 같이 우레탄 호스를 라이터로 지져서 금속 커플링 끝까지 들어가게 하고 조여야 하는데요, 미리 호스에 우레탄 호스를 조이면서 잠그는 나사를 끼워 놓고 작업을 해야 아래 화면에 보이는 것과 같이 우레탄 호스를 집어 넣고 식기 전에 나사를 꼭 잠가야 우레탄 호스가 식으면서 완벽하게 연결이 됩니다.

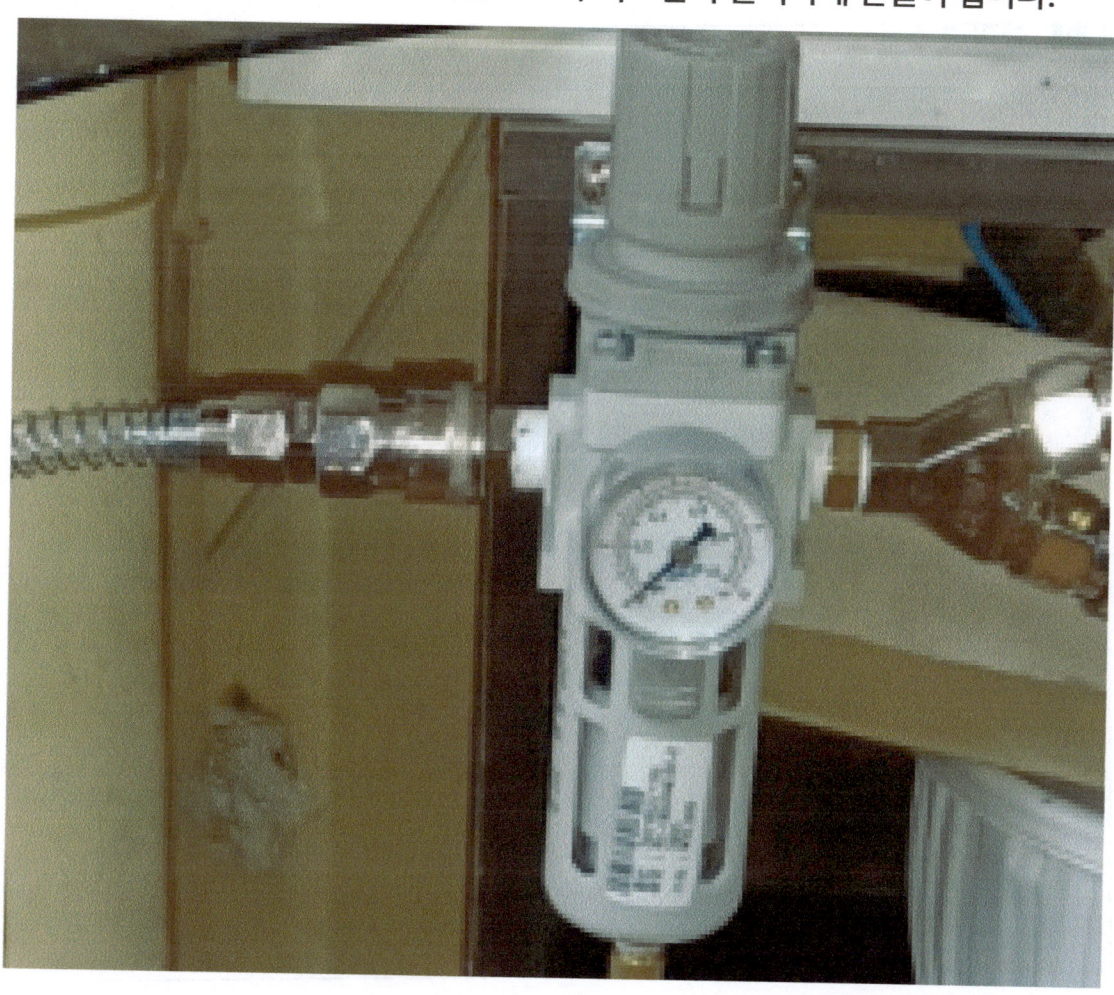

How to use an air spray gun

에어 스프레이건 사용법　　　　　　　　　　　　　　　　에어 콤푸레셔

이 과정은 필자의 유튜브 채널에 동영상으로 올려 놓았고요, 필자의 네이버 블로그에도 올려 놓았습니다.

전자책은 링크를 클릭하면 되고요, 종이책을 보시는 분은 유튜브에서 '가나출판사' 검색하여 동그라미 속에 들어 있는 필자의 얼굴을 클릭하며 필자의 유튜브 채널에 오시면 동영상을 보실 수 있고요, 필자의 홈페이지 링크를 클릭하여 필자의 홈페이지에 오셔서 [네이버 블로그]를 클릭하여 관련 포스트를 검색해서 보시면 자세하게 보실 수 있습니다.

2-6. 에어 호스의 종류 및 구경

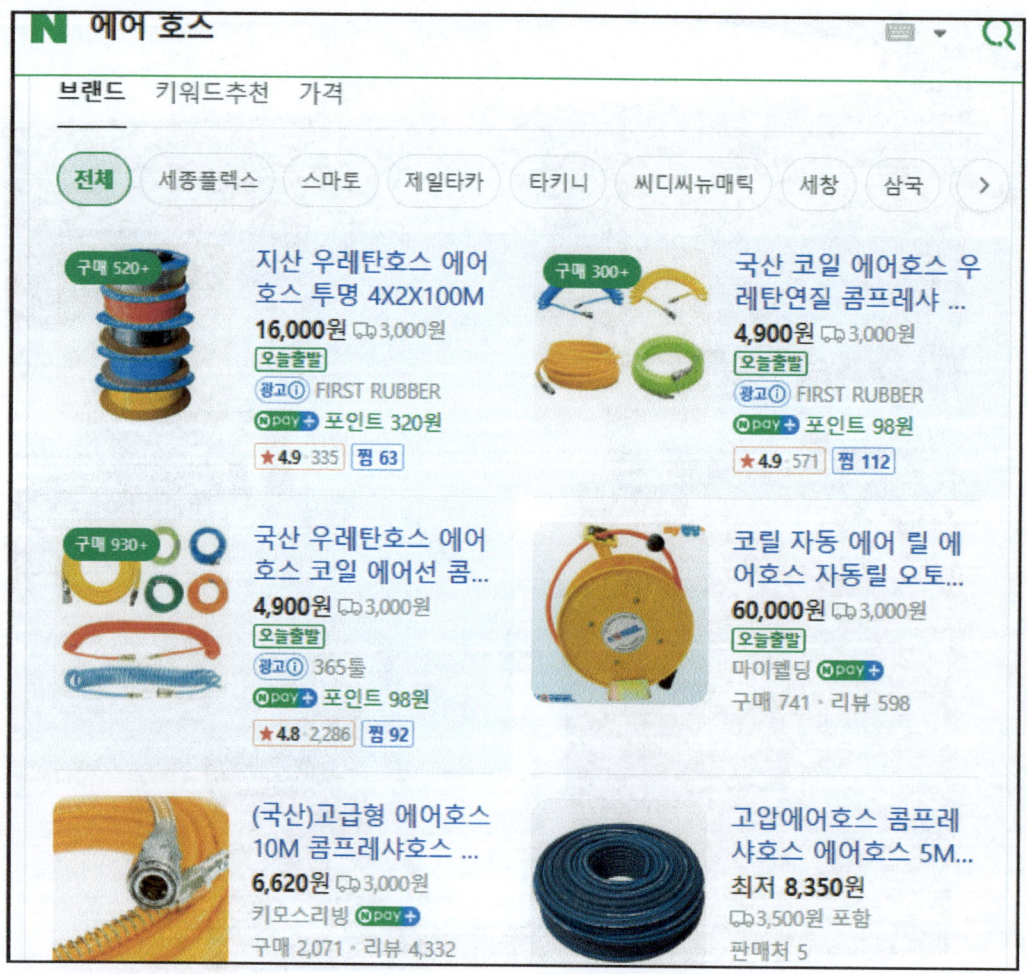

How to use an air spray gun

에어 스프레이건 사용법 에어 콤푸레셔

앞의 화면은 방금 네이버에서 검색한 것이므로 참고만 해 주시고요, 스프링같이 꼬아져 있는 에어 호스도 있고요, 릴에 감겨 있는 호스, 그리고 에어 호스가 많이 필요하다면 1롤을 몽땅 사는 것이 가격이 저렴하고요, 필자는 스프링처럼 꼬여 있는 호스도 있습니다만, 대부분 우레탄 호스를 사용합니다.

그리고 우레탄 에어 호스는 여러가지 색깔이 있고요, 필자도 처음에는 필자가 사용하는 제본기에 달려 있는 서로 다른 색상의 우레탄 호스가 모두 필요할 것으로 생각하여 여러가지 색상의 우레탄 호스를 구입했습니다만, 지금은 대부분 투명한 호스 한 가지만 사용합니다.

우레탄 호스는 나일론 호스와 달리 부드럽고 강하기 때문에 여러분도 가능하면 우레탄 호스를 사용하는 것이 좋습니다.

에어 호스의 규격은 3, 4, 6, 8, 10, 12mm 등으로 1~2mm 간격으로 있고요, 이 책에서 다루는 에어 스프레이건에 사용하는호스는 대부분 10mm 호스를 사용하면 됩니다.

필자가 사용하는 책 만드는 기계인 제본기에는 6mm 가는 호스가 들어가기 때문에 필자는 10mm 우레탄 호스와 5mm, 6mm 우레탄 호스를 골고루 갖춰놓고 있습니다만, 여러분은 에어 스프레이건 하나만 사용한다면 10mm 호스를 사용하면 되고요, 모든 커플링 종류도 역시 10mm 규격으로 통일해서 구입해야 합니다.

2-6-1. 원터치 피팅

앞에서 필자가 자동 수분 제거기를 설치할 때 금속 커플링에 테프론을 감아서 에어가 새지 않게 했다고 했는데요, 에어 호스를 연결하는 것은 그렇게 금속 커플링만 있는 것이 아닙니다.

다음 화면에 보이는 원터치 피팅이라는 연결구도 있습니다.

사용하기에 따라서는 매우 편리한데요, 10mm 원타치 피팅도 있습니다만, 10mm는 워낙 강한 고압이므로 가능하면 원터치 피팅보다는 금속을 사용하는 것

How to use an air spray gun

이 안전하고 좋습니다.

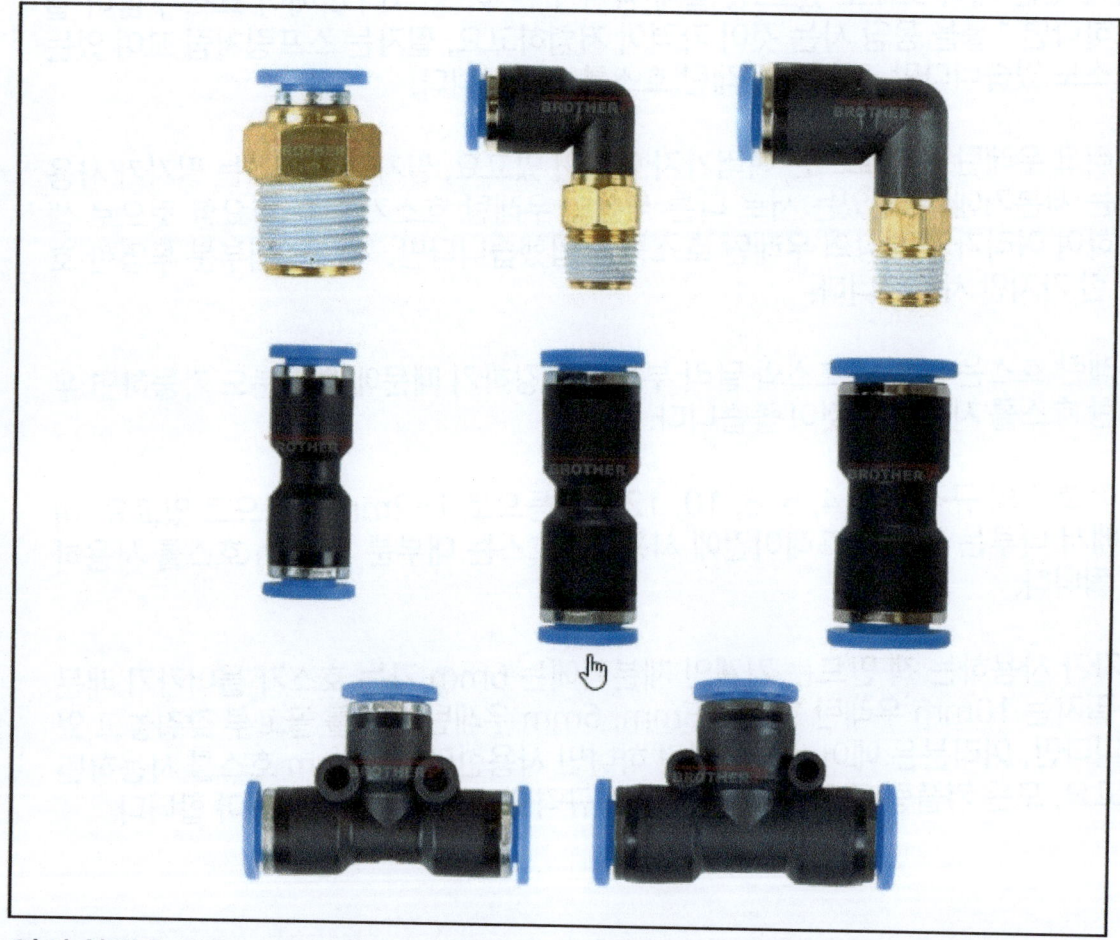

위의 화면은 방금 네이버에서 검색한 것이므로 참고만 해 주시고요, 위의 손가락이 가리키는 곳으로 여기에 맞는 구경의 에어 호스를 끼울 때는 그냥 쑥 들어 갑니다만, 그냥은 빠지지 않습니다.

위의 손가락이 가리키는 파란색 부분을 손이나 도구로 꾹 눌러야 빠집니다.

필자가 사용하는 책 만드는 기계인 무선 제본기가 이런 식으로 원터치 피팅을 사용해서 에어 호스를 연결하여 사용하는데요, 이 기계에는 6mm 에어 호스를 사용해서 공압 실린터를 작동시키기 때문에 이런 원터치 피팅을 사용해도 됩니다만 에어 스프레이건을 사용하기 위한 10mm 고압 에어 호스는 이런 원터치 피팅보다는 아무래도 금속 커플링으로 완벽하게 조여서 작업을 하는 것이 안전합니다.

2-4-1. 자동 수분 제거기에서 압력 조절

에어 스프레이건 사용법   에어 콤푸레셔

앞의 화면에 보이는 것이 필자가 사용하는 3.5마력 쌍기통 에어 콤푸레셔에 사용하는 자동 수분 제거기입니다.

밑 부분을 보면 투명 호스가 연결된 것이 보이는데요, 에어컨 물 빼듯이 밖으로 연결해 놓은 물 배출 호스입니다.

그리고 위쪽에 손으로 잡고 있는 것이 압력 조절 손잡이인데요, 필자가 사용하는 앞의 화면에 보이는 자동 수분 제거기는 밑으로 꾹 누르면 락이 걸려서 돌아가지 않고요, 위로 잡아 당겨서 돌리도록 되어 있습니다.

그래서 앞의 화면 손으로 잡고 있는 압력 조절 손잡이를 위로 잡아 당겨서 시계 방향으로 돌리면 압력이 올라가고, 시계 반대 방향으로 돌리면 압력이 내려갑니다.

그래서 필자는 책 만드는 기계인 제본기를 사용할 때는 앞의 화면 손으로 잡고 있는 압력 조절 손잡이를 위로 올려서 시계 반대 방향으로 돌려서 압력을 낮추어 사용하고요, 에어 스프레이건 작업을 할 때는 시계 방향으로 올려서 압력을 높여서 8Kg에 맞추고 사용합니다.

필자가 사용하는 무선 제본기에도 제본기 자체적으로 따로 압력 조절기가 달려 있지만, 원래 0.5마력 콤푸레셔가 달려 있던 것을 지금 3.5마력 콤푸레셔를 연결한 것이기 때문에 일부러 안전하게 여기 보이는 수분 제거기에서 아예 압력을 낮추어서 무선 제본기에 공급하는 것입니다.

앞에서 에어 콤푸레셔에 달려 있는 압력 스위치의 캡을 벗기고 압력을 조절하는 설명을 하면서 압력 조절기에서 조절하는 것은 바람직하지 않다고 했는데요,..

이렇게 콤푸레셔의 압력 스위치는 만지지 않고, 자동 수분 제거기에 달려 있는 압력 조절기를 사용하면 콤푸레셔는 전혀 영향이 없고, 압력은 자유롭게 조절이 됩니다.

에어 콤푸레셔는 이런 식으로 수분 제거기가 필요하며 수동 수분 제거기는 매우 불편하고 자칫하면 수분 제거기만 파손되는 것이 아니라 근처가 엉망이 될 수 있으므로 필자와 같이 자동 수분 제거기를 사용하는 것이 좋습니다.

수분 제거기가 없을 경우 직접 물을 빼야 하는데요, 매우 불편합니다.

How to use an air spray gun

2-7. 에어 탱크 물 빼기

앞에서 소개한 것과 같은 자동 수분 제거기가 달려 있지 않다면 주기적으로 콤푸레셔의 에어 탱크 밑에 있는 콕크를 열어서 물을 빼 내야 합니다.

물을 빼지 않으면 나중에는 에어 탱크에 물이 가득 차서 에어 스프레이건이나 에어건을 쏘았을 때 물이 분사되는 불상사가 일어납니다.

앞의 화면 에어 탱크 밑에 물을 빼기 위하여 그릇을 받쳐 놓은 모습입니다.
에어 탱크 밑에는 드레인 밸브가 달려 있고요, 물을 빼는 드래인 밸브는 둥근 나사 형태일 수도 있고요, 나비 모양 손잡이 일 수도 있습니다.

이 때 중요한 것은 물을 빼기 전에 반드시 에어 탱크의 에어를 완전히 빼 놓고 작업을 해야 합니다.
자칫 정신이 혼미하여 에어를 빼지 않고 에어 콕크를 열었다가는 손가락은 물론 자칫하면 손목도 날아갈 수 있습니다.
에어 콤푸레셔의 압력은 상상을 초월하는 엄청난 압력이라는 것을 알아야 합니다.

드레인 밸브는 위와 같이 따로 사서 교체해도 됩니다.

에어 탱크 밑에 위의 화면에 보이는 것과 같은 모습의 콕크가 달려 있는 콤푸레셔도 있고요, 둥근 나사 캡으로 되어 있는 드레인 밸브가 있는데요, 나사식은 에어 탱크 밑에서 풀어서 빼야 하므로 몹시 불편합니다.
이 경우 위의 방식으로 된 드레인 밸브를 사다가 바꿔 끼우면 되고요, 자신이 사용하는 콤푸레셔 밑에서 드레인 밸브를 빼 보아서 나사 규격이 맞아야 합니다.
그러나 가장 좋은 방법은 필자와 같이 자동 수분 제거기를 장착하는 것입니다.

2-8. 에어에 섞여 있는 기름

앞에서 급유식과 무급유식 에어 콤푸레셔 설명을 할 때 빠뜨린 설명이 있는데요, 급유식은 자동차의 엔진 오일과 같이 오일을 오일 주입구에 넣고 작동시키는 콤푸레셔이고요, 필자가 사용하는 3.5마력 쌍기통 에어 콤푸레셔 등 피스톤식 에어 콤푸레셔는 이렇게 작동하고요,..

무급유식은 이른바 오일리스 콤푸레셔라는 이름으로 앞에서도 소개한, 피스톤 방식이 아닌 스큐류 방식이나 임펠라 방식의 콤푸레셔로서 피스톤이 없으므로 그냥 콤푸레셔 내부에 오일을 넣고 봉해 버려서 외부에서는 오일을 넣을 수가 없는 콤푸레셔이고요, 필자 개인적으로는 에어 콤푸레셔는 필자가 사용하는 피스톤식 3.5마력 쌍기통 콤푸레셔와 같이 작동하는 에어 콤푸레셔가 좋다는 생각입니다.

여기서 오묘한 차이가 나는데요, 필자가 사용하는 3.5마력 쌍기통 피스톤식 콤푸레셔는 오일을 넣어야 하는 콤푸레셔이기 때문에 에어 스프레이건이나 에어건을 작동시킬 때 에어와 함께 오일도 미량 분사가 됩니다.

다시 말해서 에어를 사용할 때마다 에어와 함께 오일이 조금씩 분사되므로 에어가

지나가는 통로는 저절로 윤활 작용 및 방청 작용이 됩니다.

그러나 에어에 유분이 포함되면 안 되는 작업의 경우 이런 콤푸레셔를 사용하면 안 됩니다.

반드시 건조한 에어만 나와야 하는 경우에는 어쩔 수 없이 무급유식, 오일을 넣지 않는 오일리스 콤푸레셔를 사용해야 합니다.

2-9. 오일 교환

콤푸레셔 오일 캡은 앞의 화면에 보이는 타입일 수도 있고요, 필자가 사용하는 또 다른 콤푸레셔인 3.5마력 쌍기통 콤푸레셔의 경우 나사로 잠그는 방식이 아니라 위에서 잡아 빼는 방식으로 되어 있습니다.

앞의 화면에 보이는 것과 같은, 혹은 비슷한 오일 캡을 열고 오일, 공구 판매점에서 콤푸레셔 오일을 구입해서 주입을 하는데요,..

에어 콤푸레셔도 엔진과 같으므로 오일을 교환하는 것이 원칙이지만,, 자동차의 엔진은 연료를 태우면서 지속적으로 폭발을 하면서 작동을 하는 엔진이고요, 에어 콤푸레셔는 원동기 혹은 모터로 콤푸레셔를 돌려서 에어를 생산하기 때문에 에어 콤푸레셔에서 사용하는 오일은 단지 피스톤이 원활하게 움직이도록 윤활 작용만 하는 것이기 때문에,..

이 책은 책이므로, 책 속에서, 콤푸레셔 오일은 교환하지 않아도 된다고 말하면 안 되겠지만, 필자는 에어 스프레이건을 그토록 많이 사용하고 에어 콤푸레셔를 그토록 많이 사용해도 아직까지 콤푸레셔 오일을 단 한 번도 교환해 본 적이 없습니다.

다만 오일이 부족하면 안 되므로 가끔씩 유량계를 확인하여 오일이 표시선 아래로 내려오면 보충을 해 주는데요, 한 가지 아쉬운 점은 여기 보이는 2.5마력 콤푸레셔는 유량계가 잘 보입니다만, 3.5마력 쌍기통 에어 콤푸레셔는 유량계가 혼탁하여 잘 보이지 않습니다.

그래서 어쩔 수 없이 오일 캡을 위로 잡아 빼서 엔진오일 검사하듯이 검사를 해서 보충을 하는 불편함이 있지만, 1년에 한 두 번 하는 일이어서 문제는 없습니다.

다시 한 번 예기 합니다만, 콤푸레셔도 자동차와 같이 오일을 교환하는 것이 원칙이지만, 특수한 경우가 아니면 콤푸레셔 오일은 보충만 해 주어도 별 문제는 없습니다만, 자동차와 마찬가지로 오일이 떨어지면 안 됩니다.

유량계에는 상한선 혹은 하한선이 표시되어 있고요, 너무 많이 채워도 안 되지만, 하한선 밑으로 내려가면 안 됩니다.

앞의 화면에 보이는 것과 같이 유량계가 맑으면 안에 있는 오일이 보이고요, 윗 부분에 빈 공간이 보이는 것을 보실 수 있습니다.

이 정도로 채워주면 됩니다.

아래 화면은 서원 콤프레샤 [SF59-50-5.5] 5.5마력 판매 화면에서 인용한 것입니다.

아래 화면에 보이는 것과 같이 오일을 교환하면 됩니다만, 오일 교환에 대해서는 앞에서 설명한 내용을 참고하시기 바랍니다.

2-10. 나사 규격

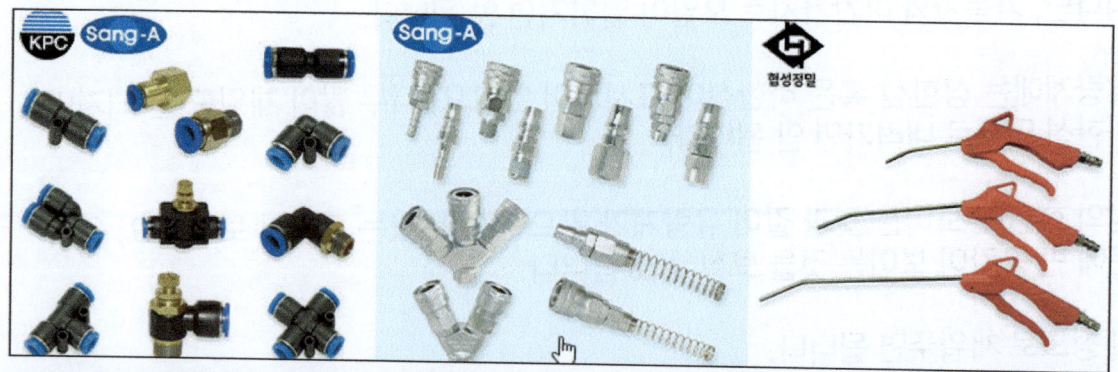

위 좌측은 콤푸레셔 사용시 우레탄 호스를 그냥 꾹 눌러 끼워서 사용하는 플라스틱 재질의 각종 호스 연결구(피팅)입니다.

이것은 투명 혹은 유색의 우레탄 호스 굵기에 맞는 규격으로 구입해서 사용하면 되는데요, 보통 6mm, 8mm, 10mm가 있고요, 5마력 이하 콤푸레셔에는 모두 사용할 수 있지만, 보통 2.5마력 이상이면 위의 화면 가운데 보이는 금속 연결구를 사용하는 것이 일반적입니다.

위의 화면 좌측에 보이는 부품을 사용해도 되지만, 아무래도 약하기 때문에, 보통 카센터에 가면 에어 공구들을 사용할 때 사용하는 위의 화면 가운데 보이는 부품을 많이 보았을 것입니다.

그런데..
그런데,..

오호라 통제여,..

이 나사 규격이 3가지가 있습니다.

그러나 필자는 이 나사의 규격이 여러가지가 있다는 것을 몰랐습니다.
난생 처음 에어스프레이건을 사용하는데 어떻게 부품 규격을 알 수 있겠어요?
그렇다면, 필자가 이런 부품을 판매하는 판매점에 가서 관련 부품을 달라고 하면 그 부품 가게에서는 최소한 몇 mm 냐고, 규격을 물어보고 줘야 하는 것 아닌가요?

그러나 필자가 그 동안 구입한 것은 헤일 수 없이 많습니다만, 필자가 그 동안 거래한 모든 판매처에서는 단 한 군데서도 필자가 원하는 규격을 물어본적이 없습니다.
그냥 집어 줍니다.
그래서 가져와서 끼우려고 하면 나사가 맞지 않습니다.
그래서 할 수 없이 다시 판매점에 바꾸러 가면 그 때서야 3가지 규격이 있다고 합니다.
그래서, 필자가 이 책에서, 공개적인 자리에서 이런 판매자들을 과감하게 도둑(?)들이라고 하겠습니다.
이런 도둑(?)들이 필자의 돈을 1,500만원이나 도둑질을 해 가면서 단 한 가지의 기술도 가르쳐주지 않은 도둑(?)들입니다.
이런 도둑(?) 천국이니 이 세상은 눈 감으면 코 베가는 세상이 아니라 눈 뜨고 있어도 코를 베어가는 세상이니 믿을 사람이 어디 있겠어요?
그러나 이런 것 또한 새 발의 피에 불가합니다.
조금 뒤에 설명합니다만, 필자가 왜 이렇게 책 속에서 공개된 지면에서 도둑(?)이라는 격한 표현을 쓰는지 조금 뒤에 설명하는 내용도 읽어보세요.

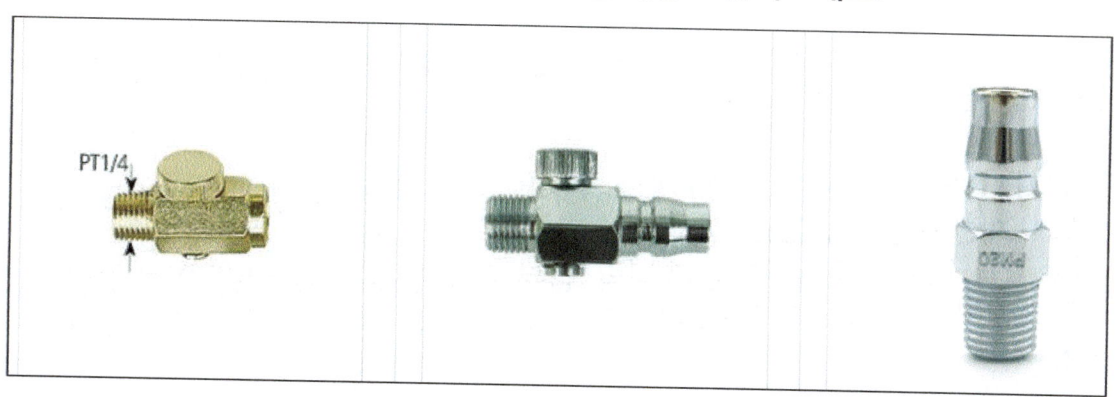

위는 방금 인터넷으로 검색한 것이므로 참고만 하시고요, 위 좌측은 그나마 규격이 써 있습니다.
다른 부품은 일체 규격이 써 있지 않고요,..
인터넷에서 판매하는 판매자조차 이런 것을 자세하게 기술하지 않고 판매를 하니 이런 판매자가 어떻게 돈을 벌 수 있겠어요?
마치 낙타가 바늘 구멍으로 들어가는 것과 같은 이치입니다.
돈 벌기가 그렇게 쉬우면 누군들 돈을 벌지 못하겠어요?
초등학생이 보아도 척하면 알 수 있게, 시시콜콜 문의 하지 않아도 쉽게 알 수 있게 올려야 하지만, 그러하지 않으니 문제입니다.

How to use an air spray gun

에어 스프레이건 사용법   에어 콤푸레셔

앞의 화면 좌측에 보이는 규격 1/4 이라는 것은 인치 규격입니다.

인치 역시 미국을 비롯한 대부분의 국가에서 지금도 보편적으로 많이 쓰는 단위이건만 유독 우리나라에서만 미터법으로 통일을 해서 인치를 쓰면 안 됩니다.

설사 미터법으로 통일을 한다 하더라도 미국을 비롯한 전세계에서 사용하는 인치를 당분간 사용하도록 허용하고, 그리고 우리나라는 평수 개념으로 아파트 몇 평, 땅을 몇 평 샀네.. 이런 평수 개념이 무엇이 나쁘다고 못 쓰게 하는가 이 말입니다.

전세계가 모두 미터법으로 통일을 하면 좋겠지만, 세계 최강대국 미국에서조차 미터법으로 통일을 하지 않고 지금도 인치를 쓰고 있으니 우리나라가 미터법으로 통일을 하고 미국보다 훨씬 더 강대국이 되면 아마도 어쩔 수 없이 다른 모든 나라가 미터법을 사용하게 되겠지요..

각설하고, 인치는 우리나라는 일제 시대를 거치면서 일본식으로 인치가 들어 왔는데요,..

기계 공작 칫수는 mm 이전에 인치 규격이었고요, 인치 규격은 1인치는 2.54Cm 이고요, 이것을 16등분하여 나타냅니다.

1/16인치, 1/8인치, 1/4인치, 1/2인치, 3/4인치, 1인치.. 이렇게 나가며 그 사이에 또 미세한 구분이 있고요, 일본식으로 이찌부, 이찌부 니링, 이찌부 고링, 니부, 니부 니링, 니부 고링, 삼부, 삼부 니링, 삼부 고링, 연부, 연부 니링, 연부 고링, 노꼬부, 노꼬부 니링, 노꼬부 고링, 나나부, 나누부 니링, 나나부 고링, 그리고 인치 입니다.

그리고 앞의 표에 보이는 1/4은 1/4인치이며 니부이며, mm로 환산하면 0.635mm 이고요, 6mm 나사와 비슷하지만, 나사는 산이라는 것이 맞아야 하는데요, 인치 나사와 mm 나사는 산이 맞지 않기 때문에 나사 굵기가 동일해도 맞지 않습니다.

이와 같이 콤푸레셔 등 에어 관련 분야에서는 아직도 인치 규격을 많이 쓰며 보편적으로 인치와 mm 규격의 나사를 혼용하여 사용하니 죽을 노릇입니다.
따라서 이런 부품은 직접 들고 가서 보여주고 구입을 하는 것이 가장 좋은 방법이

How to use an air spray gun

지만, 필자는 또 이런 경험을 하기도 했습니다.

방금 설명한 것과 같이 필자도 기계 제작에서 손을 뗀지 40년 가까이 되므로 지금은 육안으로 보아서는 정확하게 규격을 모르기 때문에 부품을 직접 들고 가서 설명을 해도 판매자 왈, 자기는 그런 것은 모른답니다.

정확하게 몇 mm로 얘기를 하든지 몇 인치인지 말로 해야 부품을 준다고 합니다.
이런 기가 막히는 인간이 있으니 기가 막히지만, 필자가 직접 경험한 일입니다.
다시 말해서 앞에서 본 각종 니플 등의 규격은 필자가 알아낸 바로는 3가지 규격이 있습니다.

따라서 부품을 구입할 때는 반드시 구입할 부품을 가지고 가서 동일한 것으로 구입해야 합니다.
심지어 에어스프레이건 노즐 규격이 여러 가지가 있습니다.

에어스프레이건을 무려 수십 개를 구입을 했으니 얼마나 많이 사러 갔겠어요?
그런데 에어스프레이건 노즐 구경이 여러 종류가 있는데 이것을 자세하게 설명 해 주는 곳은 전무하였습니다.

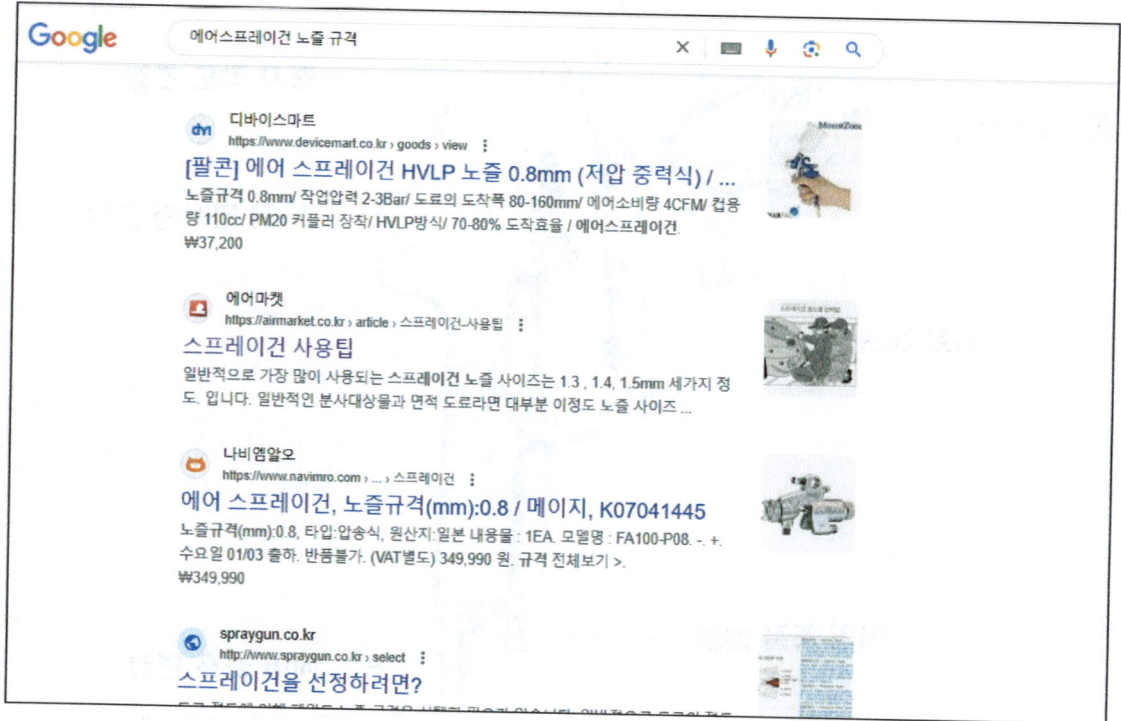

에어 스프레이건 사용법

대형 기공사에서 콤푸레셔도 엄청나게 많이 진열해 놓고, 이곳에서는 가장 큰 기공사에서 노즐 구경이 큰 것은 어떤 용도에 사용하는 것이라고 귀띔이라도 해 주었으면 필자가 돈을 1500만원까지 사용하지 않아도 될 것을 너무나 아쉽습니다.

앞에서 에어 스프레이건 노즐 단원에서 자세하게 설명을 했으므로 잘 생각이 나지 않는 분은 앞쪽의 설명을 다시 찾아 보시고요,..

다시 부연 설명을 하자면, 락카 페인트와 같이 미세한 페인트는 노즐 구경이 1.2mm ~ 1.5mm 정도만 되어도 충분합니다.

그러나 펄 페인트 등 입자가 굵은 페인트는 노즐 구경이 2.5mm 가 되어도 분사가 잘 안 됩니다.

그래서 3.0mm 노즐을 사용해 보려고 검색을 해 보았지만, 3.0mm 노즐은 흔히 사용하는 노즐이 아니라 구하기가 어려워서 그냥 2.5mm 노즐을 사용합니다.

따라서 이러한 것을 염두에 두고 에어 스프레이건 노즐 구경을 선택해야 합니다.

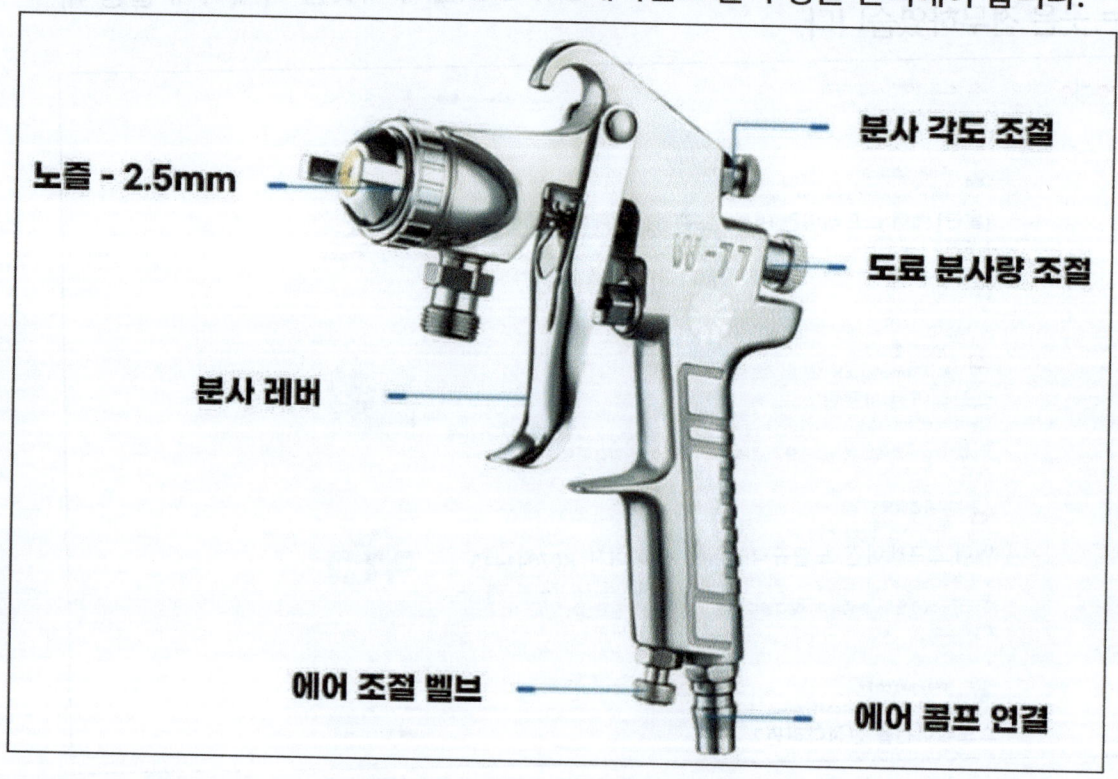

2-11. 기타

[QUIET ZONE] 무소음 콤프레샤 2마력 EWS24
167,850원

5마력콤프레샤 무소음 공기압축 대용량 산업용 220v
최저 173,490원

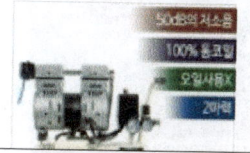
ACE POWER 에이스파워 2마력 무소음 콤프레샤 무오일 컴프레셔 LTC-750
최저 173,210원

위의 화면은 방금 인터넷으로 검색한 결과이므로 참조만 하시고요,..

위의 화면에 보이는 것과 같이 가격이 저렴한 콤푸레셔를 클릭하여 상세 화면으로 들어가면 마력수가 적거나 옵션 선택을 해야 하는 경우가 허다합니다.

인터넷으로 판매를 하는 판매자들이 이렇게 낚시질로 인터넷에 올려서 판매를 하는 사람들이 많이 있습니다.
낚시꾼 수법은 아주 나쁜 방법입니다만, 그럼에도 대부분의 판매자들이 이런 식입니다.
따라서 콤푸레셔 한 대 구입하는 것도 강호에서 살아남기 시리즈 공부를 하여 정확하게 확인하고 구입하는 요령이 필요합니다.

2-11-1. 냉장고 콤푸레셔

소리가 크게 나면 안 되는 곳에서는 당연히 무소음 콤푸레셔를 사용해야 합니다. 그러나 무소음 콤푸레셔는 가격이 다소 비싸고, 강력한 콤푸레셔는 무소음이 거의 없다는 것을 알아야 합니다.

위의 화면에 보이는 것은 필자가 사용하는 책 만드는 기계인 무선 제본기에 달려 있던 무소음 콤푸레셔인데요, 냉장고 콤푸레셔라고 불리는 콤푸레셔이고요, 냉장고 콤푸레셔에 에어탱크를 부착해서 시판하는 제품이고요, 냉장고에 장착된 콤푸레셔이므로 거의 소리가 나지 않는 완벽한 무소음 콤푸레셔입니다.

그러나 이런 종류의 콤푸레셔는 일단 고장이 나면, 전기 부분의 가벼운 고장이 아니면 수리 불가 버려야 합니다.

원래 냉장고에 장착하는 콤푸레셔이기 때문에 앞의 화면에 보이는 것과 같이 콤푸레셔가 둥근 통 속에 들어 있고, 열 수 없도록 밀봉된 형태이기 때문입니다.

요즘은 무소음 콤푸레셔도 고마력 제품이 나옵니다만, 앞의 화면에 보이는, 필자가 사용하는 책 만드는 기계인 무선 제본기에 달려 있던 무소음 1마력 콤푸레셔, 냉장고 콤푸레셔는 냉장고용 콤푸레셔이기 때문에 보통 1/4마력 정도입니다만, 앞의 화면에 보이는 형태로 콤푸레셔를 사용해 보면 실제로는 시중에서 흔하게 볼 수 있는 1마력 ~ 2마력 콤푸레셔와 거의 동일한 정도의 매우 우수한 성능을 보입니다.

그러나 필자가 냉장고 콤푸레셔에 오일을 주입해야 하는 것을 몰라서 오일이 고갈되어 망가지고 말았습니다.

실제 냉장고에 장착되어 작동할 때는 오일이 필요없지만, 앞의 화면에 보이는 것과 같이 사제로 에어탱크를 부착하여 무소음 콤푸레셔로 제작해서 작동할 때는 오일을 넣어야 한다는 것을 몰랐기 때문입니다.

그래서 새로 구입한 것이 아래 화면에 보이는 오일리스 콤푸레셔인데요, 앞에서도 소개를 했습니다만, 영등포 가야 공구라는 곳에서 구입을 했지만, 불량입니다.

콤푸레셔를 하루 종일 돌려도 도무지 압력이 올라가지 않습니다.
그래서 반품이나 교환을 하려고 했더니 구매자인 필자보고 택배로 보내라고 합니다.

콤푸레셔이니 박스도 크고, 중량도 꽤 나가는데 이것을 구매자가 택배사로 싣고 가서 반송을 하라는 겁니다.

필자도 쇼핑몰을 운영합니다만, 어떠한 경우에도 판매자가 계약한 택배사에서 판매자가 수거를 하는 것이 전국적인 공통점입니다.

그래서 너무 화가 나서 소리를 버럭 질렀더니 욕을 했다고 반품이고 교환이고 해주지 않아서 새 콤푸레셔를 그냥 고물 값으로 팔아 버리고 말았는데요 설마 필자가 욕을 했겠어요..??
필자가 머리가 허연 사람인데 젊은 사람하고 다투기도 그렇고 하여 그리 된 사연입니다.

기계, 공구 등을 취급하는 사람들이 거칠기는 하지만 이건 거친 것이 아니라 조폭이 따로 없습니다.

필자도 젊었을 때는 펄펄 나는 사람이었지만, 이제는 나이가 들어 머리가 허옇다보니 저절로 약자가 되어서 항상 손해를 보곤 합니다.

How to use an air spray gun

콤푸레셔는 0.5마력이든, 1마력이든, 2.5마력이든, 필자가 현재 주력으로 사용하는 3.5마력이든 압력은 모두 8Kg으로 동일한 것입니다.

따라서 에어 콤푸레셔의 압력이 올라기지 않는 것은 어딘가 문제가 있는 콤푸레셔이고요, 새것이 이러하니 불량입니다.

그래서 반품을 하려고 했더니 구매자인 필자가 차로 싣고 택배사로 가지고 가서 반송을 하라고 합니다.

다시 말해서 아무 이상이 없는 새 콤푸레셔를 보내 주었는데 불량이라고 한다고 필자를 이상한 사람이라고 하는 것입니다.

이런 조폭같은 판매자가 있으니 기가 막힐 따름입니다.

앞의 화면에 보이는 것과 같이 하루종일 콤푸레셔를 가동해도 압력이 3Kg 이상 올라가지 않습니다.
그래서 할 수 없이 또 다시 구매한 것이 아래 화면에 보이는 2.5마력 콤푸레셔이고요, 이것은 처음 구입해서 몇 번 사용해 보고는 에어 스프레이건을 사용하기에는 너무 약하다는 것을 깨닫고 또 다시 필자가 최종적으로 구입한 에어뱅크 3.5마력 쌍기통 콤푸레셔를 구입한 것입니다.

이런 식으로 요 근래 몇 년 동안에 무소음 냉장고 콤푸레셔 2대, 1마력 콤푸레셔 2대, 2.5마력 콤푸레셔도 2대나 구입했고요, 그리고 마지막으로 3.5마력 쌍기통 콤푸레셔를 구입했습니다.

필자가 무슨 재벌도 아니고, 콤푸레셔 판매점도 아니면서 이렇게 많은 콤푸레셔를 구입했으니 기가 막힙니다.

이 모든 것은 제아무리 천하의 필자도 에어 콤푸레셔에 대해서는 전혀 몰랐으므로 오로지 필자가 직접 사서 직접 에어 스프레이건을 작동 시키면서 독학으로 터득하다보니 이런 기가 막히는 일이 발생한 것입니다.

그래서 이 책이 있는 것이고요, 여러분이 이 책을 보고 있다면 필자와 같은 시행 착오를 거치지 않아도 됩니다.
필자의 경험을 거울 삼아 현명한 선택을 하시기 바랍니다.

2-11-3. 콤푸레셔 압력스위치

앞에서 잠깐 설명했습니다만, 필자가 현재 사용하는, 책 만드는 기계인, 무선 제본기에 2.5마력~3.5마력 콤푸레셔는 너무 세서 우레탄 6mm 에어 호스가 터질 우려가 있기 때문에 정상 압력은 8Kg이지만, 압력을 6Kg으로 낮추어 사용합니다.

이 때 콤푸레셔의 압력 스위치로 압력을 조절할 수도 있지만, 콤푸레셔의 압력 스위치는 가능하면 건드리지 않는 것이 좋고요, 따로 자동 수분 제거기를 장착하고 수분 제거기에 있는 압력 스위치로 조절을 하는 것이 좋다고 앞에서 자세하게 설명을 했습니다.

콤푸레셔의 압력스위치는 여러 가지가 있습니다만, 대부분의 콤푸레셔는 위의 화면의 가운데 보이는 모습이 일반적입니다.

그러나 압력 스위치를 교체할 때는 동일한 마력의 압력 스위치라 하더라도 콤푸레셔 제조사에 문의를 하던지 교체할 콤푸레셔 압력 스위치를 데어 가지고 가서 구입하는 것이 좋습니다.

필자가 앞에서 설명한 것과 같이 몇 날 며칠을 콤푸레셔를 차에 싣고 돌아다녀도 똑같은 압력 스위치를 못 찾는 것과 같은 일이 발생할 수 있기 때문입니다.

How to use an air spray gun

필자도 콤푸레셔 압력 스위치는 자주 교체하는 것이 아니기 때문에 콤푸레셔 압력 스위치를 교체할 때는 미리 교체하기 전부터 나사 하나 푸는 것까지 모두 사진을 찍어둡니다.

특히 배선 부분은 간단한 것 같지만, 상당히 복잡합니다.

압력 스위치를 교체 한다는 것은 배선도 교체를 하는 것이기 때문에 압력 스위치에 어떻게 전선을 연결하는지 반드시 사진을 미리 찍어 두고 교체하는 것이 좋습니다.

지금 보시는 화면은 아래 판매 화면에서 캡쳐한 것입니다.

에어 스프레이건 사용법 　　　　　　　　　　　　　　　　에어 콤푸레셔

계속하여 앞의 화면에서 보여드린 사이트에서 인용하는 것이고요, 좌측 타워형이 일반적이며 대부분의 콤푸레셔는 좌측 일반형 1구 타입으로 되어 있습니다.

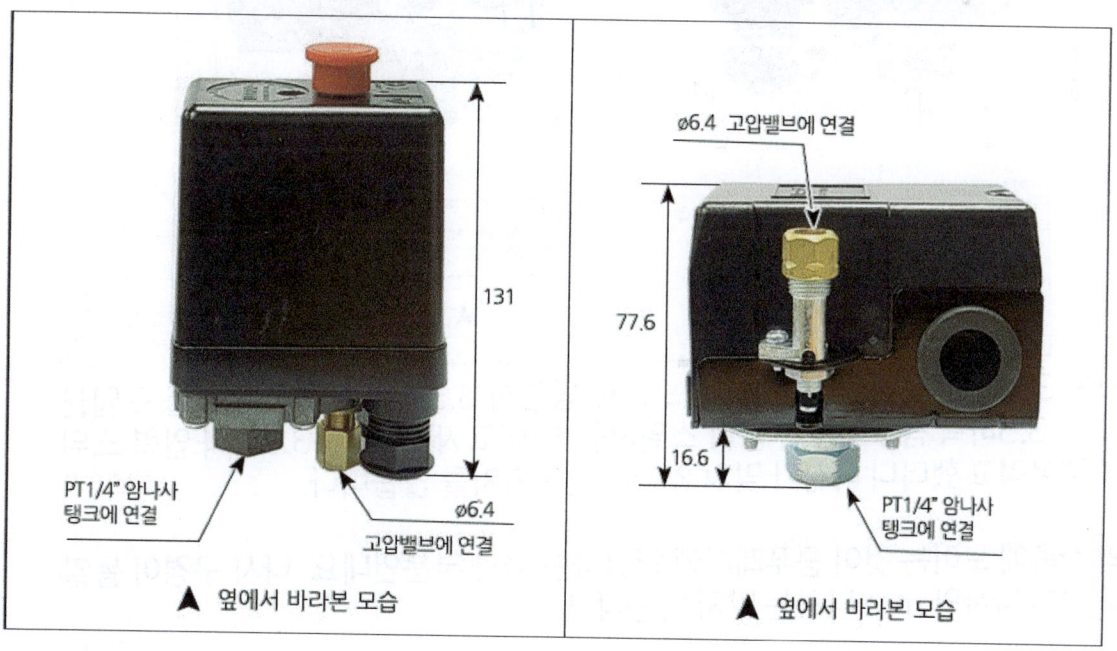

How to use an air spray gun

에어 스프레이건 사용법   에어 콤푸레셔

필자가 현재 주력으로 사용하는 에어뱅크 3.5마력 콤푸레셔는 천하의 필자도 머리를 절래절래 흔들게 만드는 괴이한 콤푸레셔입니다.

3.5마력 콤푸레셔에 2.5마력 압력스위치가 달려 있습니다.

기가 막힐 노릇입니다.

2.5마력 콤푸레셔에 달려 있는 모터는 750W이고요, 3.5마력 콤푸레셔에 달려 있는 모터는 2200W 모터입니다.

전기를 아무리 모르는 사람이라도 750W용 압력스위치를 2200W 모터에 사용하면 안 된다는 것은 쉽게 알 수 있습니다.

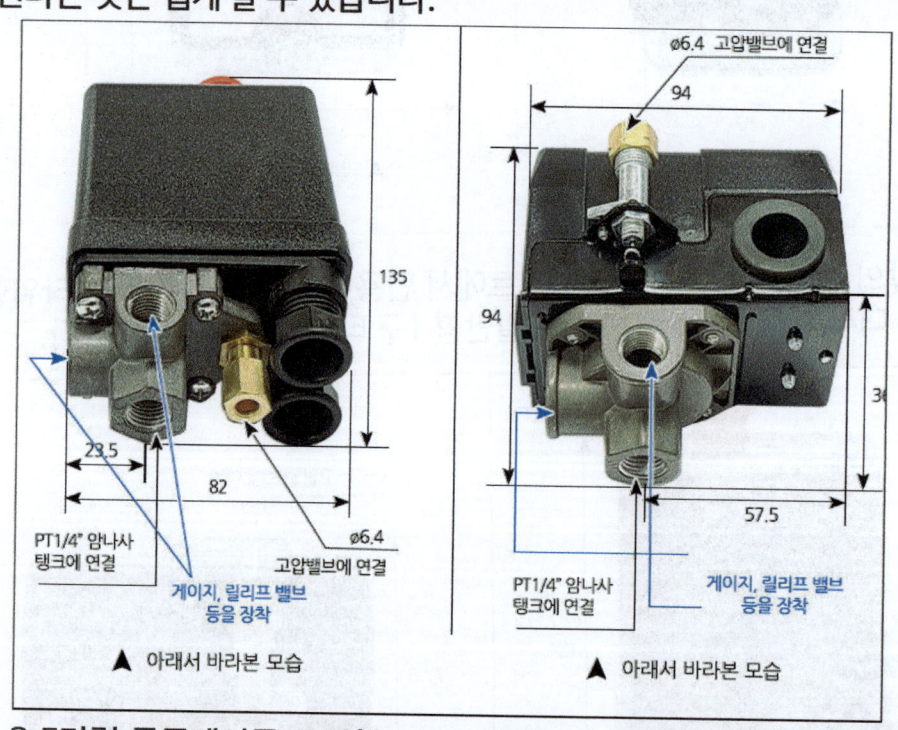

필자는 3.5마력 콤푸레셔를 구입했으므로 당연히 3.5마력 압력 스위치를 구입을 했고요, 3.5마력 콤푸레셔의 압력 스위치를 빼 내고 새로 사 온 3.5마력 압력 스위치를 끼우려고 했더니 나사가 맞지 않아서 들어가지를 않습니다.

위의 좌측에 보이는 것이 콤푸레셔에 연결하는 나사 부분인데요, 나사 구경이 동일해도 인치 나사와 mm 나사는 맞지 않습니다.

How to use an air spray gun

차라리 인치로 통일을 하던지, mm로 통일을 하던지 해야 하는데 이 유감스럽게도 콤푸레셔 관련 부품들은 인치와 mm가 혼용되기 때문에 천하의 필자도 이런 골탕을 먹는 것입니다.

그래서 압력 스위치를 2번이나 서로 다른 메이커로 구입을 해서 끼워 보았으나 나사가 맞지 않아서 고생 고생 하다가 2.5마력 콤푸레셔에서 빼 놓은 압력 스위치를 끼워보니 딱 맞았습니다.

2.5마력 에어 콤푸레셔보다 3.5마력 콤푸레셔의 소비 전력이 훨씬 큰데, 이런 세상에, 3.5마력 콤푸레셔에 2.5마력 압력 스위치가 달려 있는 것입니다.

그래서 할 수 없이 3.5마력 콤푸레셔에 2.5마력 압력 스위치가 달려 있는대로 사용을 하는 대신 따로 차단기와 텀블러 스위치를 달았다고 앞에서 설명했습니다.

2-11-4. 산업용 콤푸레셔

앞의 화면은 앞의 화면에 보이는 콤프월드 판매 화면에서 캡쳐한 것인데요, 위와 같이 3.5마력은 동일하지만, 에어 탱크의 크기가 앞에서 필자가 사용하는 현장용으로 크기가 작은 에어뱅크 3.5마력 콤프레셔에 달려 있는 에어 탱크 크기의 몇 배 ~10배는 됩니다.

중량은 무려 237Kg에 달하고요, 그래서 현장용 에어 콤프레셔는 최대한 가볍게 만들어서 36Kg 중량이고요,..

산업용은 모터도 필자가 사용하는 크기가 작은 현장용 3.5마력 콤프레셔에 비해서 훨씬 큰 모터를 사용합니다.

그래서 전체적으로 엄청나게 크고, 무게도 엄청나게 무겁기 때문에 현장 작업을 하는 사람들이 쉽게 가지고 다닐 수 없으므로 현장용으로 작고 가볍게 만들어진 콤프레셔이기 때문에 모터도 작고, 에어탱크도 작고 혼자서도 차에 싣고 내릴 수 있을 정도로 가볍습니다.

그러나 크기는 작더라도 3.5마력 콤프레셔이므로 모터는 2200W짜리 강력한 모터가 달려 있는데요, 이런 모터 종류는 2200W 용량이라 하더라도 기동 전류는 보통 2.5배 정도의 전력이 필요합니다.

다시 말해서 모터가 기동될 때는 2200W가 아니라 약 5,000W 정도의 엄청난 전력이 필요합니다.

이것은 압력 스위치가 2.5마력 콤프레셔의 경우 2.5마력 콤프레셔는 모터가 적기 때문에 기동 전력이 아무리 커도 3,000W에 훨씬 못 미치므로 2.5마력 콤프레셔에는 충분합니다만, 3.5마력 콤프레셔는 기동 전력이 5,000W는 되어야 하는데 2.5마력 압력 스위치를 달아 놓았으니 압력 스위치가 견디지를 못 합니다.

그래서 압력 스위치를 자주 교체를 해야 하는데요, 필자는 압력 스위치로 콤프레셔를 켜고 끄는 것이 아니라 따로 콤프레셔 전원만 독립적으로 누전 차단기를 달았고요, 그리고도 텀블러 스위치를 달아서 콤프레셔를 켜고 끄는 것은 텀블러 스위치를 사용하고 있고요, 이렇게 사용했더니 이후 압력 스위치를 단 한 번도 교체하지 않았습니다.

참고로 대형 트럭에 싣고 다니거나 트레일러 형태의 대형 콤프레셔도 있습니다.

위의 화면은 필자도 잘 모르기 때문에 압력 스위치를 교체하기 전에 배선이 어떻게 연결되어 있는지 스마트폰으로 촬영해 놓은 사진인데요, 여러분도 콤푸레셔 압력 스위치를 교체할 때는 이렇게 해야 실수를 하지 않습니다.

위에 보이는 압력 스위치는 압력에 따라서 접점이 닿았다 떨어졌다 하는 방식이고요, 그래서 전력 소비량에 맞는 스위치를 사용해야 하는 것입니다만, 필자가 사용하는, 크기가 작은, 현장용 3.5마력 콤푸레셔는 어차피 크기가 작기 때문에 연속 10분 이상 사용 불가.. 라고 모터에 써 있습니다.

에어 스프레이건 사용법

에어 콤푸레셔

How to use an air spray gun

제 3 장 도장 부스

에어 스프레이건 사용법 **에어 콤푸레셔**

How to use an air spray gun

3-1. 스프레이 부스

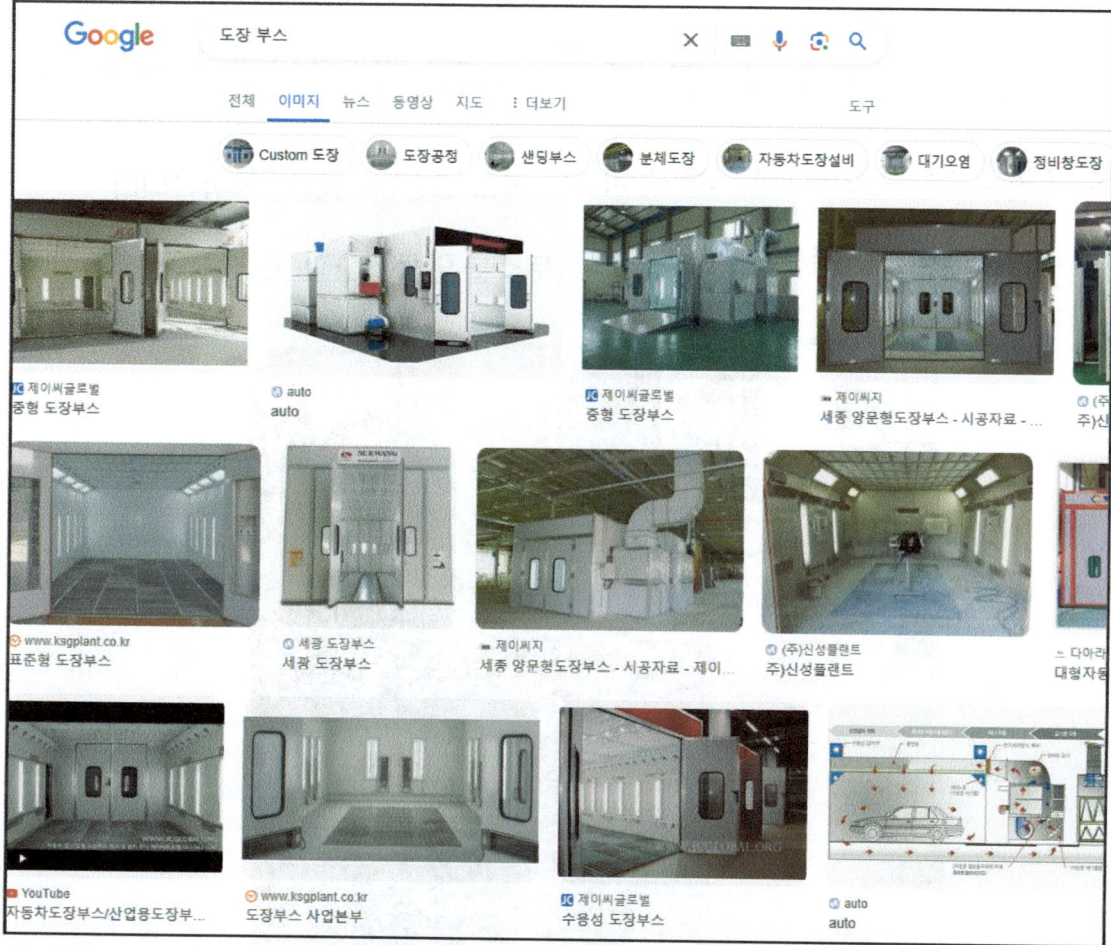

이 책은 '에어스프레이건 사용법' 이라는 책이고요, 페인트를 붓으로 칠하는 것은 거의 상관이 없지만, 에어스프레이건으로 분사를 하는 것은 참으로 심각한 문제가 발생을 합니다.

특히 서울 등 대도시, 나아가 아파트 등지에서 에어스프레이건을 사용하는 사람들도 있는데요, 참으로 대단한 사람들이고요, 나름대로 도장 부스를 만들어서 페인트 분진 등을 걸러내고 깨끗한 공기만 밖으로 배출하기 때문에 가능한 것입니다.

필자의 경우 판매를 목적으로 작업을 하는 것이기 때문에 상당히 많은 양의 페인트를 분사하므로 에어스프레이 부스, 즉, 도장 부스가 필수적으로 있어야 합니다.

그래서 에어스프레이 부스, 즉, 도장 부스를 처음에는 외부에 의뢰하여 견적을 받았는데요, 가장 저렴한 것도 1,000만원이 넘었습니다.

그나마 소규모 작은 컨테이너에 환기 및 배기 시설을 설치해서 이 정도 금액이 나온 것이고요, 에어스프레이 부스는 가격의 제한이 없습니다.

자동차 도장 부스의 경우에는 보통 수 억원이 넘는 엄청난 비용이 들어갑니다.

그래서 필자는 직접 부품을 사서 직접 도장 부스를 만들었고요, 비용은 대략 50만원 정도 들어 갔습니다.

앞의 화면에 보이는 것은 필자가 직접 제작한 도장 부스에서 에어스프레이건을 사용하는 영상을 화면 캡쳐를 한 것인데요,..

스위치를 켜면 뒤쪽에 있는 시로코팬이 회전을 하면서 공기를 빨아들이고 앞쪽에서 에어 스프레이건으로 페인트를 분사를 하면 가운데 필터를 거쳐서 페인트 분진은 필터에 걸러지고 에어만 뒤로 빨려 나가는 구조입니다.

필자는 손재주도 많고 눈썰미가 좋은 사람이지만, 천하의 필자도 모르는 것은 모르는 것입니다.

필자도 시로코팬이라는 것이 있다는 것을 몰랐기 때문에 처음에는 그냥 음식점 등에 가면 쉽게 볼 수 있는 환풍기를 사용했는데요, 환풍기는 거의 전혀 효과가 없습니다.

아래 보이는 시로코팬이라는 것을 사용해야 하는데요, 상당한 설명이 필요합니다.

3-2. 시로코팬

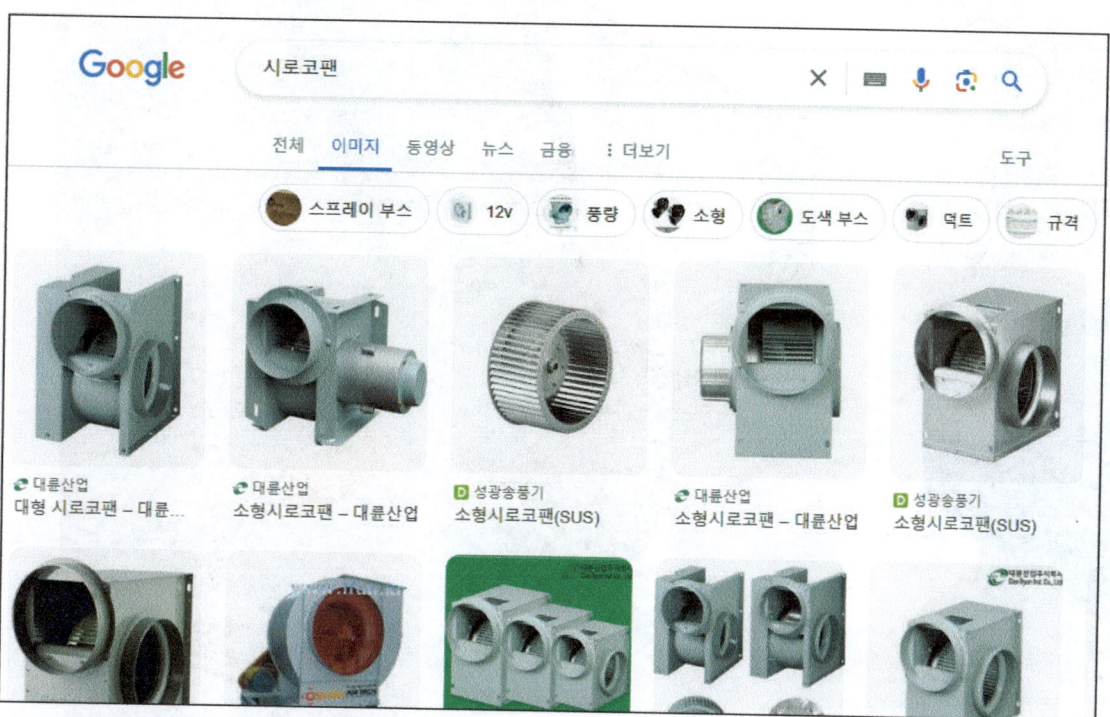

천하의 필자도 몰랐으므로 시로코팬이라는 것을 아직도 모르는 사람은,..

지하철이 있는 곳에서는 어김없이 쎈 바람이 나오는데요, 지하철이 있는 지하에서 강력하게 공기를 순환시키는 장치가 바로 시로코팬입니다.

시로코팬은 일반 음식점 등에 있는 환풍기와는 전혀 다른 구조로, 역시 환풍기와는 비교 불가한 강력한 흡입력과 바람을 일으키기 때문에 사람을 날려 버릴 수도 있을 정도입니다.

그러나 구조 자체가 소음이 크기 때문에 일반 가정이나 식당 등에서 흔하게 볼 수 있는 환풍기로는 사용할 수 없고요, 분진이 많이 나오는 기계나 공구에 덕트를 설치하거나 직접 장비에 장착하여 사용하는 것이 일반적입니다.

시로코팬은 크기가 작아도 강력하게 빨아냅니다만, 에어 스프레이건을 사용할 정도라면 어느정도 크기가 큰 시로코팬을 사용해야 합니다.

앞의 화면에 보이는 것은, 여기서 약 7Km 떨어져 있는, 필자의 제 2 양봉장 안에 설치한 대형 시로코팬인데요, 모터 소비 전력이 3Kw이고요, 가정에서는 사용 불가입니다.

여기는 시골이기 때문에 필자가 현재는 부업도 아니고 거의 취미 양봉 수준입니다만, 양봉을 하고 있고요, 그래서 이곳에 땅을 사서 비닐하우스를 지어 놓았고요, 이 안에서 필자가 2번째로 발명 특허 출원한 제품을 만들려고 이렇게 강력한 시로코팬을 설치한 것인데요, 그야말로 아이들은 날려 버릴 정도입니다.

이곳은 농업용 전기를 설치했지만, 단상 220V이고요, 단상 모터로는 이보다 큰 모터는 거의 없으므로 최대 한도의 시로코팬이라고 보시면 되고요, 목공용 테이블쏘를 설치해서 합판 자를 때 나오는 분진을 제거하기 위해서 이렇게 대형 시로코팬을 설치한 것이고요, 그 밑에 마우스가 가리키는 것은 작은 소형 시로코팬이고요, 대형 시로코팬을 설치하기 전에 사용하던 것이고요, 테이블쏘를 설치한 뒤로는 대형 시로코팬을 추가로 설치한 것입니다.

에어 스프레이건 사용법   에어 콤푸레셔

앞에서 본 대형 시로코팬은 일반적으로는 사용할 일이 없는 제품이므로 참고만 하시고요, 앞에서 본 필자가 자작으로 만든 도장 부스, 스프레이 부스에 사용할 시로코팬은 아래 설명에 준해서 구입하면 됩니다.

소형 시로코팬은 다시 수 많은 사이즈가 있는데요, 일반적으로 미니 도장 부스로 사용하는 미니 시로콘팬은 3가지 사이즈가 있는데요, 가장 작은 사이즈로부터 모델명이 TIF-140fs, 160fs, 190fs 를 주로 많이 사용하고요, 도심 아파트 실내에서 사용하려면 TIF-140fs 정도의 시로코팬을 많이 사용하며 이보다 쎈 모델이 TIF160fs이고요, 필자는 이 3가지 모델 중에서 가장 강력한 TIF-190fs 모델을 구입했습니다.

How to use an air spray gun

지금 검색을 하니 앞의 화면에 보이는 가격인데요, 필자가 구입할 때의 가격과는 틀리고요, 또 여러분이 검색했을 때의 가격은 다를 것입니다만, 일단 가격은 참고만 해 주시기 바랍니다.

유튜브에서 '가나출판사' 검색하여 동그라미 속에 들어 있는 필자의 얼굴을 클릭하여 필자의 [유튜브 채널]에 오셔서 도장부스 혹은 시로코팬 등으로 검색하면 보다 자세하게 보실 수 있고요, 필자가 자작으로 만든 도장 부스를 사용해서 에어 스프레이건 작업을 하는 영상도 보실 수 있습니다.

How to use an air spray gun

필자가 구입한 시로코팬 Tis-190fs 모델은 소형 모델 중에서는 가장 강력한 모델이기 때문에 스위치를 넣으면 필자가 자작으로 제작한 도장 부스의 필터가 뒤에 있는 토출구로 빨려 들어가기 때문에 필터 뒤에는 금속 철망을 대 놓았고요, 앞에서 에어 스프레이건으로 페인트를 분사하면 시로코팬이 빨아 들이기 때문에 페인트 분진은 분사하는 필자에게 오지 않고 뒤로 빨려 나가면서 필터에 걸러지고 뒤에 있는 토출구로는 맑은 공기만 나가는 것입니다.

그러나 이 모델은 강력하기 때문에 소음이 상당히 큽니다.

따라서 아파트 등의 실내 혹은 작업장이라도 내부에서 작업을 해야 한다면 심각하게 고려를 해야 합니다.

아래 화면에 보이는 것은 필자가 사용하는 TIS-190fs보다 2 단계 작은 모델로 가격도 저렴합니다.

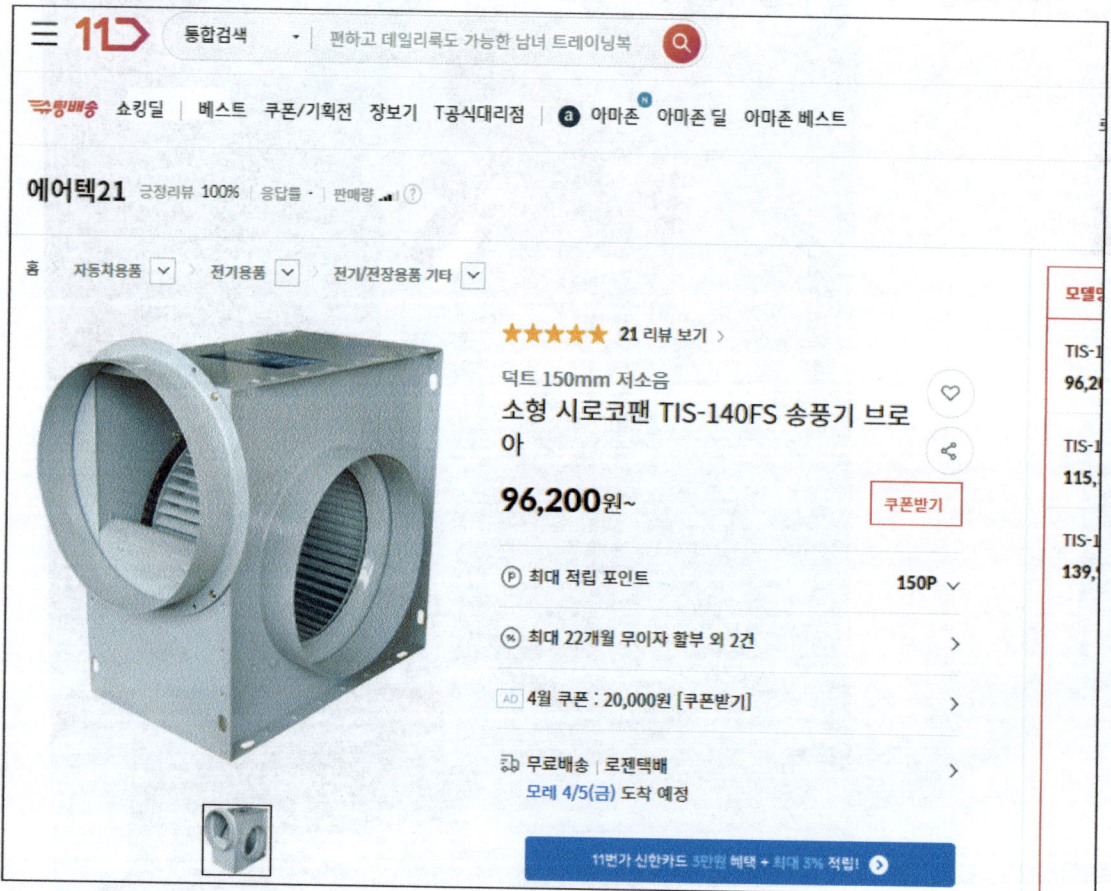

3-3. 도장 부스 프레임 만들기

필자도 처음에는 전혀 모르는 상태였으므로 도장 부스 견적을 의뢰했더니 가장 저렴한 가격도 1,000만원이 넘어서 필자가 직접 자작으로 도장 부스를 제작을 했고요, 도장 부스 프레임은 선반 앵글을 사용했습니다.

앵글은 일반적으로 큰 것과 작은 것이 있으며 필자는 큰 앵글을 사용했고요, 이것도 다시 프레임이 약한 비품과 튼튼한 정품이 있고요, 필자는 가격이 비싸지만, 두껍고 튼튼한 정품 KS 앵글을 사용했습니다.

앵글로 프레임을 짜고 여기에 덧댈 판넬 부분은 인터넷으로 MDF를 주문해서 제작을 했습니다.

에어 스프레이건 사용법 에어 콤푸레셔

아래와 같이 앵글로 프레임을 짜고 인터넷으로 주문한 MDF를 대고 충전드릴을 이용하여 앵글 피스를 박아서 고정을 하였습니다.

크기는 대략 1.2m x 1.2m x 1.5m 정도로 제작하였습니다.

How to use an air spray gun

3-4. 200mm 홀쏘

필자가 구입한 시로코팬은 강력한 모델이기 때문에 흡입과 토출 모두 200mm 구경으로 도장 부스 뒤쪽에 토출구가 들어갈 구멍을 뚫어야 합니다.

시로코팬을 장착할 곳에 구멍을 뚫어야 하기 때문에 아래 화면에 보이는 일종의 홀쏘를 구입했습니다.

시로코팬의 토출 구경이 200mm 이므로 홀쏘 역시 최대 200mm로 구매를 했고요, 아래와 같이 최대로 벌려서 나사를 조여서 고정하고 충전드릴에 물려서 구멍을 뚫었습니다.

홀쏘 종류도 여러가지가 있고요, 필자는 작업의 편의성, 가격 등을 고려하여 이 제품을 구입한 것입니다.

홀쏘 검색하면 대부분 아래 화면에 보이는 모습의 홀쏘가 검색되는데요, 아래 화면에 보이는 홀쏘는 일반적인 핸드 드릴로는 어림도 없습니다.

필자가 구입한 홀쏘도 매우 어렵게 뚫었습니다.

따라서 여러분도 필자와 같이 도장 부스를 만들고 시로코팬 토출 구멍을 뚫는다면 아래 화면에 보이는 홀쏘를 구입했다가는 낭패를 보므로 필자가 구입한 모습의 홀쏘를 구입하고요, 그렇게 하더라도 충전 드릴로 매우 어렵고 힘들게 작업해서 뚫어야 합니다.

필자는 충전 드릴보다 훨씬 강력한 220V에 연결해서 사용하는 핸드 드릴도 있는데요, 이렇게 대 구경 홀쏘로 구멍을 뚫을 때는 충전 드릴은 힘이 딸려서 매우 어렵습니다.

여러분도 이런 작업에는 충전 드릴보다는 최소한 1/2마력 이상의 강력한 220V 전기 드릴을 사용하는 것이 좋습니다.

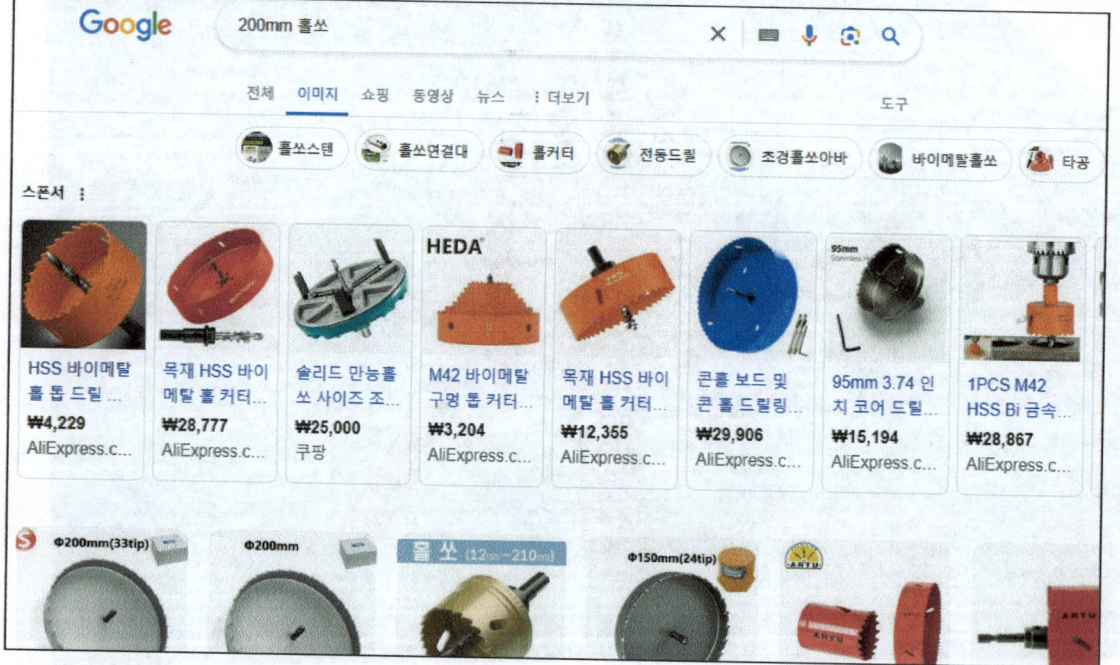

3-5. 홀쏘 작업

아래 화면에 보이는 것과 같이 홀쏘를 200mm 로 벌려서 나사를 조여서 고정하고 충전 드릴에 물려서 구멍을 뚫었는데요, 매우 힘이 듭니다.

필자보다 더 나은 사람도 있겠습니다만, 아마도 여러분 대부분은 필자보다 이러한 공구를 다루는 기술이 부족할 것입니다.

따라서 아직 공구 사용에 익숙하지 않으신 분은 매우 조심해야 하며 아래 화면에 보이는 모습 자체가 매우 위험합니다.

그래서 가능하면 충전 드릴보다는 220V 전원을 꽂아서 사용하는 강력한 핸드 드릴이 제격이고요, 어떠한 드릴을 사용하든 한꺼번에 쑥 뚫어지지 않습니다.

조금씩 아주 조심해서 뚫어야 합니다.

아래 화면은 필자의 유튜브 채널에 올린 영상을 캡쳐한 이미지인데요..

아래 (1)과 같이 홀쏘가 회전하면서 200mm 구멍을 뚫는 것이기 때문에 매우 위험합니다.

그리고 현재 충전 드릴로 구멍을 뚫는 것이기 때문에 충전 드릴이 강력하지만, 이런 작업을 하기에는 역부족입니다.

필자는 이보다 훨씬 강력한 220V에 꽂아서 사용하는 핸드 드릴이 있습니다만, 그냥 조금씩 조금씩 충전 드릴로 뚫었습니다.

따라서 가능하면 충전 드릴보다는 220V에 꽂아서 사용하는 강력한 핸드 드릴로 뚫는 것이 좋고요, 아래 (1)과 같이 회전하기 때문에 매우 조심해야 합니다.

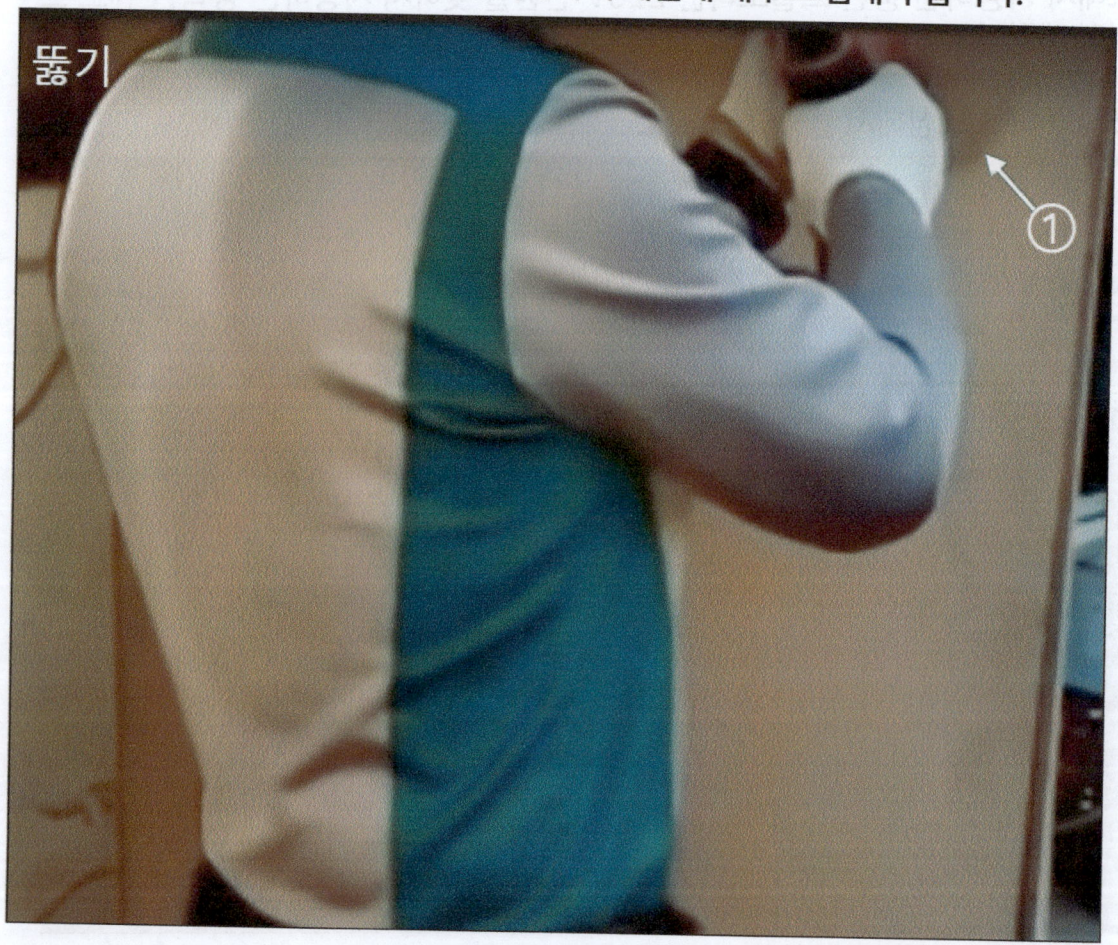

에어 스프레이건 사용법　　　　　　　　　　　　　　　　에어 콤푸레셔

휴, 드디어 뚫어졌습니다.
실제 뚫는 모습은 필자의 유튜브 채널에 오셔서 동영상을 보셔야 실감이 납니다.

덜덜덜덜 후덜덜덜 몸도 흔들리고, 드릴도 흔들리고, 일반 구멍 뚫는 것과는 많이 다르기 때문에 매우 조심해야 합니다.

조금씩, 아주 조금씩 뚫어야 하고요, 그리고 드릴 사용 원칙이 있습니다.

드릴이 작을 수록 회전이 빨라야 하며, 드릴이 클수록 회전이 느려야 합니다.

따라서 이런 작업을 할 때는 드릴을 최저 속도로 놓고 작업을 해야 합니다.

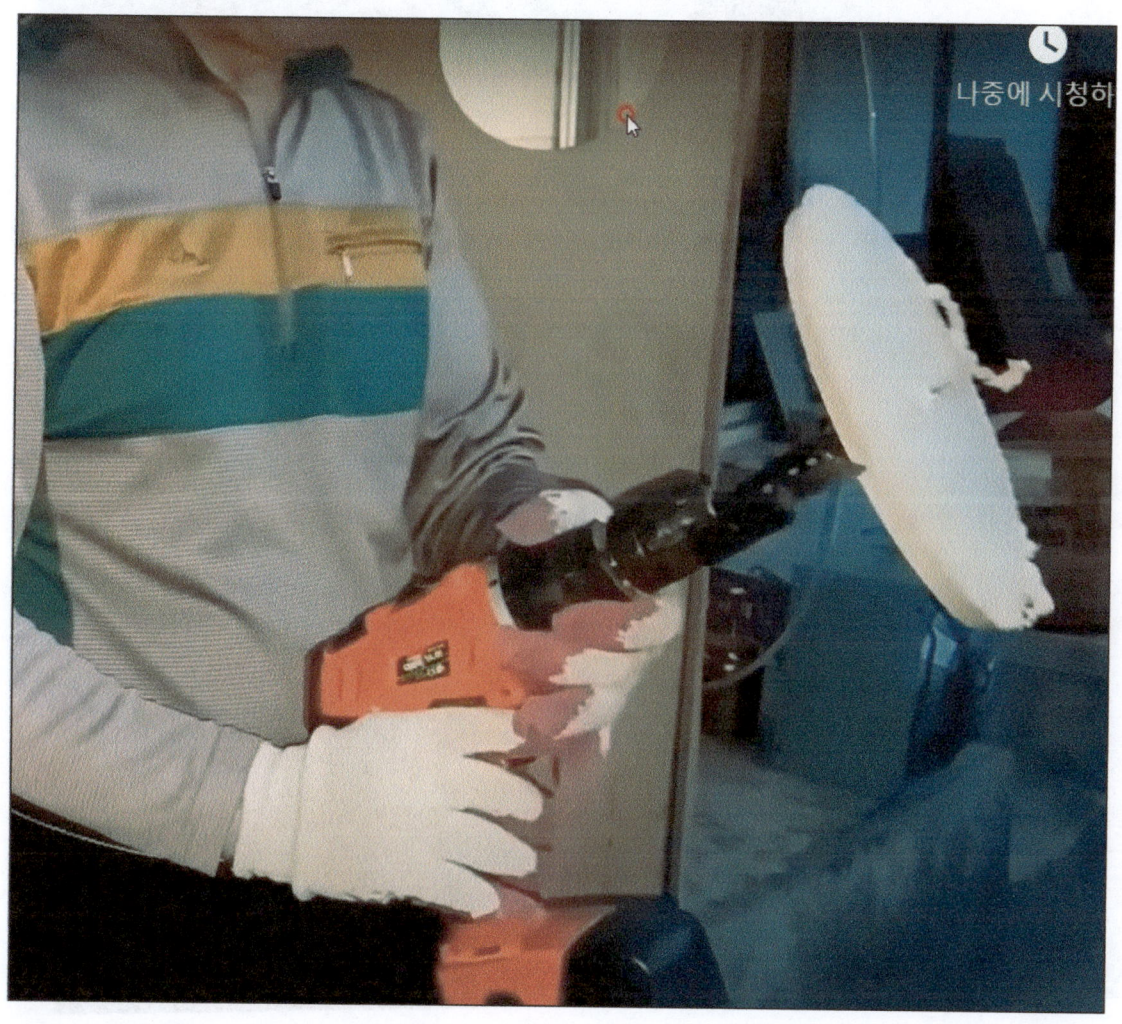

How to use an air spray gun

그리고 뚫어진 구멍에 시로코팬 토출구를 끼워보아서 제대로 들어가는지 확인을 해야 하는데요 시로코팬이 무겁기 때문에 이것도 쉬운 일이 아닙니다.

더구나 필자는 심장 수술을 받아서 힘을 못 쓰는데 이렇게 무거운 시로코팬을 들어 올려서 대 보고 구멍을 다시 다듬고 다시 대 보고, 여러 번 맞추느라고 매우 힘이 들었습니다.

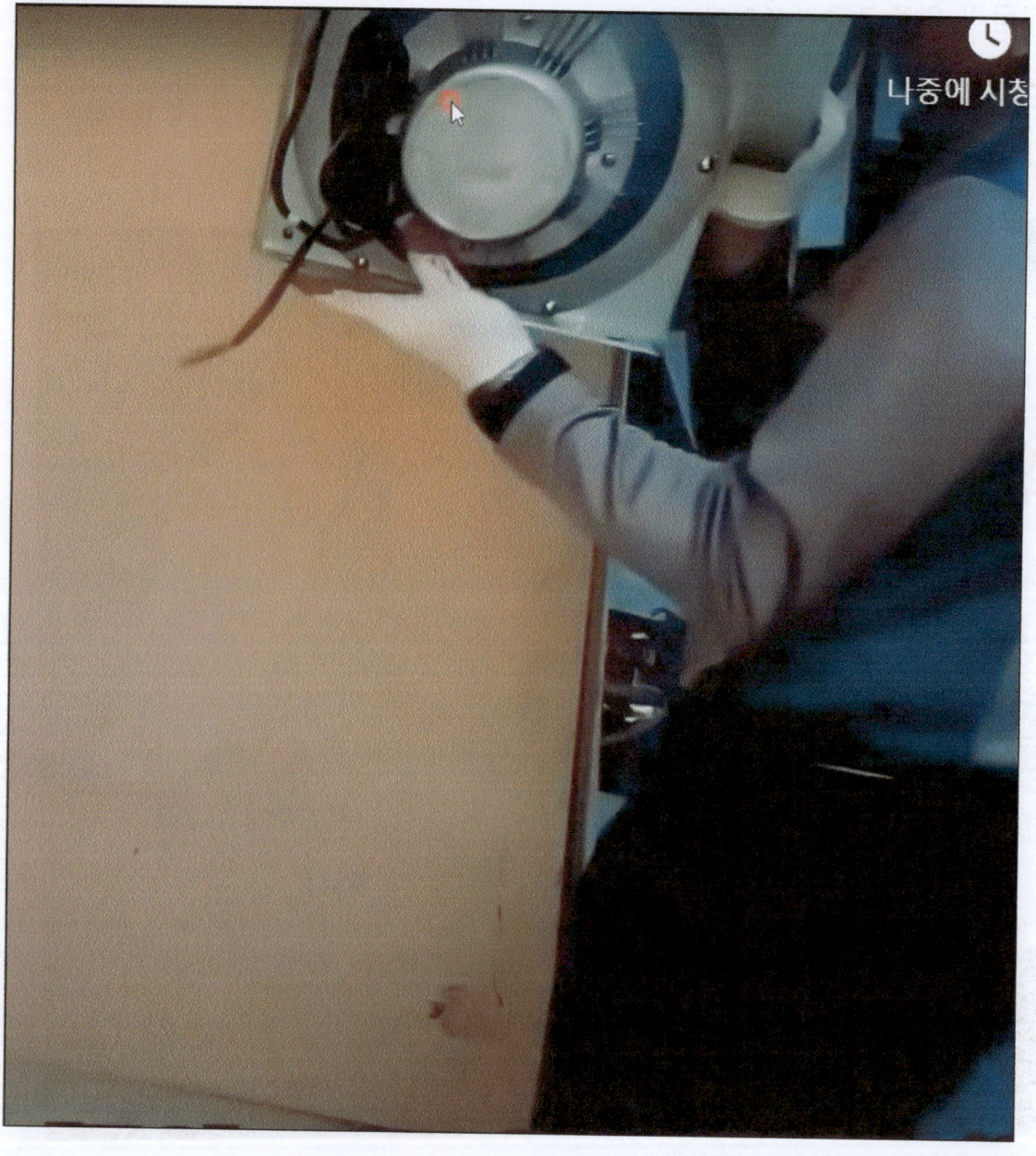

에어 스프레이건 사용법 　　　　　　　　　　　　　　　에어 콤푸레셔

그리고 안에서 보면 위의 모습인데요, 밖에서 보면 아래 모습입니다.

시로코팬이 무겁기 때문에 여러 번 들어서 구멍에 맞추고 매직으로 선을 긋고 시로코팬을 고정할 표시를 한 다음, 시로코팬 아래와 위, 그리고 옆에 앵글로 시로코 팬을 고정할 수 있도록 일단 도장 부스 뒷 면에 부착을 하고 이 앵글에 시로코팬을 나사로 조여서 고정을 시켰습니다.

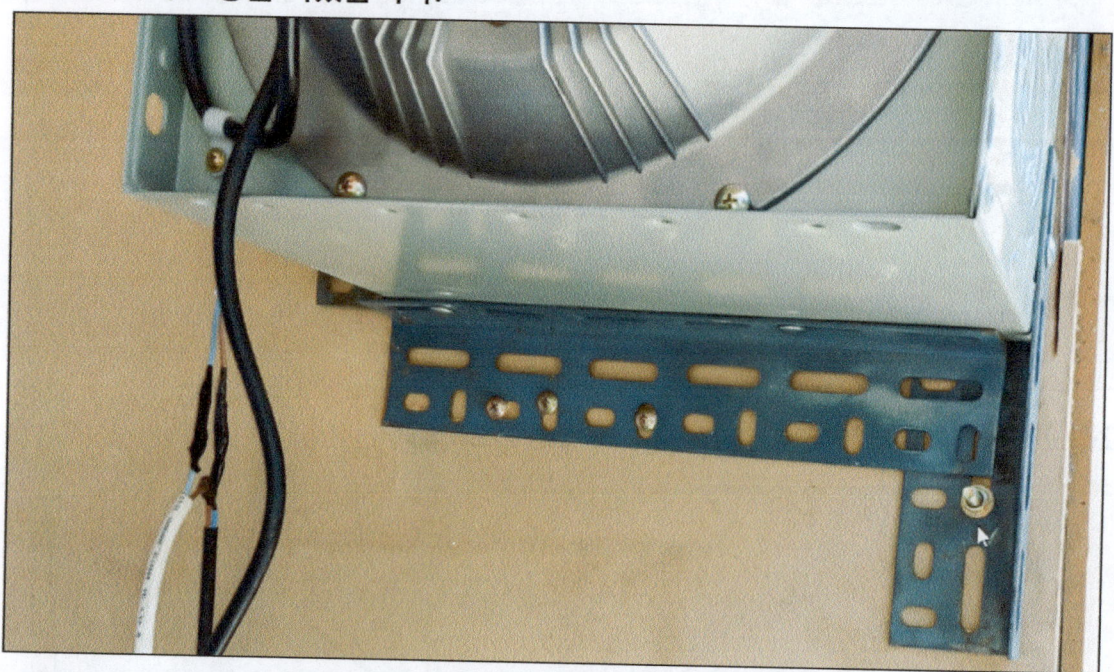

시로코팬이 무겁기 때문에혹시 에어 스프레이건 작업을 하다가 떨어지면 큰일 나므로 앞 뒤로 잘 살펴 보아서 떨어지지 않게 단단히 고정을 해야 합니다.

How to use an air spray gun

드디어 완성되었습니다.
그러나 도장 부스 외관만 완성된 것이고요, 아직 안에 필터를 장착하지 않은 상태입니다.

필터를 장착하기 위하여 우선 아래 화면, 도장 부스 안에 양쪽 그리고 위에 다시 앵글을 댔고요, 이곳에 방 구들, 보일러 배관할 때 사용하는 철망을 철물점에서 사 가지고 와서 절단기로 잘라서 중간에 댔습니다.

3-6. 필터 설치

원래 필터를 제대로 설치하려면 폭포를 만들어야 합니다.

폭포를 만들어서 물이 폭포처럼 낙하하는 앞에서 에어 스프레이건을 분사하면 물에 페인트 분진이 닿으면서 밑으로 떨어지고 밑으로 떨어진 페인트 분진이 섞인 물을 필터로 걸러내야 합니다.

그러나 이렇게 하려면 매우 복잡하고 공사가 무척 커지고 비용도 엄청나게 많이 들어갑니다.

더구나 개인이 도장 부스를 자작으로 만들 때 이런 방식으로 만든다는 것은 거의 불가능합니다.

그래서 필자도 지금까지 설명한 것과 같이 도장 부스를 만들고 아래 화면에 보이는 부직포 필터를 구입해서 설치하였습니다.

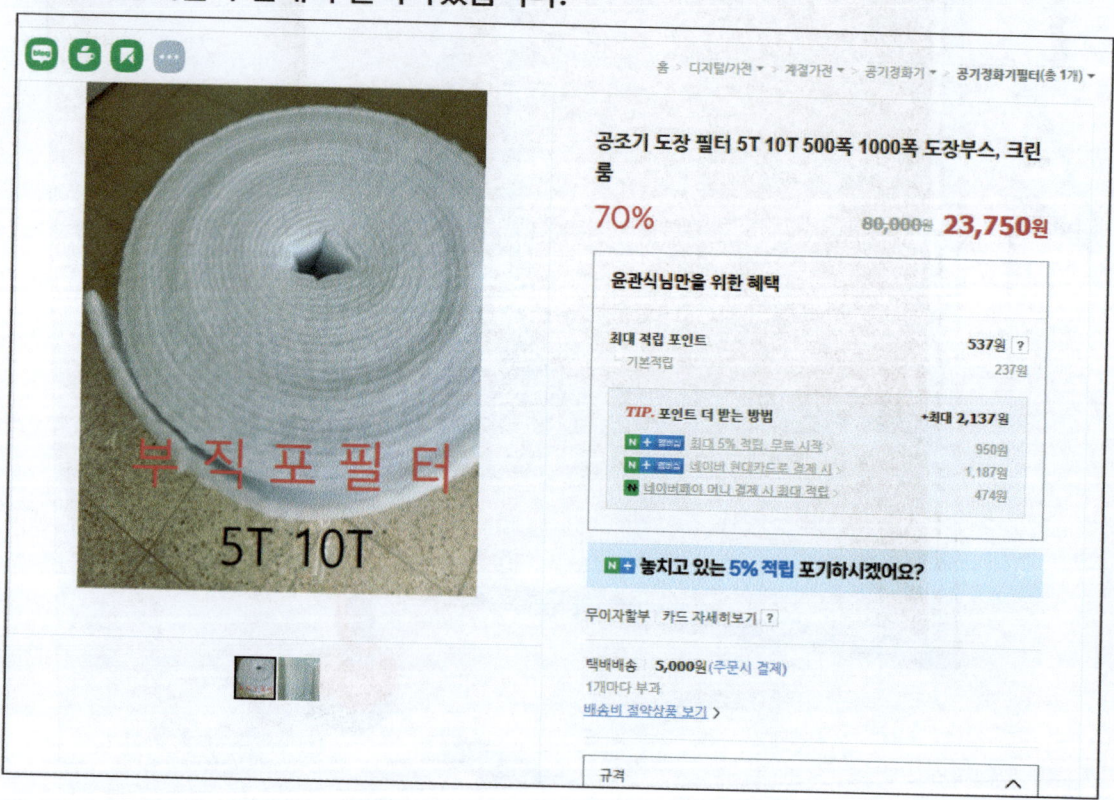

부직포 도장 필터는 일부러 두께가 두꺼운 10mm로 구입을 했습니다.
에어 스프레이건 작업을 할 때 페인트가 필터에서 걸러지고 도장 부스 뒤로는 공기만 나가게 하는 용도입니다.

그리고 근처 철물점에 가서 엑셀 파이프를 방 바닥 온돌 시공할 때 엑셀 파이프가 뻣뻣하기 때문에 먼저 강철 재질의 철망을 깔고 이 철망에 엑셀 파이프를 가는 철사로 묶어서 고정을 한 다음, 패널을 깔거나 콘크리트를 하는 것인데요..

이 때 사용하는 강철 철망을 사 가지고 와서 강철이기 때문에 절단기가 아니면 잘 라지지 않습니다.

그래서 강력한 절단기로 도장 부스 크기에 맞게 잘라서 아래 화면에 보이는 것과 같이 중간에 댄 앵글에 맞춰서 꼭 끼게 집어 넣고, 워낙 강철이기 때문에 한 번 집어 넣으면 일부러 빼려고 해도 잘 안 빠지기 때문에 여기에 필터를 대면 절대로 빠져 나가지 않습니다.

에어 스프레이건 사용법 　　　　　　　　　　　　에어 콤푸레셔

강철 철사는 위의 절단기가 아니면 잘라지지 않습니다.
위의 절단기가 없다면 핸드 드릴로 잘라야 합니다.

How to use an air spray gun

이거 참 기가 막힙니다.
시로코팬 스위치를 넣으면 시로코팬이 회전하면서 빨아들이기 때문에 부직포 필터가 뒤에 있는 강철 철망에 찰싹 달라 붙고요, 이 때 에어 스프레이건을 분사하면 페인트 분진은 필터에 걸러지고 도장 부스 뒤에 있는 시로코팬 토출구로는 맑은 공기만 나갑니다.

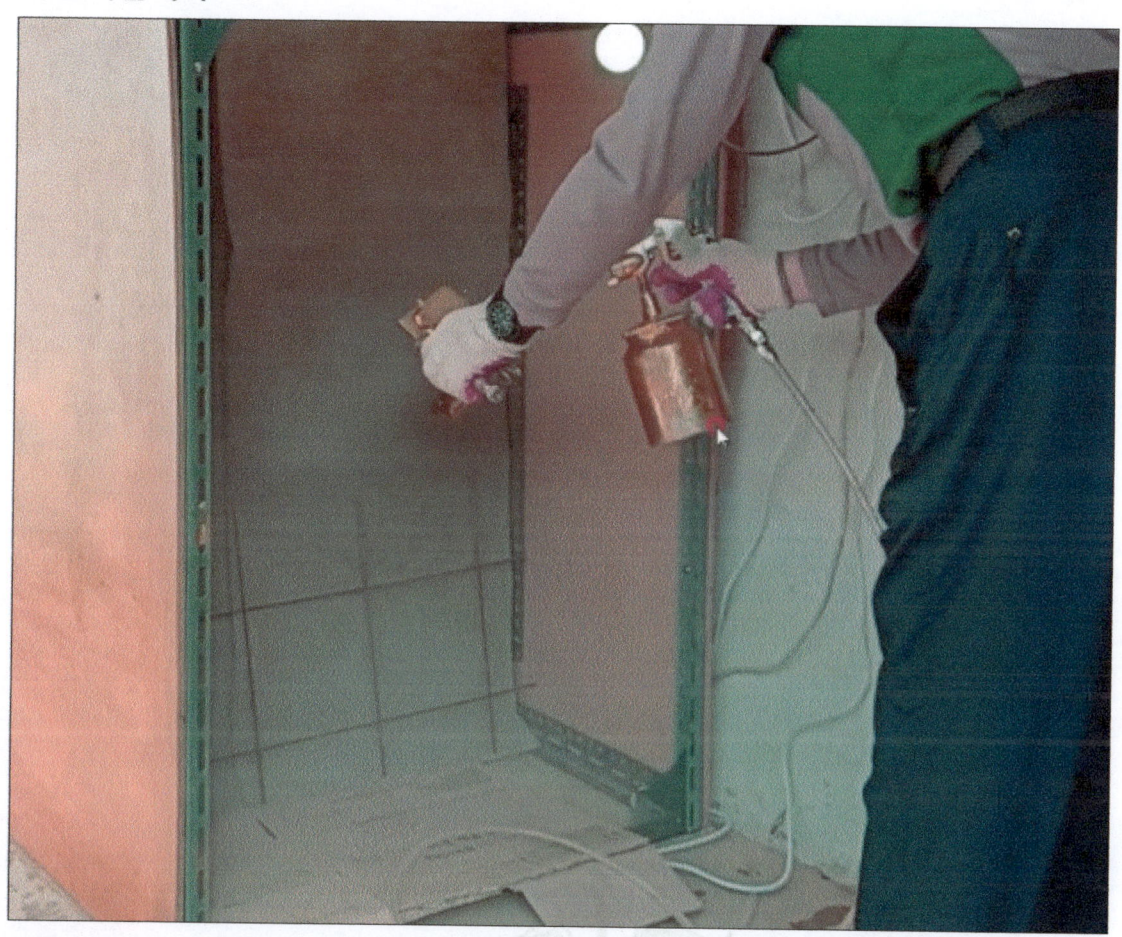

유튜브에서 '가나출판사' 검색하여 동그라미 속에 들어 있는 필자의 얼굴을 클릭하여 필자의 [유튜브 채널]에 오셔서 검색어 '도장부스' 로 검색하면 도장 부스를 만드는 방법 및 자작 도장 부스를 만들어서 에어스프레이건 작업을 하는 영상을 여러 개 보실 수 있습니다.

이 책에서 소개한 도장 부스 만들기 설명만 보아서도 충분히 만들 수 있겠습니다만, 혹시 이해가 잘 안 되시는 분은 필자의 [유튜브 채널]에 오셔서 필자가 올려 놓은 도장 부스 만드는 방법에 관한 영상을 보시고 만드시기 바랍니다.

How to use an air spray gun

에어 스프레이건 사용법

How to use an air spray gun

제 4 장 페인트

에어 스프레이건 사용법   에어 콤푸레셔

How to use an air spray gun

4-1. 황금색을 얻기 위한 노력

페인트의 종류는 크게 유성 페인트와 수성 페인트가 있고요, 페인트에 대해서는 잠시 후에 설명을 하고요, 앞에서 에어스프레이건, 콤푸레서, 에어호스 등에 대해서 비교적 자세하게 설명을 했는데요, 지금까지 설명한 내용들이 페인팅, 에어스프레이건을 사용한 페인팅을 하기 위한 준비 운동이었다고 보시면 됩니다.

이 책의 앞 부분에서 미리 밝혔습니다만, 필자는 페인팅의 전문가는 아닙니다.
다만, 필자가 지금까지 사용한 약 20여종의 페인트와 그리고 필자가 구현하고자 하는 황금색을 구현하는 방법만 알아낸,.. 터득한 상태입니다.

사실 이미 개발된 기술 일 수도 있겠습니다만, 필자로서는 이 세상 어디에서도 배울 수도 구할 수도 없는 기술이기에 돈을 무려 1,500만원을 써 가면서 스스로 터득한 것입니다.

따라서 필자가 이 책에서 기술하는 내용은 기존의 페인트 관련 업종에 종사하는 사람들과 다를 수 있으며, 이른바 페인트 업종에서 오랫동안 종사하신 분들이 보면 엉터리라고 할 수도 있는 기술들입니다.

그러나 필자는 에어스프레이건, 페인트 등에 관해서는 이 나이에 겨우 깨우친 것이지만, 필자가 깨우친 기술들은 100% 신기술들입니다.

필자는 옛날부터 페인트 관련 업종에 종사 한 것이 아니기 때문에 완전히 새로운 기술을 습득한 것이고요, 기존의 페인트 관련 업종에 종사하는 사람들은 많게는 40년, 30년, 20년, 10년 등, 필자와는 비교할 수 없이 오랜 기간 페인트 관련 업종에 종사한 사람들입니다만, 이 분들은 다 그런 것은 물론 아니겠습니다만, 필자가 지금까지 상대한 사람들 중에서는 필자가 원하는 황금색을 내는 방법을 아는 전문가는 단 한 사람도 없었습니다.

그만큼 페인트의 종류가 많고, 필자가 원하는 페인트는 일반적으로 거의 사용하지 않는 페인트라는 것을 알 수 있습니다.

필자도 전혀 모르는 상태에서 어렵게 어렵게 알게 된 일부 지식을 가지고 이른바 페인트 업종에서 수십 년씩 종사한 사람들도 모르는 특수한 페인트를 가지고 페인팅을 하는 독특한 방법을 필자 스스로 독학으로 터득한 것입니다.

How to use an air spray gun

필자가 에어 스프레이건에 손을 댄 것은 3D 프린터로 무언가 사업을 해 보려고 3D 프린터를 무려 10대 + 대형 3D 프린터까지 구입하여 3D 프린터로 출력한 출력물에 화려한 황금색 페인팅을 하여 판매를 해 보려고 하였기 때문입니다.

이와 같이 필자가 구현하고자 하는 황금색 페인팅은 일반적인 페인트 업종 종사자들은 거의 전혀 모르는 페인트입니다.
그러니 어느 누구한테 물어서 기술을 배우는가 이 말입니다.

How to use an air spray gun

앞의 화면에 보이는 것이 필자가 돈을 무려 1500만원을 써 가면서 결국 터득한 황금색 페인팅인데요,..

예를 들어 껭끼쟁이 40년.. 이라고 말을 하는 분들은 건축 계통에서 주차장 바닥 칠을 한다든지 건물 내벽, 외벽, 옥상 방수 등의 칠을 하는 일을 40년 동안 해 왔다는 뜻입니다.

해당 분야에서 무려 40년을 종사했으니 이것 한 가지만 하여도 대단하다 하겠습니다만, 뺑끼쟁이 40년이라고 말을 하는 분들은 앞의 화면에 보이는 황금색 페인트에 대해서는 페인트에 관한 한 낫 놓고 기억자도 모르는 필자보다 더 모릅니다.

그러니 이 사람들한테 무엇을 물어보고 무엇을 배운단 말입니까?

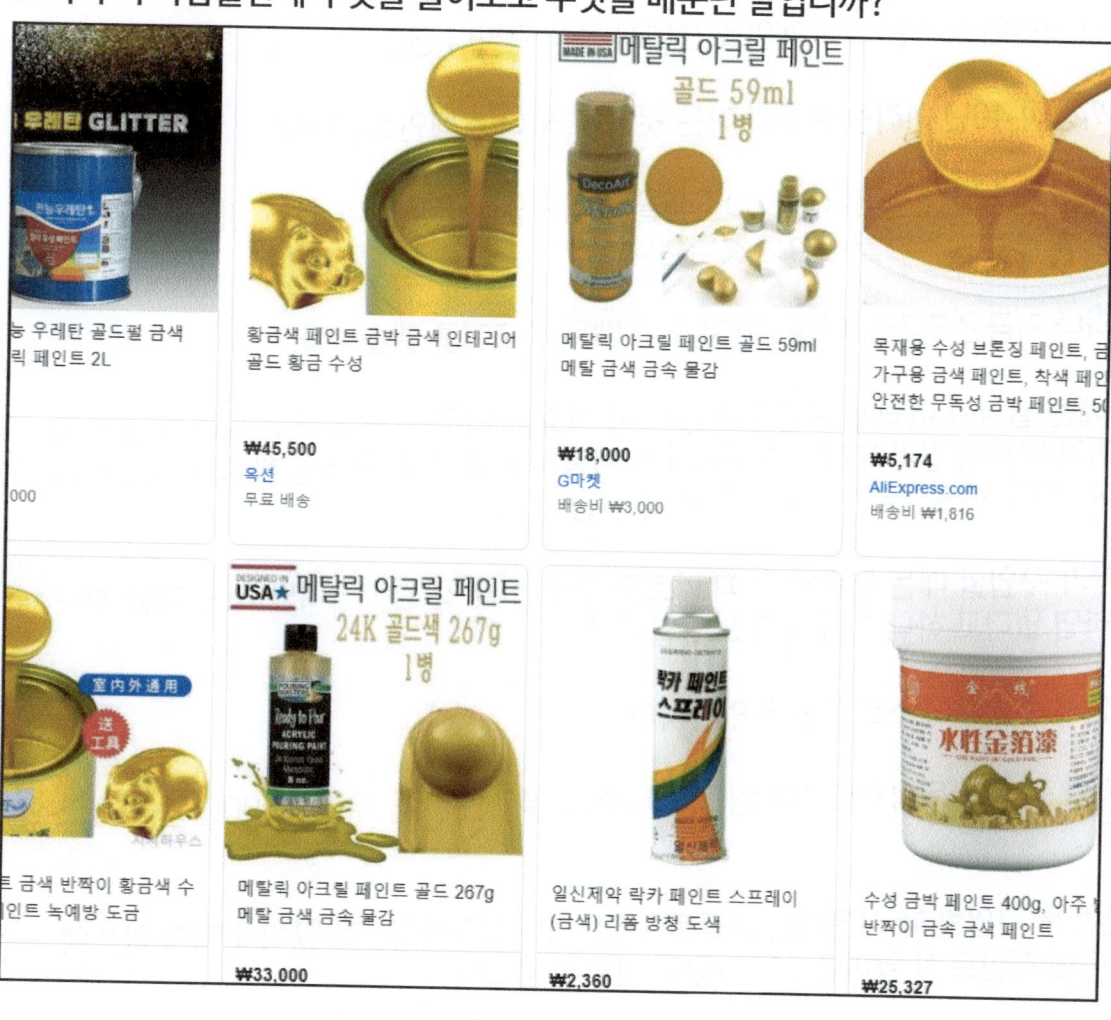

에어 스프레이건 사용법					에어 콤푸레셔

필자는 앞의 화면에 보이는 황금색 페인트를 대략 1말 기준 30만원~40만원 정도에 구입하였습니다.

그러나 이렇게 구입한 것도 그야말로 행운이요 기술입니다.

이런 종류의 페인트 제조사 혹은 전문 대리점이나 판매점에 문의를 하면 50만원이 아니라 500만원 얘기를 합니다.

실제로 이런 페인트는 상상을 초월할 정도로 비싸고요, 설사 그렇게 비싼 페인트를 사서 황금색을 냈다고 하더라도 그런 제품을 도대체 얼마를 받고 팔아야 수지 타산이 맞는가 이 말입니다.

앞의 화면에 보이는 금색 페인트 중에서 금색 락카나 금분 은분 페인트는..

뻥끼쟁이 40년 이라는 분들이 아는 것이 고작 이런 페인트입니다.

그래서 필자가 돈을 무려 1500만원을 들여가면서 뻥끼쟁이 40년 하신 분들도 모르는 황금빛 페인팅을 완성한 것입니다.

그러나 지금은 필자도 다음 2가지 이유 때문에 포기를 했습니다.

첫 째는 필자가 어렵게 구입한 황금색 펄 안료는 너무 비싸고 거의 팔리지 않는 제품이기 때문에 필자가 어렵게 구입해서 사용하고 다시 재 구매를 하려고 하면 어김없이 그 페인트는 두 번 다시 구할 수가 없습니다.

필자가 구입할 때는 영원히 그 페인트를 공급해 줄 것 같았습니다만 재 구매를 하려고 하면 없다고 하니 기가 막힐 노릇입니다.

두 번째는 필자 스스로 그만 두었습니다.

필자와 같이 전문적으로 페인팅을 한다면,... 필자는 돈을 무려 1500만원을 썼으므로..

페인트를 구입할 때 처음에는 샘플로 구입하고 다음부터는 한 말씩 구매를 하는데요, 이런 페인트 한 말이면 500만원이 넘기 때문입니다.

How to use an air spray gun

지금도 이런 종류의 페인트를 검색해 보시면 한 말 기준 500만원 혹은 이보다 더 비싸기도 합니다.

도대체 팔리지도 않는 이런 비싼 페인트를 왜 판매를 한다고 올려 놓았으며 어렵게 필자가 구입을 하면 그것이 그 판매자로서는 처음이자 마지막 판매입니다.

기가 막힐 노릇입니다.

여러분도 이런 특수한 도료(페인트)를 구입할 상황이라면 매우 신중하게 접근해야 합니다.

우선 페인트 한 말에 500만원 혹은 이보다 더 비싼 이런 페인트는 필자 생각에 거의 사기나 다름 없습니다.

이것은 다른 말로 표현하면 자동차 한 대 가격이 500억원이라는 말과 같습니다.

아무리 좋은 자동차라도 자동차 한 대 가격이 500억 원이면 그 자동차를 그 어느 누가 살 수 있겠습니까?

장황하게 얘기를 했습니다만, 필자의 경험담을 얘기한 것이고요, 여러분도 꼬옥 참고하시기 바랍니다.

4-2. 프라이머

유성 페인트이건 수성 페인트이건 피도면에 페인트를 칠하기 전에 기초 페인팅을 하는 것이 원칙입니다.

이것을 프라이머라고 하는데요, 피도면에 페인트가 강하게 흡착되도록 해 주는 일종의 페인트 접착제라고 보시면 됩니다.

특히 플라스틱 종류는 표면이 미끄럽기 때문에 그냥 페인트를 칠하면 줄줄 흘러 내려서 제대로 페인트가 칠 해 지지 않습니다.

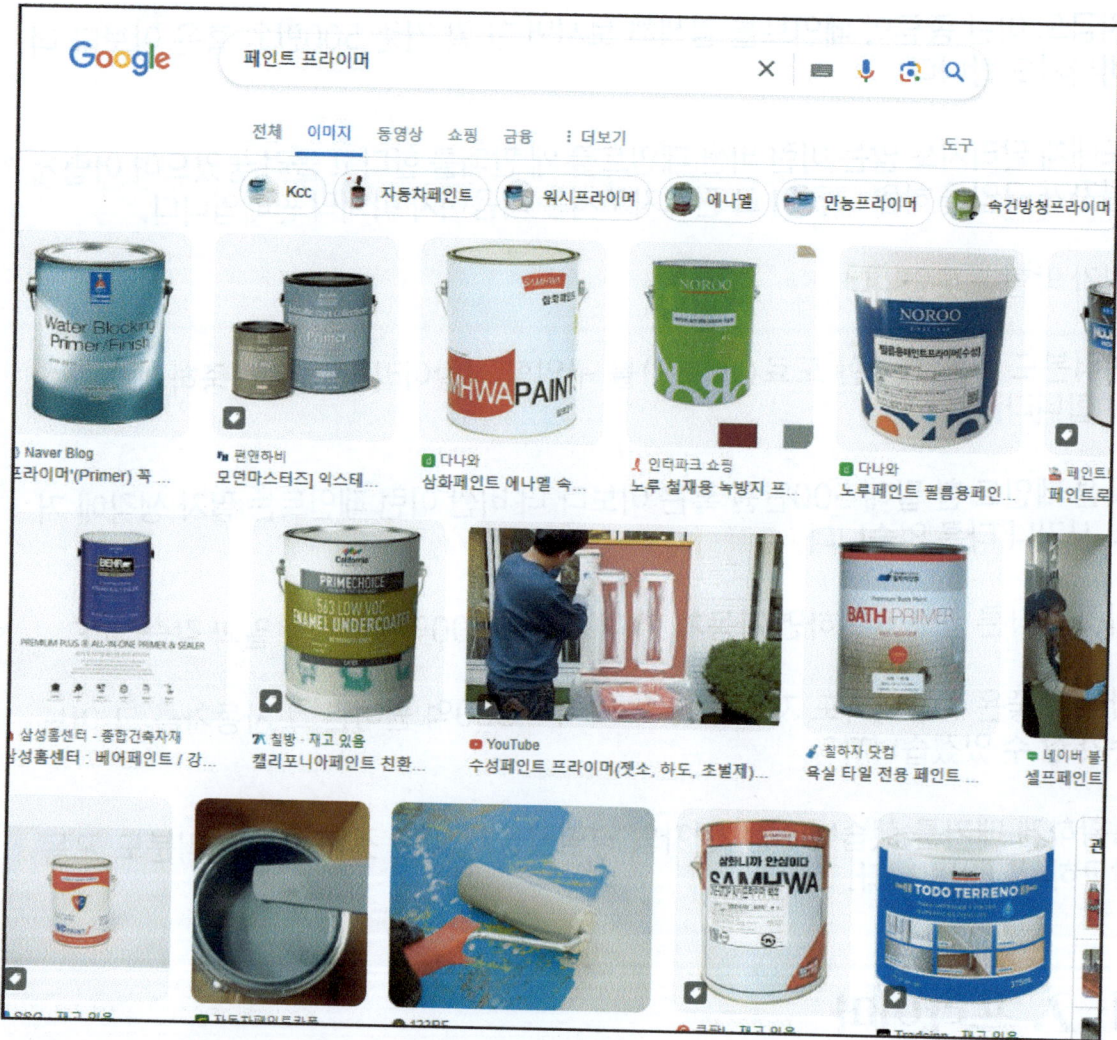

위에 보이는 것과 같이 프라이머도 페인트입니다.

페인트는 하도, 중도, 상도로 표현을 하며 프라이머는 초벌 페인트의 일종으로서 이런 페인트를 하도라고 표현을 합니다.

이와 같이 하도 페인트 위에 중도 페인트를 칠하고 중도 페인트 위에 다시 상도 페인트를 칠하는 것이 원칙인데요..

예를 들어 요즘은 멀티 프라이머라는 페인트도 있어서 하도와 중도 혹은 상도까지 한꺼번에 해결하는 제품도 있지만, 고급 페인트로는 부적합합니다.

4-3. 하도 페인트

앞에서 설명한 프라이머와 하도는 같은 말이라고 해도 됩니다.

더 쉽게 표현을 하면 막 페인트라고 할 수 있고요, 예를 들어 야적장에 쌓아 놓은 철재 등에 녹방지를 위하여 칠하는 페인트도 하도 혹은 프라이머라고 할 수 있습니다.

초벌 페인트이기 때문에 싸고 거칠다는 특징이 있습니다.

4-4. 중도 페인트

마지막 상도 페인트를 하기 전에 상도 페인트가 잘 칠해질 수 있도록 하도 위에 칠하는 것을 중도 페인트라고 합니다.

대표적인 예로 아파트 주차장 바닥 페인트가 있습니다.

일반적인 용도로는 멀티 프라이미와 마찬가지로 중도 겸용 상도 페인트도 있고요, 엄격한 곳에서는 반드시 하도, 중도, 상도를 지켜야 합니다.

4-5. 상도 페인트

하도와 중도 페인트 칠을 한 다음 마지막으로 마무리 도장을 하는 것을 상도라고 합니다.

젯소나 프라이머 등의 하도 위에 바로 상도를 올리는 경우도 있고요, 아파트 주차장 바닥이나 옥상 방수 등으로 중도로 마무리를 하는 경우도 있습니다.

예를 들어 벽에 페인트 칠을 한다면 가장 먼저 하도로 젯소 칠을 하고 그 위에 중도 페인트를 칠한 다음, 바니쉬(니스)로 마무리를 한다면 맨 마지막에 칠하는 니스(바니쉬)가 상도가 되는 개념입니다.

아래 화면은 노루표 페인트 크린탄 설명 화면에서 인용한 것입니다.

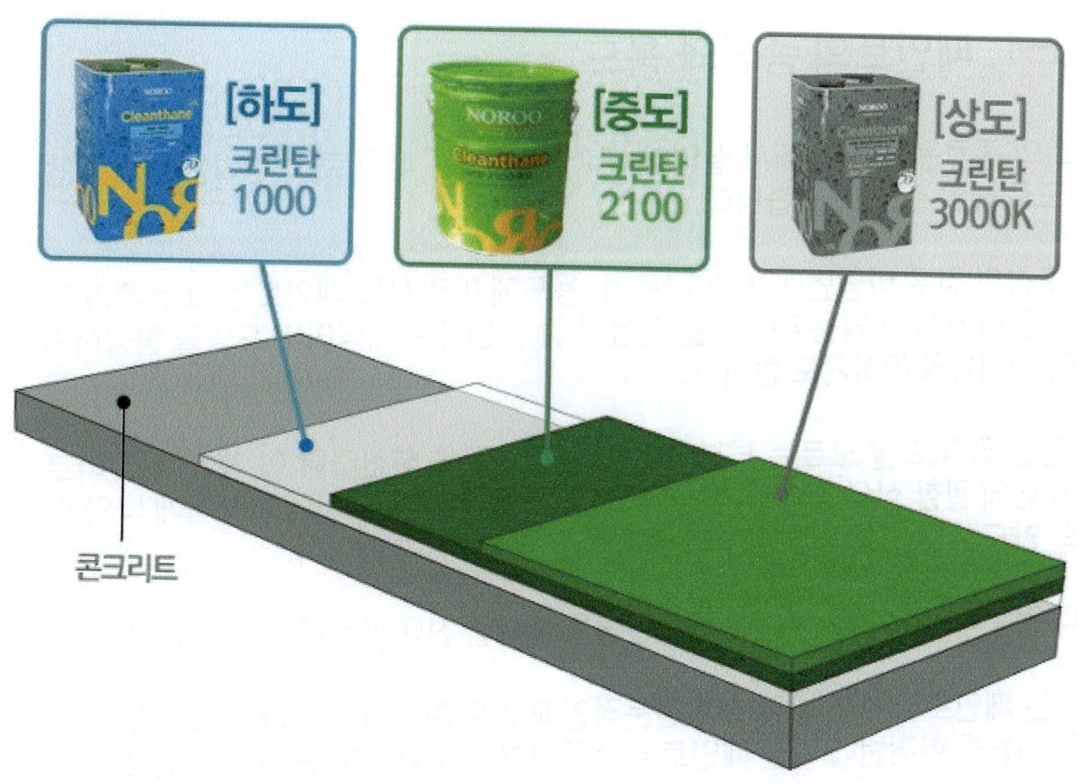

4-6. 페인트의 종류

일단 페인트의 종류를 여기서 일일이 거론할 수는 없습니다.
우선 필자가 모든 페인트를 다 알지 못하고요, 이는 비단 필자 뿐만이 아니라 어떠한 페인트의 전문가라 하더라도 모든 페인트를 다 알 수는 없습니다.

다만, 일반적으로 구분짓는 방식으로 설명을 하더라도 일반적인 페인트에 관해서는 이 정도로 충분하고요, 필자의 경우 건축 도장이나 인테리어 도장이 아니라 3D 프린터로 출력한 출력물에 페인팅을 하는 것이기 때문에 완전히 특수한 경우이고요, 이것은 뒤에서 다시 자세하게 설명하겠습니다.

어차피 수 많은 페인트가 존재하지만, 자신에게 필요한 페인트는 한정되어 있고요, 자신이 사용할 페인트에 대해서만 잘 말면 되므로 페인트의 종류가 많은 것은 사실상 문제가 될 것이 없습니다.

4-6-1. 페인트의 종류와 용도

페인트의 종류는 바로 앞에서 설명한 것과 같이 모든 페인트를 다 아는 사람은 없을 정도로 헤일 수 없이 많습니다.

건축 도장의 경우 바탕면에 따라 다르며, 용도에 따라서도 페인트는 그 종류가 다양하며 상황에 맞지 않는 페인트를 사용할 경우 원하는 색상이나 도막을 형성하지 못하여 제기능을 못하기도 합니다.

이 부분은 필자도 잘 모르는 부분이므로 건축 도장을 하신다면 이 책 외에도 따로 건축 도장에 관한 실무 지침서나 아니면 해당 페인트의 설명서에 자세하게 나와 있으므로 반드시 잘 읽어보시고 따로 연구해서 사용하셔야 합니다.

그러나 전문적인 용도가 아닌 DIY 페인팅을 한다면 선택의 폭은 매우 넓습니다.

최근에는 페인트 기술이 발달하여 전문적인 페인트 지식이 없더라도 예를 들어 여러가지 기능을 한꺼번에 가진 페인트들이 등장하면서 실생활 곳곳에서 페인트는 페인트에 관한 전문 지식이 없더라도 그리 어렵지 않게 사용할 수 있습니다만, 사실 페인팅이 결코 쉬운 작업이 아닙니다.

필자가 에어 스프레이건 사용법이라는 동영상을 필자의 유튜브 채널에 몇 번 올렸는데요, 당시에는 필자도 잘 모르는 상태에서 올린 동영상인데도 조회수가 폭발적으로 올라갑니다.

페인트, 특히 에어 스프레이건에 대해서 관심이 많은 사람들이 많다는 것을 단적으로 보여주는 사례라고 할 수 있습니다.

일단 여기에서는 페인트의 종류를 포괄적으로 설명을 하고요, 뒤에 가서 필자가 구현하고자 하는 3D 프린터로 출력한 출력물에 금색 페인팅을 하는 방법은 다시 자세하게 설명하도록 하겠습니다.

4-6-2. 수성 페인트

일단 유성 페인트가 현재로서는 가장 많이 사용되지만, 필자 생각에 앞으로는 유성 페인트는 점점 줄어들다가 어느 시점에서는 유성 페인트는 사라지고 일반적인 분야에서는 수성 페인트만 사용하는 날이 올 것으로 생각됩니다.

왜냐하면 인간이 개발한 모든 물질 가운데 가장 강력한 독성을 지닌 맹독성 물질이 바로 유성 페인트 희석제인 시너입니다.

그래서 유성 페인트를 바른 집에서는 새집 증후군이 나타나며 심한 아토피로 고생을 하는 것입니다.

우선 냄새가 지독합니다.

그래서 정부, 아니 범 세계적으로 유성 페인트를 지양하고 수성 페인트 사용을 권장하고 있습니다만, 아직까지는 수성 페인트가 내구성도 떨어지고 내수성도 떨어지기 때문에 보다 전문적인 용도에서는 여전히 유성 페인트가 많이 사용되고 있는 것이 현실이지만, 기술이 발달함에 따라 수성 페인트의 품질이 점점 좋아져서 현재의 기술만 가지고도 수성 페인트가 유성 페인트를 대체할 수는 있지만, 문제는 가격입니다.

필자의 경우 판매를 하기 위하여 3D 프린터로 출력한 출력물에 페인팅을, 화려한 금색 페인팅을 하려고 시도한 것인데요, 이렇게 판매를 목적으로 하는 페인트의 경우 원가를 고려하지 않을 수가 없습니다.

앞에서도 금색 페인트의 예를 들어 설명을 했습니다만, 필자가 원하는 금색 페인트는 지금도 한 말에 500만원 혹은 이보다 더 비쌉니다.

예를 들어 집 한채 칠하는데 몇 십 만원이라면 누구나 수긍하는 가격이지만, 집 한 채 칠하는데 몇 천 만원이 들어간다면 그것을 누가 수긍을 하겠습니까?

그래서 금색 페인트 한 말에 500만원 혹은 이보다 비싼 것은 다분히 사기성이 있다고 보는 것이고요, 필자는 그래도 그 비싼 페인트를 사서 진짜 화려한 금색을 내보려고 시도를 했지만, 필자가 구입한 페인트가 그 판매자로서는 최초이자 최후였습니다.

일단 가격이 비싸도 필자가 원하는 페인팅이 되었으므로 다시 재 구매를 하려고 하면 그 페인트는 이 세상 어디에서도 구할 수가 없습니다.

그리고 유성 페인트를 대체할 수성 페인트가 그 정도로 비싸지는 않습니다.

그러나 아직까지는 유성 페인트를 대체할 수성 페인트는 가격이 비싸기 때문에 아직도 유성 페인트를 많이 사용하는 것이고요, 앞으로 유성 페인트를 대체하여 수성 페인트만 사용하는 시대가 오더라도 아마도 조선이나 자동차 산업 등에서는 여전히 유성 페인트가 사용될 것입니다.

그래서 현재로서는 수성 페인트는 주로 시멘트나 석고 보드 등에 주로 많이 사용되고요, 건축물 내부 벽이나 천장, 외부 콘크리트 벽면에 칠하는 용도로 많이 사용됩니다.

그러나 뒤에 가서 다시 자세하게 설명합니다만, 필자의 경우 처음에는 유성 페이트로 시작했으나 나중에는 수성 페인트를 사용하게 됩니다.

How to use an air spray gun

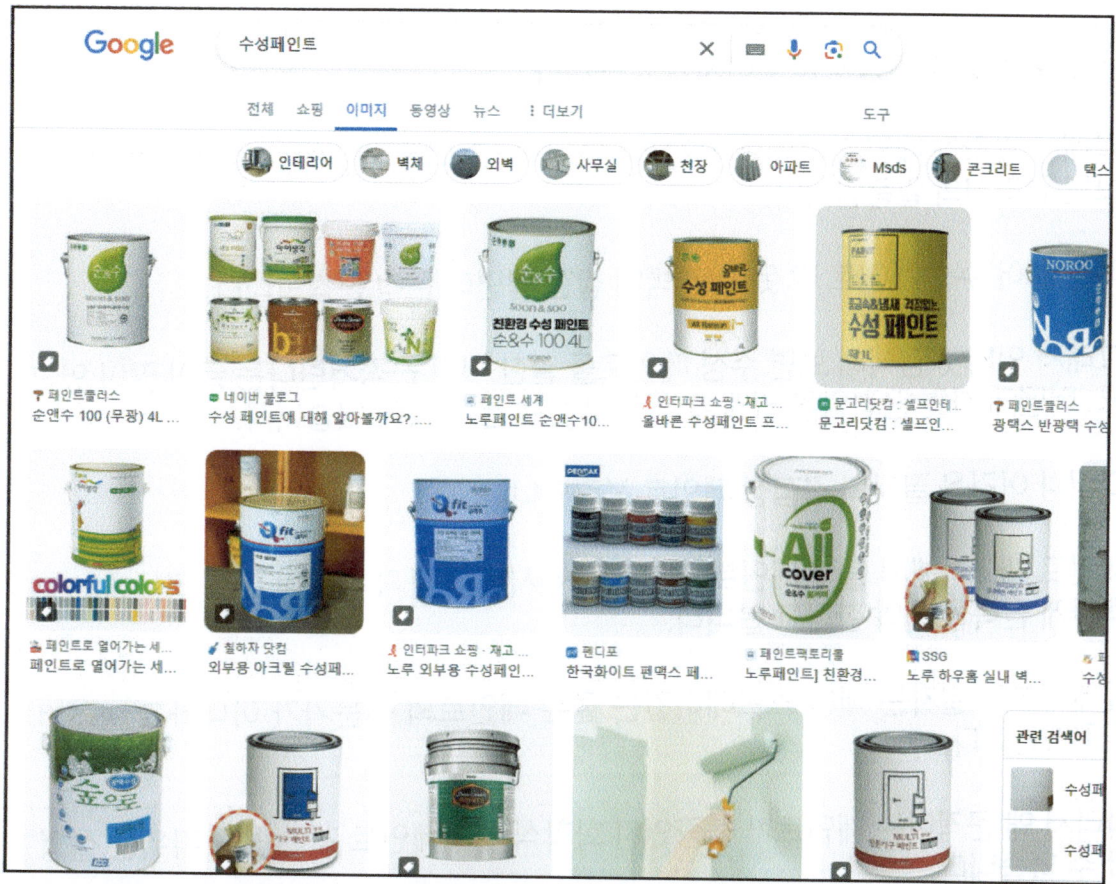

필자의 경우 최종적으로는 현란한 황금색을 내는 것이 목적이었고요, 처음에는 유성 페인트를 사용하다가 나중에는 수성 페인트를 사용했습니다만, 필자가 사용한 것은 유성 페인트이든, 수성 페인트이든 모두 하도로 사용한 것입니다.

3D 프린터로 출력한 출력물은 일반 플라스틱과는 다릅니다.

실내에서 3D 프린터를 사용하기 때문에 3D 프린터에 사용되는 원료인 필라멘트는 석유 화합물, 합성 수지 플라스틱이 아니라 사탕수수 등을 원료로 사용한 식물성 플라스틱입니다.

이것이 왜 문제가 되는가 하면요, 일반적인 플라스틱 접착제로 접착이 안 됩니다.
돼지 본드 안 붙습니다.
강력 본드도 안 붙습니다.
글루건도 안 붙습니다.

식물성 플라스틱이기 때문에 우리가 보통 플라스틱이라고 부르는 합성 수지 제품과는 마치 물과 기름처럼 섞이지가 않습니다.

그래서 필자는 페인트 외에 접착제 때문에 무척 고민을 했는데요, 페인트도 따지고 보면 접착제의 일종입니다.

예를 들어 수성 페인트 잘 못 사면 벽에 칠한 벽면이 끈적 끈적합니다.

그래서 인터넷 검색해 보면 수성 페인트를 칠한 벽이 끈적거린다는 글이 많이 있고요, 어떻게 하면 끈적임을 없앨 수 있는지 묻는 글이 많이 있습니다.

그러나 이것은 필자의 경험상 페인트 불량입니다.

페인트 제조사에서 불량 페인트를 만들어서 시판을 하기 때문이고요, 정부에서 강력하게 단속을 해야 한다고 봅니다.

앞에서부터 필자는 에어 스프레이건은 물론 페인트의 전문가가 아니라고 여러번 피력했습니다.

따라서 왜 끈적이는 페인트가 불량인지 화학식이나 페인트 제조 공정 따위는 설명할 수 없습니다.

그러나 필자는 여러 번 설명합니다만, 3D 프린터로 무언가 사업을 해 보려고 3D 프린터를 대형 3D 프린터 포함 무려 11대를 구입해서 헤일 수 없이 많은 3D 출력물을 출력했고요, 헤일 수 없이 많은 페인트를 사서 칠을 했고요..

이 과정에서 끈적이는 페인트가 있는 반면에 똑같은 페인트인데도 끈적임이 없는 페인트를 발견하였습니다.

그래서 끈적이는 수성 페인트는 페인트 제조사의 불량이라고 감히 이 책에서 얘기를 하는 것입니다.

필자가 돈을 1500만원을 들여서 수 많은 페인트를 구입해서 사용 해 보니 알게 된 사실이고요, 끈적임은 투명 색상에서 발생하고요, 페인트의 색상이라는 것은 투명 페인트에 염료 혹은 안료를 섞어서 색상이 있는 페인트를 만들어 내게 됩니다.

그래서 주제인 투명 페인트가 끈적이면 조색한 색상이 있는 페인트도 끈적임이 발생하게 됩니다.

필자의 경우 모든 페인트를 다 테스트를 한 것은 아니지만, 그래도 대략 20 여 종의 페인트를 구입해서 칠을 하다보니 투명한 색상에서 끈적임이 발생을 하고요, 다른 메이커의 투명 페인트를 구해서 칠해 보니 끈적임이 전혀 발생하지 않았습니다.

그래서 수성 페인트를 칠하고 마른 뒤에도 끈적인다는 것은 페인트의 불량이라고 단언하는 것입니다.

따라서 여러분이 만일 벽에 칠할 페인트를 구입한다면 미리 판매처에 페인트가 마른 뒤에 끈적임이 없는지 문의를 하고 구입할 것을 권하며, 만일 끈적임이 발생하면 반품한다는 확인을 받고 구입할 것을 권해 드립니다만, 그렇게 까다롭게 할 경우 판매자가 판매하지 않는다고 할지도 모르겠습니다.

4-6-3. 실리콘 페인트

요즘 실리콘을 모르는 사람은 없을 것입니다.
그만큼 실리콘이 우리 생활 깊숙히 자리잡고 있다고 할 수 있습니다.

주방에서 가장 쉽게 볼 수 있는 것이 실리콘 주걱이죠..

실리콘은 고열에도 잘 견디며 그래서 엔진 헤드 등의 카스켓에도 사용 될 수 있고요, 인체 보형물로도 쓰입니다.

이러한 거의 만등 신소재인 실리콘 성분이 포함된 페인트가 바로 실리콘 페인트입니다.

앞에서 에어 콤푸레셔 설명할 때 에어 호스 설명도 있습니다만, 우레탄 에어 호스도 많이 사용되지만, 실리콘 에어 호스도 있습니다.

에어 스프레이건 사용법   에어 콤푸레셔

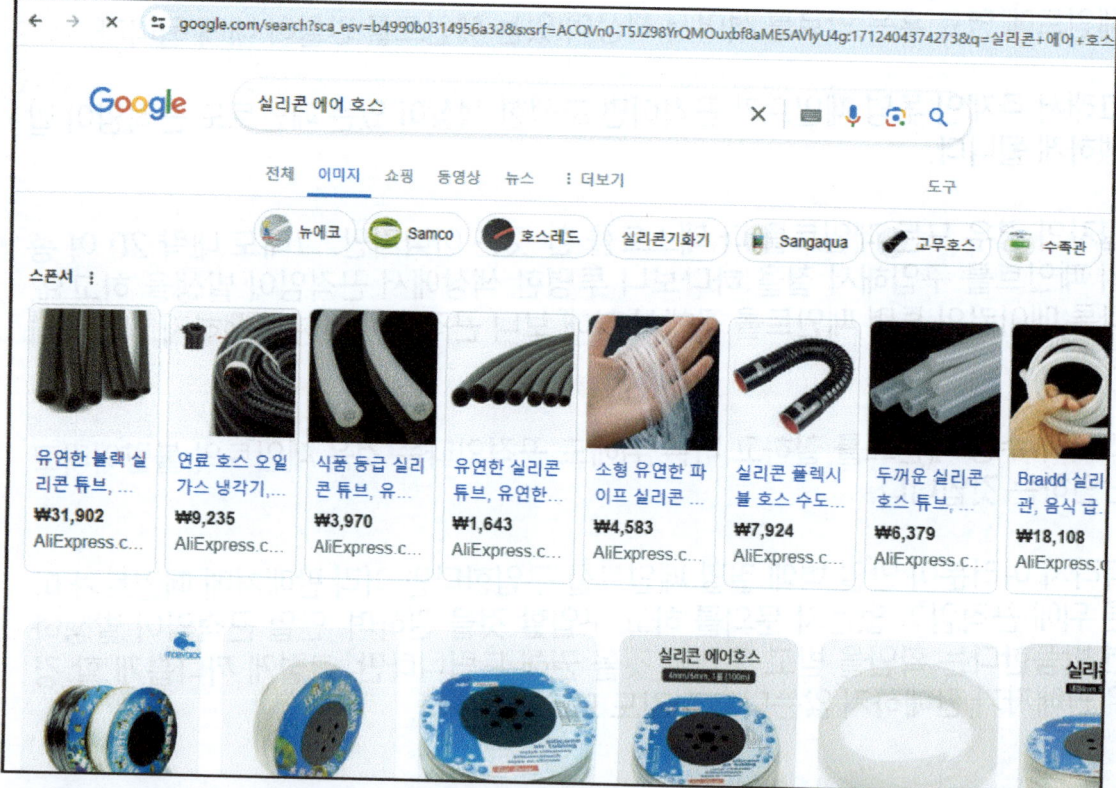

실리콘은 부드러우면서도 고온 고압에도 견디는 특성이 있기 때문에 고압의 에어 호스로도 사용되는 것인데요, 이러한 특성을 페인트에 적용하여 실리콘 페인트로 외벽 방수 혹은 옥상 방수를 하면 무더운 여름철이나 추운 겨울철에도 트러블이 생기지 않고 오랫동안 방수 성능을 유지합니다.

다만, 실리콘은 가격이 비싸기 때문에 실제로 실리콘 페인트에 실리콘은 들어가지 않은 가짜 실리콘 페인트도 있다고 합니다.

가짜라고 하기에는 가격 때문에 어쩔 수 없는 부분이라고 할 수도 있고요, 즉, 실리콘이 아닌 유사 실리콘 계열의 페인트로서 가격만 고려하여 이런 유사 실리콘 계열의 페인트를 구입해서 칠했을 경우 2년 정도 후에는 그냥 수성 페인트를 칠한 것보다 더 엉망이 된다고 합니다.

그래서 가격이 부담인 분들은 실리콘 페인트가 아닌 잠시 후에 소개하는 우레탄이나 에폭시 페인트를 사용하게 되는데요, 필자는 이런 건축 도장이 아닌데도 처음 이후에 두 번째는 우레탄 페인트를 사용했습니다.

4-6-4. 우레탄 페인트

주차장 바닥면과 옥상 방수에 사용하는 대표적인 페인트로 옥상 방수는 우레탄, 주차장 바닥은 에폭시 계열의 페인트를 사용합니다.

우레탄은 신축성이 있기 때문에 옥상 방수에 사용하는 것이고요, 에폭시는 단단해서 높은 하중을 견딜 수 있기 때문에 주차장 바닥 칠에 사용하는 것입니다.

더 간단히 표현하자면 건물 내부는 에폭시, 건물 외부는 우레탄 계열의 페인트를 칠한다는 얘기입니다.

예를 들어 에폭시 계열의 페인트는 빨리 굳고 도막이 단단하기 때문에 옥상 방수로 사용했을 경우 깨짐이 발생하여 방수가 안 될 수 있기 때문에 옥상 방수에는 에폭시가 아닌 우레탄 계열의 페인트를 사용하는 것입니다.

4-6-5. 에폭시 페인트

그러나 사실 전문 페인트 공사를 하는 사업자가 아닌 일반인이 셀프 시공을 하거나 DIY 페인트라면 이런 전문적인 용어를 몰라도 전혀 상관이 없습니다.

필자 역시 이런 내용을 전혀 몰랐으므로 예를 들어 옥상 방수를 한다면 우레탄이니 에폭시 등을 따질 것도 없이 그냥 옥상 방수, 혹은 외벽 방수 혹은 실내 인테리어 등으로 검색하면 해당되는 페인트가 헤일 수 없이 검색됩니다.

이 중에서 가격, 성능, 기타 자신이 원하는 고려 사항, 그리고 가장 중요한 것은 미리 소량 구입해서 써 보고 원하는 만큼 구입해야 하는데요..
음..
필자가 무려 1500만원이나 써 가면서 페인트 칠을 했으니 그 동안 필자가 아주 많은 페인트를 구입한 업체가 있지만, 소개할 수가 없습니다. 에휴..

페인트를 20리터(보통 18리터) 큰 통으로 계속 구입했고요, 하도 많은 페인트를 구입을 해서 너무 많은 페인트 통이 나오므로 계속 내다 버렸지만, 지금도 마당에 굴러다니는 18리터들이 페인트 통이 10 여 개는 됩니다.

이렇게 많은 페인트를 구입했고요, 이 중에서 가장 많은 페인트를 구입한 업체는 부산에 있는 모 법인 업체인데요, 지금도 인터넷 검색하면 가장 많이 검색되는 업체입니다만, 필자가 하도 질려서 소개를 할 수가 없습니다.

전자에 소개한 바와 같이 그토록 많은 페인트를 구입했지만, 예를 들어 미리 소량 써 보고 대량 구입하면 어김없이 처음 소량 구입한 페인트와 완전히 다른 페인트가 옵니다.

심지어 한 말 사서 다 쓰고 다시 재 주문을 해도 똑같은 페이트가 온 적이 단 한 번도 없습니다.

이런 불량 업체가 지금도 버젓이 인터넷에 가장 많이 검색되면서 판매를 하고 있는 것은 필자가 단 한 번도 반품을 하지 않았기 때문입니다.

어차피 필자는 건축 도장이 아니라 3D 프린터로 출력한 3D 출력물에 칠하는 용도이며 하도 및 중도로 사용하는 페인트였기 때문에 색상은 별로 중요하지 않았기 때문입니다.

최종적으로는 상도 고급 페인트를 칠하면서 황금색을 내는 페인팅이었기 때문입니다만, 방금 얘기한 바와 같이 그토록 많은 페인트를 구입했지만, 단 한 번도 제대로 온 적이 없습니다.

그런데 더욱 놀라운 것은, 이 업체만 그런 것이 아니라는 점입니다.

필자는 그토록 많은 페인트를 구입했으니 여러 페인트 판매점으로부터 구입을 했고요, 서울이든 부산이든 필자가 원하는 페인트 혹은 여러분도 마찬가지입니다.

자신이 원하는 페인트는 페인트 가게에 가서는 서울이든 부산이든 어디서도 구입할 수가 없습니다.

오로지 인터넷으로만 구입을 해야 하는 것이 현실입니다.

페인트라는 것이 눈으로 보고 구입을 해야 정확한 것인데 눈으로 볼 수 없고 인터넷으로 모니터 화면으로만 보고 구매를 하니 문제인 것입니다.

잘 못 되어 다시 구매하면 또 며칠 걸리고요..
복장 터질 일입니다.

그래서 반품을 하지 않고 그냥 사용 한 것이 이런 불량 업체가 지금도 계속 그런 식으로 장사를 계속하는 원인을 제공한 것 같습니다.

필자의 경험을 귀담아 들으셔서 페인트를 구입할 때는 신중에 신중을 기해서 구입해야 하고요, 모든 페인트 업체에서는 일단 개봉하면 반품 불가..라고 엄포를 놓기 때문에 실제로 대부분의 사용자들은, 페인트는 일단 개봉해서 칠을 해 보아야 제데로 주문한 제품이 온 것인이 아닌지 알 수 있는 것인데 틀린 제품이 왔어도 개봉을 했기 때문에 반품을 하지 못하는 것으로 보입니다.

그리고 필자는 처음에는 여러분보다 더 몰랐으므로 예를 들어 갈색 페인트를 구입하면 투명이 옵니다.
물론 필자가 몰라서 투명으로 알았습니다만, 원죄는 판매자에게 있습니다.
나쁜 판매자..
지금 생각해도 분통이 터집니다.
필자도 처음에는 몰랐으므로 넘어 갔습니다만, 지금도 검색하면 가장 많이 검색되는 부산의 그 페인트 업체, 법인 사업자이고요, 참 화가 납니다.

갈색 페인트가 투명으로 왔으니 기가 막히지만, 필자도 참 우직스럽게 반품을 하지 않고 그냥 썼고요..

18리터를 다 쓸 무렵, 18리터 페인트 통이 다 비워갈 무렵이 되니 페인트 통 밑 바닥에 똥을 싼 것 같이 갈색 안료가 가라 앉아 있었습니다.

나중에 안 일이지만, 원래 이런 전문 페인트 업체에서는 조색기를 갖춰놓고 필자와 같은 고객이 갈색 혹은 다른 색상의 페인트를 주문을 하면 원래 페인트는 투명한 페인트에 고객이 원하는 안료를 넣어서 조색을 하는 것이고요, 조색기에서 페인트 통을 한 동안 돌려서 페인트가 페인트 통 속에서 완전히 섞이게 해서 보내는 것이 원칙입니다.
필자는 여러분보다 더 몰랐으므로 나중에야 근처 페인트 가게에 가서 페인트를 구입 해 보니, 그곳에서는 조색기가 있고, 조색기에는 페인트 통을 넣으면 조색기에서 페인트 통을 꽉 물고 힘차게 회전을 합니다.

한 동안 회전을 해서 페인트 통 속에 있는 투명 페인트와 조색 안료가 완전히 섞이게 해서 판매를 하는 것입니다.

그래서 필자도 알게 된 사실이고요, 부산의 그 엉터리 업체, 지금도 페인트 검색하면 가장 많이 검색되는 부산의 그 업체에서는 이렇게 조색기로 돌리지 않고 투명 페인트 통 속에 고객이 주문한 색상의 안료를 똥을 싼 것처럼 집어 넣어서 보낸 것입니다.

그렇다면 판매 화면에 그렇게 보낸다고 잘 섞어서 사용하라는 안내라도 있어야 하건만 그런 내용은 쏙 빠지고 멋지게 페인트를 칠한 모습만 보여줍니다.

필자가 하도 화가 나서 그 회사 판매 화면에 글을 올렸습니다.

당신네 회사 사장이 누군지 모르겠지만, 직원들 때문에 오래 살기는 틀렸다고요..

그렇게 엉터리로 판매를 하면서도 명맥을 유지하는 것을 보면 아마도 많은 사람들이 반품 혹은 교환 신청을 하면 하루 종일 고객과 싸워가면서 영업을 할 것이라는 것을 어렵지 않게 짐작할 수 있습니다.

심지어 완전히 다른 페인트가 와서 교환 신청을 한 적이 있는데요, 왕복 교환비를 3만원을 낸 적도 있습니다.

필자도 인터넷 쇼핑몰을 운영합니다만, 판매자는 천의 눈에게 판매를 하는 것입니다.

심지어 빨간색을 파란색이라고 우기는 고객도 있는 법입니다.

이렇게 무서운 고객을 그렇게 업신여기니 그 사업이 얼마나 오래 갈지는 모르겠습니다.

이 책의 주제와는 맞지 않는 얘기 같지만, 사실 페인트를 구입해서 에어 스프레이건 작업을 해야 하는 여러분에게 가장 중요한 내용일 수도 있습니다.

4-6-6. 아크릴 페인트

아크릴 페인트는 판매 화면을 비교해 보겠습니다.
위는 수성 아크릴 페인트이고요, 4리터에 28900원입니다.
반면에 아래는 유성 아크릴 페인트이고요, 아크릴 페인트 전용 희석제가 있어야 사용할 수 있고요, 희석제 포함 4리터 가격이 무려 58,000원입니다.
수성과 유성의 차이점을 단적으로 보여주는 예입니다.

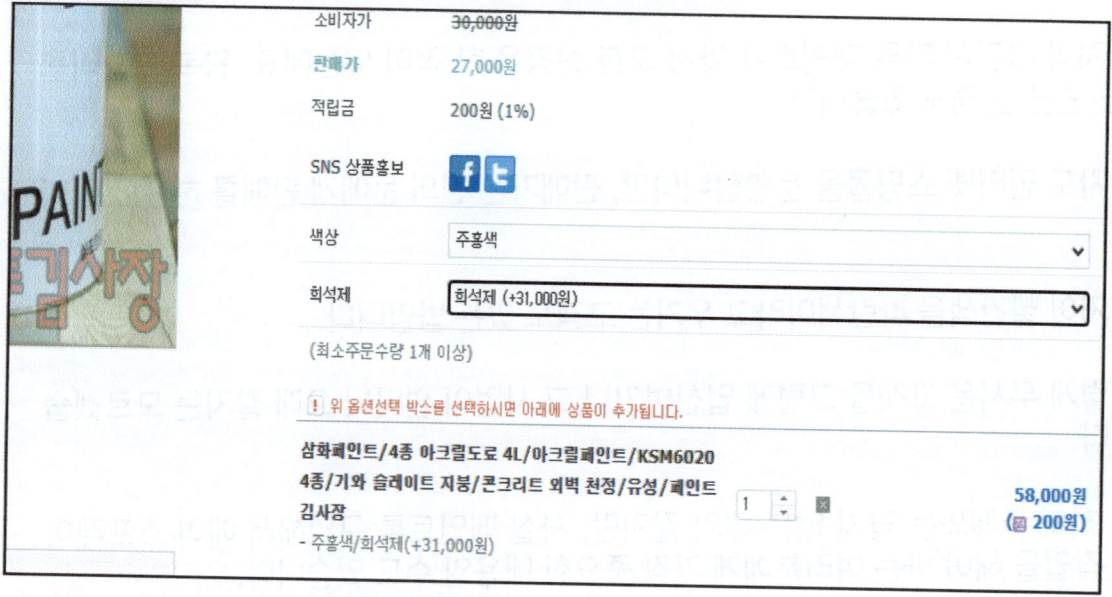

지금 보신 가격은 필자가 방금 검색한 결과이므로 여러분이 검색하는 시점에는 가격은 다를 수도 있고요, 일단 수성 아크릴 페인트 판매 화면을 계속 인용해 보겠습니다.

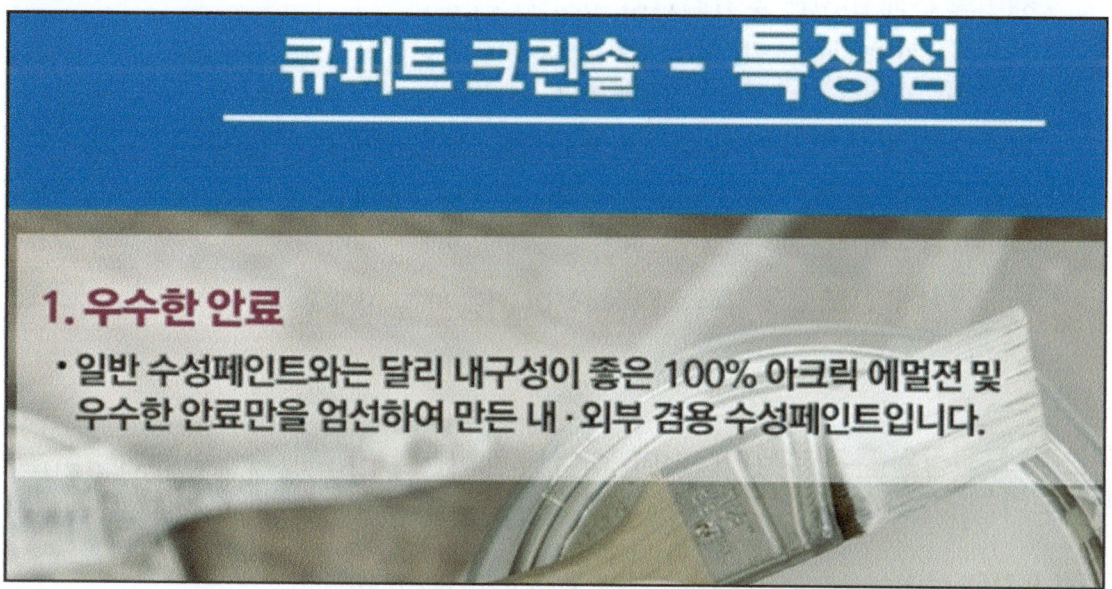

필자는 페인트 제조사나 판매자와는 전혀 관련이 없는 사람이고요, 위에 보이는 것과 같이 아크릴 페인트의 특장점을 잘 설명해 놓았습니다.

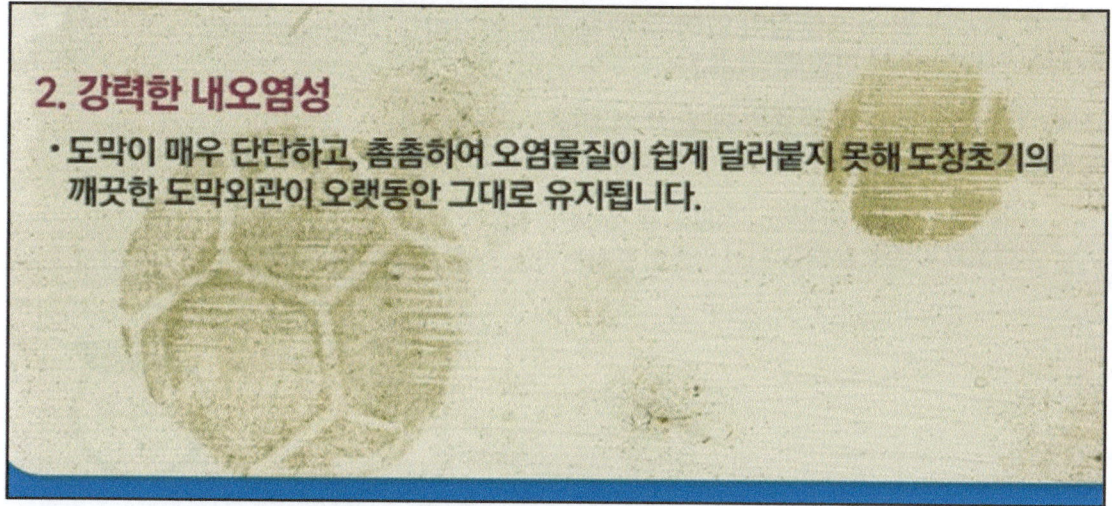

위와 같이 내오염성에 매우 강하다고 설명을 해 놓았습니다.
그러나 위와 같은 장점 뒤에는 단점도 있는데요, 재 도장시 먼저 칠한 페인트를 벗겨 내야 하는 불편함이 있는 페인트입니다.

3. 내후성 10년/ 뛰어난 내수성
- 햇빛을 오래 받아도 초킹현상이 거의 없습니다.
  * 초킹현상(chalking) – 장기간 외기에 노출하면 도료, 인쇄 잉크 중의 유기물이 분해됨으로서, 안료가 탈리되어 손에 묻어나는 현상
- 습기에 강해서 빗물 등에 젖어 페인트 막이 부풀어 오르는 일이 없습니다.
- 도막 내구력 손상이 거의 없어 내후성 10년을 자랑하는 고급 저오염, 고내후성 외부용 수성도료입니다.
- 우수한 내수성으로 물걸레, 내세척성이 가능한 도막을 형성합니다.

위는 다소 과장된 문구로 보입니다만, 아크릴 페인트는 이렇게 오랫동안 유지되는 페인트라는 것은 맞습니다.

더구나 지금 설명하는 것은 수성 아크릴 계열 페인트입니다.

4. 안전한 친환경성
- 유해 중금속 및 유해물질이 없어 우리 몸에도 안전하고, 환경에도 좋은 환경친화형 수성 마감재입니다.
- 용제형에 비해 유기 용제의 배출이 거의 없습니다.
- 친환경 인증마크 획득
  → 유해 중금속, 포름알데히드, 휘발성 유기화합물질(VOC) 등의 유해물질 함유기준 및 오염물질 방출량 등 품질 시험 기준에 준하는 제품 인증 획득 (반무광 제외)

수성 페인트는 근본적으로 친환경 페인트이므로 위의 문구는 대체로 맞는 내용이라고 할 수 있습니다.

다음은 유성 아크릴 페인트 판매 화면에 있는 내용입니다.

유성 도료 4종 아크릴 페인트는 아크릴 수지와 내후성이 좋은 안료를 주성분으로 한 슬레이트 및 기와용 도료로서 접착력, 내구력이 강하고 내약품성, 내후성, 내수성 등이 우수하고 고광택의 매끈한 도색이 형성되는 아크릴계 페인트입니다. 라고 써 있습니다.

수성 페인트와 유성 페인트의 가장 큰 차이점은 수성 페인트는 물을 희석제로 사용한다는 점이고요, 유성 페인트는 시너를 사용해야 한다는 점입니다.

그리고 지금 설명하는 유성 아크릴 페인트는 아크릴 신너를, 락카 페인트는 락카 시너를, 우레탄 페인트는 우레탄 신너를 사용하는 등 전용 신너를 사용해야 하며 서로 다른 시너를 사용할 경우 페인트가 희석되는 것이 아니라 굳어 버립니다.

4-6-7. 유성 페인트 희석제 시너

필자가 앞에서 앞으로 일반적인 용도에서 유성 페인트는 사라지고 긍극적으로는 수성 페인트만 사용 될 것으로 생각된다고 피력했는데요,..

유성 페인트는 미려한 광택과 우수한 페인팅 능력으로 수성 페인트에 비해서 압도적으로 우수한 페인팅 효과를 내는 것은 맞습니다.

그러나 문제는 유성 페인트 희석제로 사용하는 시너가 인간이 개발한 모든 물질 가운데 가장 독성이 강한 맹독성 물질이라는 점입니다.

그래서 유성 페인트로 건물 내부 페인팅을 할 경우 새집 증후군과 지독한 아토피가 나타나는 것입니다.

그래서 지금은 건물 내부에 유성 페인트를 칠하는 것은 거의 금기시 되어 있습니다.

그러나 아직까지는 유성 페인트가 압도적으로 페인팅 효과가 강력하므로 유성 페인트를 많이 사용하는 것이며 필자 역시 이런 일반적인 생각을 가지고 있었기 때문에 유성 페인트로 시작했고요, 수 많은 우여곡절을 겪었습니다.

일단 유성 페인트는 무조건 시너가 필수적으로 있어야 하며, 유성 페인트의 종류에 따라 시너의 종류도 다르다는 것을 알아야 합니다만 필자도 처음에는 이것을 몰랐습니다.

일반적으로 페인트 가게에 가서 그냥 시너 주세요.. 라고 하면 대부분의 페인트 가게에서는 그냥 락카 시너를 줍니다.

이와 같이 유성 페인트에는 락카 시너가 가장 많이 사용됩니다만, 락카 시너는 락카 페인트에 사용하는 시너입니다.

예를 들어 우레탄 계열의 페인트에 락카 시너를 넣으면 희석되는 것이 아니라 페인트가 딱딱하게 굳어 버립니다.
필자가 이런 경험을 하고 기겁을 해서 필자의 SNS에 올린 적이 있는데요..

우레탄 계열의 페인트에 락카 시너를 넣으면 안 되는 것만 있는 것이 아니고요, 에폭시, 아크릴 페인트 등 여러분이 필요한 용도의 페인트를 구입할 때는 반드시 해당 페인트에 맞는 시너를 구입해야 합니다.

4-6-8. 멀티 페인트(대단히 중요)

지금까지의 설명 만으로 여러분은 유성 페인트의 경우 해당 페인트에 맞는 시너를 사용해야 한다는 것을 익히 알았을 것입니다.

아아..
그런데..
그런데...
필자는 또 다음과 같은 경험을 했습니다.

에어 스프레이건 사용법

필자가 처음 페인팅을 시작할 때만 해도 지금 설명하는 내용을 전혀 알지 못 했습니다.
에어 스프레이건도 난생 처음 사용해 보는 것이었고요, 페인트 역시 소량으로 조금씩 사다가 칠을 해 본 적은 있지만, 본격적으로 페인트 칠을 한 것도 난생 처음이었기 때문에 처음에는 그냥 근처 페인트 가게에 가서 페인트 주세요.. 하면 주는 락카 페인트로 시작했습니다.

당연히 락카 시너를 사용했습니다만, 그 대까지만 해도 시너는 락카 신너 한 가지만 있는 줄 알았습니다.

그래서 너무나도 당연하게 락카 페인트에 락카 시너를 사용했으며 아무런 문제가 없었습니다.

아아..
탄식이 절로 나옵니다.

이렇게 락카 시너와 락카 페인트로 페인팅을 시작했지만, 락카 페인트는 다른 말로 표현하면 싸구려 페인트입니다.

물론 싸구려 페인트라는 것은 필자가 그냥 생각 나는대로 붙인 이름이고요, 결코 싸구려 페인트는 아닙니다.

필자가 생각나는대로 붙인 싸구려 페인트는 아니지만, 락카 페인트는 도막의 두께가 얇습니다.

누구나 흔하게 사용하는 스프레이 락카를 생각해 보세요.

스프레이 락카는 모기 살충제 에프 킬러를 뿌리듯이 손으로 누르면 노즐로 분사가 되어 누구나 쉽고 간단하게 언제 어디서나 아무런 도구 없이 사용할 수 있는, 현대인의 필수품이 된지 오래입니다.

25~30Cm 정도의 간격만 유지하고 분사를 하면 지속 건조의 경우 2시간이면 건조되는 특성을 가지고 있기도 합니다.

그래서 필자는 그 때까지만 해도 페인트는 락카 페인트만 있는 줄 알았습니다.

How to use an air spray gun

페인트는 락카 페인트만 있는 줄 알았다기 보다는 필자가 아는 페인트가 고작 락카 페인트 밖에 없었다고 하는 것이 맞는 말일 것입니다.

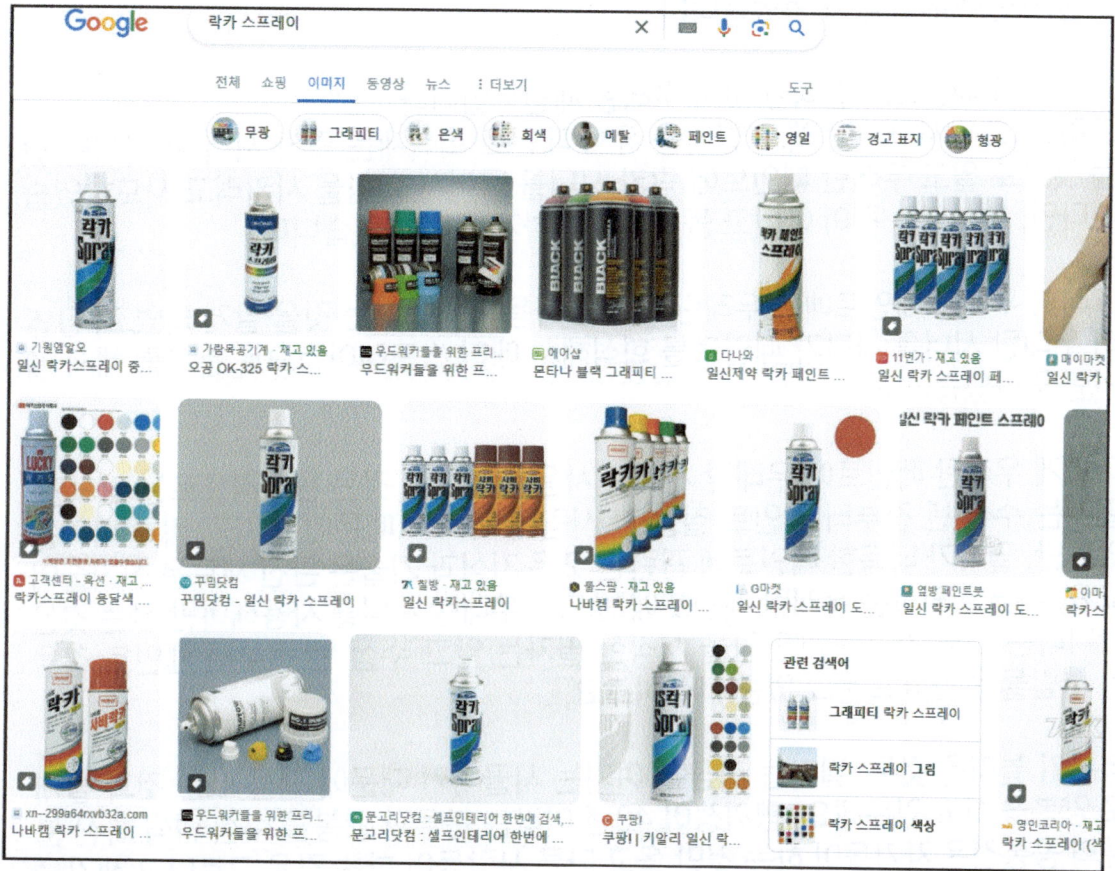

실제로 락카 페인트는 미려한 색상, 고광택 페인팅을 할 수 있는 가장 손쉬운 페인팅 방법입니다.

자동차 접촉 사고가 나서 페인팅이 벗겨 졌을 때 가장 쉽게 복구할 때 사용하는 페인트도 스프레이 락카 페인트이고요..

에어 스프레이건이나 심지어 붓도 필요 없이 그냥 칙칙 뿌리기만 하면 되며 색상 역시 현존하는 모든 컬러가 존재하는 만능 페인트이기도 합니다.

그러나 필자의 경우 3D 프린터로 출력한 3D 프린터 출력물을 후 가공을 아무리 잘 해도 표면이 매우 거친데요, 이렇게 거친 표면을 페인트로 메우고 최종적으로 금색 페인트로 마무리를 하는 것이고요, 이 과정에서 락카 페인트는 도막이 매우 얇다는 것을 알게 되었습니다.
그래서 필자가 3D 프린터로 출력한 출력물에 아무리 페인트를 여러 번 칠을 해도 거친 표면을 메울 수가 없었습니다.

그래서 그 다음으로 선택한 것이 우레탄 페인트입니다.
그리고 그 당시까지만 해도 필자는 유성 페인트 희석제는 락카 시너 한 가지만 있는 것으로 알고 우레탄 페인트에 락카 시너를 넣어서 희석을 시키려고 시도하였습니다만, 희석되는 것이 아니고 돌같이 단단하게 굳어 버렸습니다.

그래서 우레탄 페인트에는 우레탄 시너를 사용해야 한다는 것을 알게 되었고, 당연히 우레탄 시너를 사다가 페인트를 희석해서 에어 스프레이건으로 분사를 해서 페인팅을 하였습니다.

이렇게 우레탄 페인트에 우레탄 시너를 사용해야 하는 것은 원칙적으로는 맞지만, 필자는 수십 년 전부터 페인트 칠을 한 사람이 아니기 때문에 필자가 비록 나이는 있지만, 필자가 터득한 페인트에 관련된 모든 지식과 기술은 완전 새로운 신기술이고요, 지금 설명하는 우레탄 페인트에 반드시 우레탄 시너를 사용해야만 하는 것은 아니라는 것을 최근에 페인팅을 시작한 필자는 알고 수십 년 전부터 페인트 칠을 한 사람들은 전혀 모르고 있는 사실이고요,..

더우기 놀라운 것은, 필자는 지금은 여기는 시골이기 때문에 책을 쓰는 것과 별개로 양봉을 하고 있는데요, 뻥끼쟁이 40년 이라는 분들과 양봉을 수십 년씩 하신 분들의 공통점은 자기들이 하는 것만 옳고 다른 사람들이 하는 것은 그르다고 생각을 한다는 점입니다.

그리고 더욱 놀라운 것은 아무리 새로운 신기술이 나왔어도 절대로 거들떠 보지도 않는다는 점입니다.

필자는 방금 설명한 것과 같이 맨 처음에는 락카 페인트로 시작을 했고요, 락카 시너를 넣고 희석시켜서 페인팅을 했지만, 도막이 얇기 때문에 아무리 여러 번 칠을 해도 피도면의 거친 표면을 메우지 못합니다.

그래서 우레탄 페인트를 구입해서 칠을 하기 시작했고요, 처음에는 우레탄 페인트에 락카 시너를 넣어서 우레탄 페인트가 희석되는 것이 아니라 돌 같이 딴딴하게 되는 기현상을 목격을 하고 우레탄 페인트에는 우레탄 시너를 사용해야 한다는 것을 알고 다시 우레탄 시너를 구입해서 우레탄 페인트를 희석시켜서 사용한 것 까지는 정상적으로 진행이 되었습니다.

그런데 그 때는 처음 구입한 락카 페인트와 두 번째로 구입한 우레탄 페인트를 같이 사용하게 되었고요, 매우 불편하지만, 락카 페인트를 사용한 뒤에는 락카 시너로 에어 스프레이건과 붓 등 페인트 도구들을 세척을 하고,..

그리고 다시 우레탄 페인트를 사용할 때는 우레탄 시너로 희석을 해서 사용하곤 했는데요, 매번 페인트의 종류를 바꿀 때마다 시너를 바꾸기 때문에 매우 번거롭고 불편하고 복잡하고 그리고 페인트와 시너 낭비가 엄청나게 많습니다.

시너 18리터씩 말통으로 구입을 해서 사용했는데요, 얼마 가지 않아서 바닥이 나곤 했습니다.

워낙 페인트 칠을 많이 했으니까요..

그러다가 결국 실수를 했습니다.

락카 페인트에 락카 시너를 사용하다가 모두 세척을 하고 다시 우레탄 페인트를 사용할 때가 되어 우레탄 페인트에 우레탄 시너를 넣어야 하는데 깜빡하고 락카 시너를 넣은 것입니다.

아아..
그런데 기적이 일어났습니다.
전혀 조금도 이상없이 페인트가 희석되어 정상적으로 에어 스프레이건 작업을 할 수 있습니다.

아하..
기적같은 일이지만, 엄연히 필자에게 일어난 일이고요, 그래서 페인트 제조사에 문의를 했습니다.

내가 구입한 것은 분명히 우레탄 페인트인데 어째서 락카 시너를 넣어서 희석을 해도 되는가 문의를 했습니다.

그랬더니 그 페인트가 우레탄 페인트인 것은 맞지만, 락카 시너로 희석해도 된다는 것을 알았고요, 새로 나온 신소재 멀티 페인트랍니다.
그래서 필자는 최첨단이라고 할 수 있는 최신 멀티 페인트는 우레탄 페인트라 하더라도 락카 시너로 희석할 수 있다는 것을 알게 된 것입니다.

이것을 뻥끼쟁이 40년이라는 분께 얘기를 했다가 얼마나 욕을 먹었는지 지금 생각해도 등골이 오싹합니다.

자기는 뻥끼쟁이 40년에 우레탄 페인트에 락카 시너를 희석제로 넣어서 사용한다는 소리는 들어 본 적도 없으니 다시는 전화도 하지 말라고 소리를 버럭 지르면서 전화를 퉁명스럽게 뚝 끊어버리는 것입니다.

아아..
탄식이 절로 나옵니다.
아래 화면에 보이는 멀티 페인트가 아닙니다.

인터넷에서 멀티 페인트를 검색하면 앞의 화면에 보이는 것과 같이 검색되지만, 앞의 화면에 보이는 것은 예를 들어 실내 실외 겸용이라는 멀티 페인트라는 것이고요, 필자가 말하는 우레탄 페인트에 락카 시너를 넣어서 희석하는 멀티 페인트가 아니라는 말입니다.

심지어 필자는 여기는 시골이기 때문에 지금은 부업도 아니고 겨우 취미 양봉 수준이지만, 양봉을 하면서 올 해 양봉 3년 차 밖에 안 되지만, 이미 양봉에 관한 발명 특허를 2건이나 출원하였습니다.

그래서 필자가 집필하는 책에 관한 영상도 많이 올리지만, 필자의 유튜브 채널에는 양봉에 관한 영상도 많이 올리는데요,..

아아..
탄식이 절로 나옵니다.

필자는 이미 양봉에 관한 발명 특허를 2건이나 출원을 했으며 관련 제품을 상당히 판매를 하기도 했습니다.

아아 탄식이 절로 나옵니다.
그런데 양봉을 수십 년씩 한 사람들은 심지어 필자를 보고 자꾸 발명 특허를 냈다는 등의 영상을 많이 올리기 때문에 많은 양봉인들에게 피해를 준다고 댓글을 다는 사람도 있습니다.

발명 특허라는 것이 사람들에게 피해를 주기 위해서 내는 것입니까?

악성 댓글이라면 허허 웃고 지나칠 수 있습니다.

필자는 필자의 유튜브 채널에 하도 많은 영상을 올리기 때문에 악성 댓글 참 많이 올라오지만, 이건 악성 댓글이 아닙니다.

그야말로 악랄한 댓글이고요 댓글로 살인을 저지르는 행위입니다.

그래서 지금은 야심차게 시작했던 양봉에 너무나 실망하여 양봉에 관한 영상도 올리지 않고 있고요, 그냥 양봉을 하지 않고 책만 쓰고 있었더라면 이런 봉변을 당할 일도 없었을 것이라는 생각에 참담한 마음을 금할 수가 없습니다.

필자는 비록 양봉에 관한 발명 특허를 2건을 냈지만, 실제로는 발명 특허를 10건 정도 낼 수 있을 정도입니다.

실제 발명 특허 출원은 2건 밖에 내지 않았지만, 필자가 하는 모든 것이 발명으로 이루어진 것들입니다.

필자가 현재 하는 사업, 책을 쓰고 책을 만드는 것 자체가 발명입니다.

예를 들어 프린터 1대로 100만장 인쇄하는 방법을 터득하였기 때문에 여러분 누구나 사용하는 무한 잉크 프린터를 가지고 매일 수 천 페이지~엊그제는 밤을 새워 12,000장 인쇄를 했는데요..

이 과정에서만 발명 특허를 낼 수 있는 것이 몇 건이 있습니다.

오로지 필자만이 개발한 방법으로 책을 만들고 있기 때문입니다.

이 뿐만이 아닙니다.

필자의 또 다른 저서 카메라 교본 책도 있고요..

그래서 필자는 카메라를 들고 여기 저기 다니면서 촬영한 사진을 인쇄를 해서 대형 사진, 대형 액자, 중 소형 액자 등에 넣어서 판매를 하는데요, 이 과정에서도 발명 특허를 낼 수 있는 것이 몇 개나 됩니다.

모두 오로지 필자가 직접 스스로 개발한 방법으로 이러한 작업을 해서 판매를 하기 때문입니다.

다만, 프린터 1대로 100만장 인쇄하는 방법에 관한 발명 특허를 내 보았자 누구도 그러한 특허는 사 가지 않을 것이기 때문에 이 세상에 오로지 필자만이 사용하는, 필자가 개발한 방법이지만, 발명 특허 출원을 하지 않는 것 뿐입니다.

또한 필자가 개발한 방법이 아니더라도 다른 방법으로도 사진, 액자 등을 만들 수 있기 때문에 굳이 그런 분야의 발명 특허 출원을 하지 않을 뿐입니다.

필자가 이런 얘기를 하는 것은 필자 스스로 자랑을 하려고 하는 것이 아닙니다.

필자는 이미 나이가 들어 머리가 허옇지만, 지금 이 나이에도 조금도 쉬지 않고 공부를 합니다.

필자는 나이가 있기 때문에 필자가 학교에 다닐 때에는 컴퓨터라는 것이 없었습니다.

그래서 필자가 맨 처음 컴퓨터를 접한 것은 중년의 나이였습니다만, 필자 나이 이미 중년이 되어 컴퓨터 공부를 시작했어도 중 장년, 거의 50대에 이르러 컴퓨터 자격증을 약 10개나 취득하고 관련 서적을 수십 권 집필을 했습니다.

그리고 지금 이 나이에 또 다시 양봉에 관한 공부를 하여 이미 양봉에 관한 발명 특허를 2건이나 출원을 했습니다.

아아..
탄식이 절로 나옵니다.

그러나 거의 모든 사람들이 필자와 같지 않다는 것입니다.

뻥끼쟁이 40년, 양봉 수십 년 경력이 있는 분들은 그 분야에서, 한 분야에서 그토록 오랫동안 종사하면서 지금까지 지내 오셨으니 존경 받아 마땅합니다.

그러나
그러나..

어째서 신 기술을 그토록 배척을 하는가 이 말입니다.

내일 세상의 종말이 오더라도 나는 오늘 한 그루의 나무를 심겠다.. 라는 말도 있습니다.

어차피 인간의 수명이 길어야 100년, 짧으면 50년도 못 살고 죽지만, 죽기 전까지는 노력을 해야 할 것이 아닌가 이 말입니다.

수십 년 전에 배운 기술로 평생을 먹고 사는 것은 대단하지만, 새로운 기술이 있으면 관심을 가지고 자신의 분야에서 새로운 기술이 나왔으므로 배울 생각을 해야지 어째서 배척을 하는가 이 말입니다.

4-6-9. 2액형 페인트

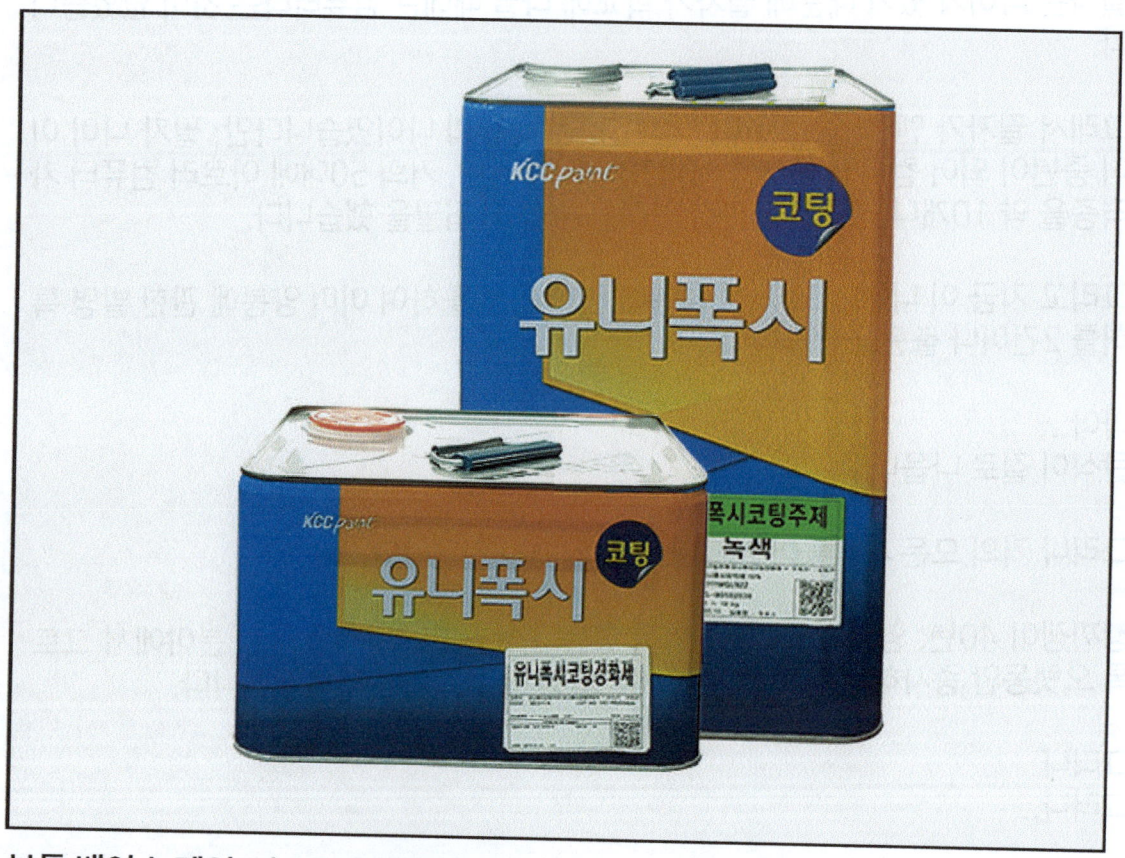

보통 베이스 페인트는 무색 투명입니다.
여기에 여러가지 안료를 넣어서 색상을 만드는 것이고요, 그리고 위에 보이는 메이커는 방금 검색한 것이니 참고만 해 주시고요,..

위에 보이는 것과 같이 2액형으로 대개 페인트 본품인 주제보다 작은 용량의 경화제가 같이 사용되는 페인트가 있습니다.

이런 페인트는 페인트와 경화제를 페인트 통에 써 있는 비율로 섞어서 사용해야 하는데요, 경화제를 섞어서 사용하면 지촉 건조(빠른 시간 내에 건조)가 되는 등의 잇점이 있지만, 경화제를 넣었기 때문에 오래 놓아두면 페인트가 굳어 버리므로 최대한 빠른 시간 내에 사용해야 합니다.

따라서 2액형 페인트는 사용량을 정확히 측정하여 사용할 만큼만 경화제를 넣어서 사용해야 하며 사용하다가 식사를 하고 와도 안 될 정도이므로 최대한 빠른 시간 내에 사용해야 합니다.

4-6-10. 1액형 페인트

1액형 페인트는 따로 경화제가 필요 없이 간단하고 편리하게 바로 사용할 수 있으며 보관도 용이한 잇점이 있지만, 2액형과 같이 경화제가 없으므로 건조 시간이 2액형에 비해서 오래 걸립니다.
아래 화면에 보이는 페인트의 경우 1액형 페인트인데요, 만능, 멀티.. 라는 이름이 있으므로 반드시 락카 시너를 사용해도 되는지 문의하고 구입해야 합니다.

1액형이든, 2액형이든, 혹은 드물게 3액형도 있는데요, 어떠한 페인트이든 유성 페인트는 반드시 시너라는 희석제가 필요하므로 반드시 어떤 시너를 사용해야 하는지 문의하고 구입해야 하며 가능하면 페인트 구입처에서 시너도 같이 구입하는 것이 좋습니다.

4-2. 펄 페인트

필자가 이 책을 집필하게 된 결정적인 동기가 앞에서 설명한 에어 스프레이건보다 오히려 지금 설명하는 펄 페인트 때문이라고 할 수 있습니다.

가장 쉽게 생각하면 크리스마트 용품을 생각하면 쉽게 이해할 수 있습니다.

앞의 화면에 보이는 것과 같이 크리스마스 용품은 반짝 반짝 반짝이는 펄 가루를 입혔기 때문에 반짝 거리며 부실한 크리스마스 용품에서는 펄 가루가 많이 떨어져서 지저분하게 됩니다.

펄 페인트는 이러한 펄과는 약간 다르지만, 결과적으로는 거의 동일한 효과를 내기 위하여 페인트에 펄 가루, 즉 분말을 섞어서 사용하는 페인트입니다.

4-2-1. 금분

근처 페인트 가게에 가서 가장 쉽게 구입할 수 있는 것이 금분, 은분, 동분입니다.

투명 페이트를 구입하고 여기에 금분, 은분, 동분을 섞어서 금색, 은색, 동색을 내는 것인데요, 한 마디로 금분은 금색이 아니라 똥구린내가 나는 똥색이 나옵니다.

이에 비하여 아래 화면에 보이는 금색 락카 페인트는 그야말로 금색이 나옵니다.

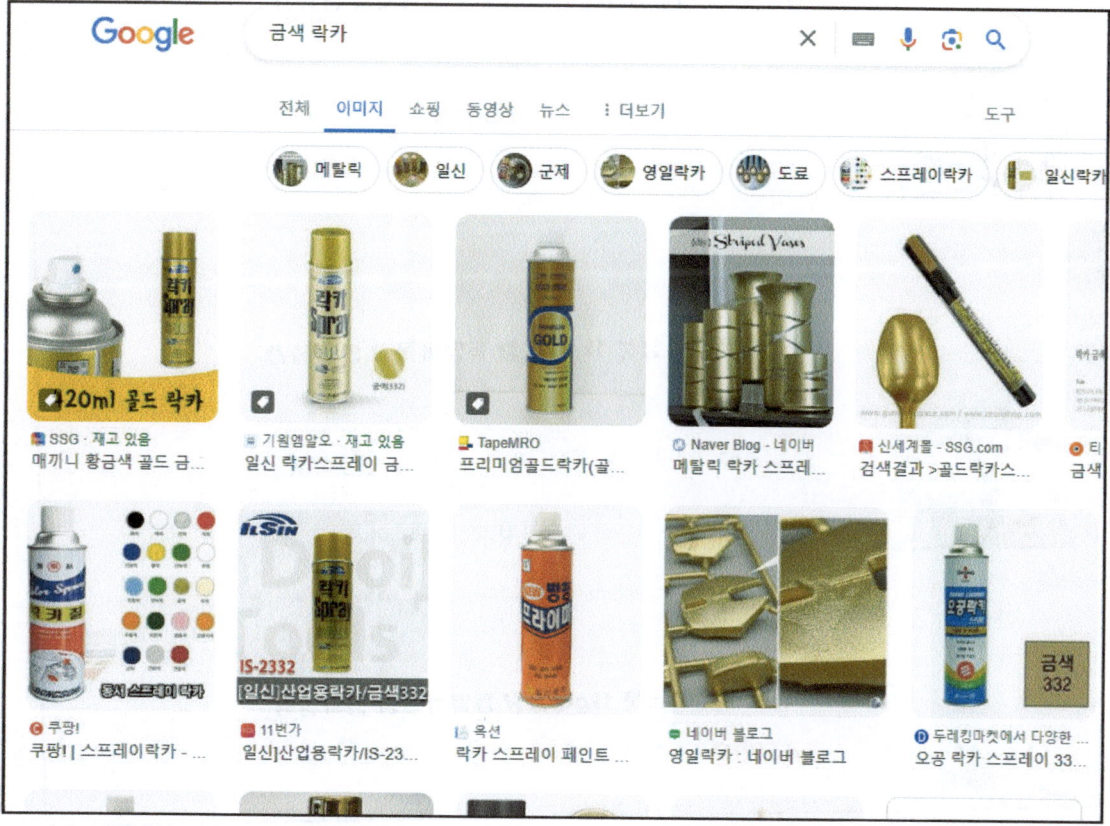

앞의 화면에 보이는 것은 락카 스프레이 페인트인데요, 금색 뿐만이 아니고 은색 및 기타 자연색이 거의 다 있습니다.

앞의 화면에 보이는 금색 락카 스프레이 페인트는 필자가 원하는 금색은 아니지만, 일반적으로 금색이라고 할 수 있는 색상이 나옵니다.

그러나 페인트 가게에서 구입한 금분을 투명 페인트에 섞어서 칠을 하면 금색은 커녕 똥색이 나와서 실제로는 절대로 사용하지 못할 몹쓸 페인트입니다.

아래 화면은 방금 네이버에서 검색한 결과이므로 참조만 해 주시고요, 일반적으로 페인트 가게 혹은 온라인으로 구입을 하면 아래 화면에 보이는 것과 같이 비닐 봉지에 담긴 상태로 판매가 되는데요, 제대로 칠이 되는지 소량 구입해서 써 보고 싶어도 모든 페인트 판매자들이 1Kg 단위로 판매하기 때문에 1g만 사용하고 금색이 나오지 않고 똥색이 나와도 나머지는 버릴 수 밖에 없습니다.

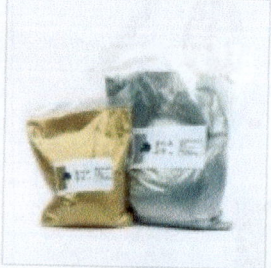

이와 같이 페인트 관련 업종은 다 그런 것은 아니겠지만, 필자의 경험상 그야말로 배짱으로 영업을 하는 것이 관행처럼 되어 있습니다.

정말로 금색이 나온다면 1Kg 이 아니라 더 많은 양이라도 구매를 하겠지만, 금색은 커녕 똥색도 나오지 않는 것을 소량 써 보고 구매하도록 구매자를 배려하는 판매자는 없고, 페인트는 개봉하면 반품 불가라는 엉터리 원칙만을 내세워서 판매를 하니 기가 막힐 노릇입니다.

물론 금색이 아니라 똥색이 나와서 괜찮은 곳에서는 상관이 없겠지만, 그렇게 페인트를 구매하는 사람이 어디 있겠어요?

4-2-2. 은분

은분은 금분과 같이 따로 분말 형태로 비닐 봉지에 담아서 판매하는 형태가 아니라 아예 은분 페인트 형태로 판매하는 경우가 많습니다.

그리고 은분 페인트는 필자의 경험상 은색은 아주 잘 나옵니다.

금분은 똥색도 나오지 않는데 은색은 잘 나오는 것을 보면 금색도 금색이 나오게 만들 수 없는 것이 아니라 진짜 금색이 나오는 안료는 일반적인 은분에 비해서 몇 곱절~10배 이상의 폭리를 취하는 것으로 보입니다.

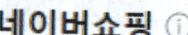
네이버쇼핑

노루 실바코트 은분페인트 반짝이는 은색 …
8,720원 3,000원
11번가

펄안료(조형제) 은분 00g 은펄
9,500원 4,000원
오피스안
리뷰 3

은내리(반죽된 은분) 은분 200g 투명페인…
7,000원 3,500원
G마켓

노루페인트 철재용 루미늄 은분페인트
82,690원 무료
인터파크쇼핑
리뷰 1

(해외) 금분페인트 은분 페인트 금분가루 빈…
16,900원 무료
로벨리아 스토어

[엔씨페인트] 철재 설물용 은분 페인트
85,800원 5,500원
11번가

삼화페인트 철재/알루미늄 은분페인트 1L
13,470원 2,500원

삼화페인트 철재/알미늄 유성페인트 은
13,330원 2,500원

4-2-3. 동분

동분은 금분과 비슷하지만, 아래 화면에 보이는 것과 같이 완전히 다른 색깔의 안료 분말입니다.

역시 투명 페인트에 섞어서 사용하는 것인데요, 동 색상이 나오는 페인트가 필요할 경우 사다가 사용할 수 있습니다만, 이 역시 1Kg 단위이므로 한 말 이상 페인트 칠을 하지 않는 사람은 90% 이상 버려야 합니다.

어째서 페인트 업게에서는 이런 나쁜 관행이 굳어졌는지 모를 일입니다.

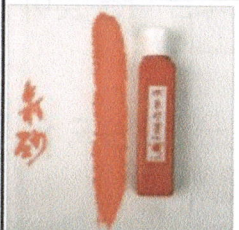

앞의 화면에 보이는 것과 같이 해외 사이트나 해외 직구 대행 사이트에서는 100g 단위의 소량 판매도 합니다만, 국내 판매자들은 하나같이 1Kg 단위로만 판매를 하니 소량 구입해서 써 보고 괜찮으면 구입하려는 소비자는 바가지를 쓸 수 밖에 없는 판매 구조가 아쉽습니다.

필자는 이런 식으로 돈을 무려 1500만원 이상 들여서 온 갖 페인트를 구입해서 페인팅을 했습니다만, 지금 설명한 것과 같이 필자가 원하는 색상이 나오지 않아서 대부분 다 버렸습니다.

그리고 지금 설명한 금분, 은분, 동분 등도 펄 페인트이기는 하지만, 이런 펄 페인트와 달리 실제로 크리스마스 장식 등에 붙어 있는 빤짝이 금펄은 조금 다른 것이 아니라 완전히 다릅니다.

그리고 금색, 황금색 페인트도 싼 것은 4리터 기준 10만원 안으로 구입할 수도 있지만, 비싼 것은 한 말 기준 500만원이 훌쩍 넘어갑니다.

앞의 화면에 보이는 가격만 보아도 100g에 20,000원 정도이므로 1Kg이라면 20만원이 넘는 가격이고요, 필자는 이보다 훨씬 비싼 30만원 정도의 가격에 구입을 했습니다.

1Kg에 30만원이 넘는 금색 안료 가루 분말을 투명 페인트에 섞어서 칠을 하니 그야말로 실제 순금과 같은 색상이 나오지만, 그래서 추가 구입을 하려고 했더니 그 금색 분말 안료는 다시는 구할 수가 없었습니다.

즉, 필자가 그 판매자로서는 처음이자 마지막 판패인 것입니다.

이런 식이라니까요..

이보다 싼 금색 펄 분말 안료는 필자가 원하는 금색, 황금색이 나오지 않고요..

이런 엉터리 금색 펄 분말 가루 안료는 차라리 어디서나 쉽게 구할 수 있는 금색 스프레이 락카 페인트를 칠하는 것이 훨씬 금색이 더 잘 나옵니다.

금색 스프레이 락카 페인트는 에어 콤푸레셔도 필요 없고요, 당연히 에어 스프레이건도 필요가 없습니다.

4-3. 중국산 금색 제품들

필자는 서울에서 무려 수십 년 동안 중국산 수입품을 산더미처럼 쌓아놓고 판매를 했는데요, 아래 화면에 보이는 제품은 일종의 흙을 빚어서 만든 마블 재질입니다만, 마블이 되었든 금속이 되었든 중국인들은 순금이 아니면서도 순금과 같이 만드는 특출난 기술이 있습니다.

그래서 이렇게 순금이 아니면서도 금색을 낼 수 있는 방법을 연구를 하게 된 것이고요,..

필자가 알기로 국내에서는 이런 기술을 가진 사람이 없거나 있어도 필자가 모릅니다.
그래서 필자 혼자 중세 연금술사처럼 수많은 시행 착오를 거치면서 연구에 연구를 했고요, 드디어 금색을 내는데 성공을 했지만, 그 동안 들어간 돈이 무려 1,500만원이 넘습니다.

그러나,

그러나, 이렇게 어렵게 터득한 기술이 제조 원가가 너무 높기 때문에 저렴한 가격으로 판매할 수가 없습니다.

그렇다면 중국 사람들은 어떻게 이렇게 싸게 만들 수 있을까요?
아래 화면에 보이는 것과 같이 금색을 낼 수 있는 페인트가 있기는 있습니다.

그러나 아래 화면에 보이는 가격을 보세요..

100g 에 수십 만원 합니다.
필자는 주로 18리터씩 구입해서 사용하는데요, 이런 페인트 18리터면 약 4,000만원이 넘습니다.

그래서 이런 비싼 페인트가 아닌, 최대한 가격이 저렴한 페인트로 이런 금색을 낼 수 있게 연구를 하다보니 지난 1년간 돈을 무려 1,500만원을 들여가면서 연구를 한 것입니다.

수성 금박 페인트 금색 무해 골드 커스텀 가구페인트
48,410원
생활/건강 > 공구 > 페인트 > 수성페인트
[쇼핑의 지름길, 쇼핑프로 위메프로 / 위메프페이 제휴카드 첫 등록 시 V.I.P혜택 즉시적용! 구매 금액의 5% 포인트적립 / VIP회원 전용 할인쿠폰 혜택까지]
등록일 2022.06. · 찜하기 2 · 신고하기

MEGA 만능 우레탄 골드펄 금색 은색 메탈릭 페인트 18L
144,070원
생활/건강 > 공구 > 페인트 > 수성페인트
[한가위 빅세일 8/22~9/6] 단 16일간 매일 최대 5만원 할인! / 누구나 최대 20%, 스마일클럽이라면 한 정더!
등록일 2021.03. · 찜하기 0 · 신고하기

MEGA 만능 우레탄 골드펄 금색 은색 메탈릭 페인트 4L
42,860원
생활/건강 > 공구 > 페인트 > 수성페인트
[한가위 빅세일 8/22~9/6] 단 16일간 매일 최대 5만원 할인! / 누구나 최대 20%, 스마일클럽이라면 한 정더!
리뷰 3 · 등록일 2021.03. · 찜하기 2 · 신고하기

4-4. 페인트 가게들의 현 주소

위의 화면 가운데 마우스가 가리키는 페인트는 비교적 금색을 낼 수 있는 페인트이기는 하지만, 참으로 사연이 많고요, 결과적으로 안 됩니다.
왜 안 되는지 여러분은 꼭 다음 글을 숙독하셔야 합니다.
필자가 금색을 내기 위하여 돈을 무려 1,500만원을 썼으니 페인트를 얼마나 많이 구입을 했을 지 생각을 해 보시기 바랍니다.
오프라인 페인트 가게는 전국 어디를 가든 이런 페인트는 구할 수가 없습니다.
자칫 욕만 먹습니다.

에어 스프레이건 사용법　　　　　　　　　　　　　　　　　　　　　　**에어 콤푸레셔**

자칫 욕만 먹는다고요...???
이해가 되세요?
일반적으로 시내에서 흔히 볼 수 있는 페인트 가게는 100%라고 해도 과언이 아닐 정도로 수백만원, 혹은 수 천만원, 혹은 수억원 짜리 공사를 따 내기 위해서 이런 가게를 운영하는 것이고요, 단순히 페인트를 판매하기 위하여 페인트 가게를 운영하는 사람은 없다는 것이 필자가 알아낸 결과입니다.

실제로 이런 페인트 가게는 100%라고 해도 과언이 아닐 정도로 어떠한 문의도 사절하며, 주간에 가게를 보는 사람은 나이 많은 어머니 혹은 부인이나 기타 페인트에 대해서는 잘 모르는 사람들이고요, 정작 페인트 전문가는, 사실 필자가 보는 견지에서는 절대로 전문가가 아니지만, 암튼 이런 사람들은 100% 라고 해도 과언이 아닐 정도로 페인트 공사장에서 페인트 공사를 하고 있습니다.

물론, 비싼 가게 임대료를 내면서 페인트 가게를 운영하려니 페인트 몇 통 팔아 보았자 푼돈이고 큰 공사를 해야 돈이 되기 때문에 그렇다는 것은 이해를 하겠습니다.

그래서 여러분도 근처 페인트 가게에 가서 원하는 페인트를 구입한다는 것은 언감생심 꿈도 꾸지 마시기 바랍니다.

열받아서 죽습니다.
필자도 이 정도이니 다른 사람들은 아마 견디지 못할 것입니다.

따라서 페인트는 무조건 인터넷으로 구매를 해야 합니다.
인터넷으로 검색하면 어떠한 페인트라도 구할 수 있습니다만, 필자는 또 기가 막히게 아픈 사연이 있고요, 여러분도 반드시 알아야 하기 때문에 여기 기술하는 것이므로 이 부분을 반드시 필독해야 합니다.

앞의 화면에서 보았던, 페인트.. 페인트 검색하면 가장 많이 검색되는 업체는 부산에 있는 법인 사업체로서 상당히 규모가 있는 것으로 보입니다만, 그러나,..

필자도 머리가 있고, 나름대로 재주가 많은 사람이 덥석 구매를 하겠어요?
일단 1리터, 0.5리터 등 소량으로 구매를 해서 써 보고 괜찮으면 대량으로 구매를 하곤 하는데요,..
오호라 통제여..

How to use an air spray gun

이 업체는 필자가 소량 구매를 할 때는 페인트를 제대로 보냈다가 필자가 소량 구매해서 써 보니 괜찮아서 대량 구매를 하면 완전히 다른 페인트로 보냅니다.

이런 도둑(?)을 그냥 두냐고 하시겠지만, 인터넷으로 구매를 하니 빨리 오지도 않고요,..

필자는 우리나라 컴퓨터 1세대이고요, 옥션이 생기기도 10여년 전부터 쇼핑몰을 운영해 온 우리나라 인터넷 쇼핑몰의 산 역사입니다.

지금도 쇼핑몰을 운영하고 있고요, 필자는 거의 대부분 주문 당일 발송하며 발송 다음날 거의 대부분 다 들어갑니다.

그런데 필자가 구매하는 페인트는, 돈을 무려 1,500만원을 써 가면서 페인트를 구매했으니 얼마나 많은 페인트를 구매했겠는지 생각 좀 해 보세요..?

10번 구매하면 10번을 모조리 엉뚱한 페인트를 보내는가 하면, 빨라야 3~4일, 보통 1주일 정도 걸려야 페인트가 옵니다.

인터넷으로만 거래를 하다보니 대화도 어렵고, 제대로 답변도 하지 않고.. 으휴.. 그 동안 속을 썩은 생각을 하면 얼마나 속이 상한지 모릅니다.

필자가 젊잖은 제면이지만, 이런 책이라는 공개된 지면에서 개탄을 하고 있으니 얼마나 필자 속을 썩였을지 생각 좀 해 보시기 바랍니다.

따라서 필자가 이 책에서 특정 업체를 지목할 수는 없지만, 인터넷 검색하여 가장 많이 검색되는 업체이며 부산에 있는 법인 사업자라는 것을 아시고요, 구매시 꼬옥 참고하시기 바랍니다.

그리고 이 업체는 규모가 큰 법인 사업체이므로 직원들도 여 러명 있는 모양인데, 월~금 평일 주간에는 상담이 가능하지만 매우 어렵고요, 주문 당일은 오전 9시인가 그 시간이 넘으면 절대로 당일 발송을 하지 않습니다.

복장 터질 노릇입니다.

다음 화면에 보이는 색상이 금색으로 보인다면 여러분은 색맹입니다.

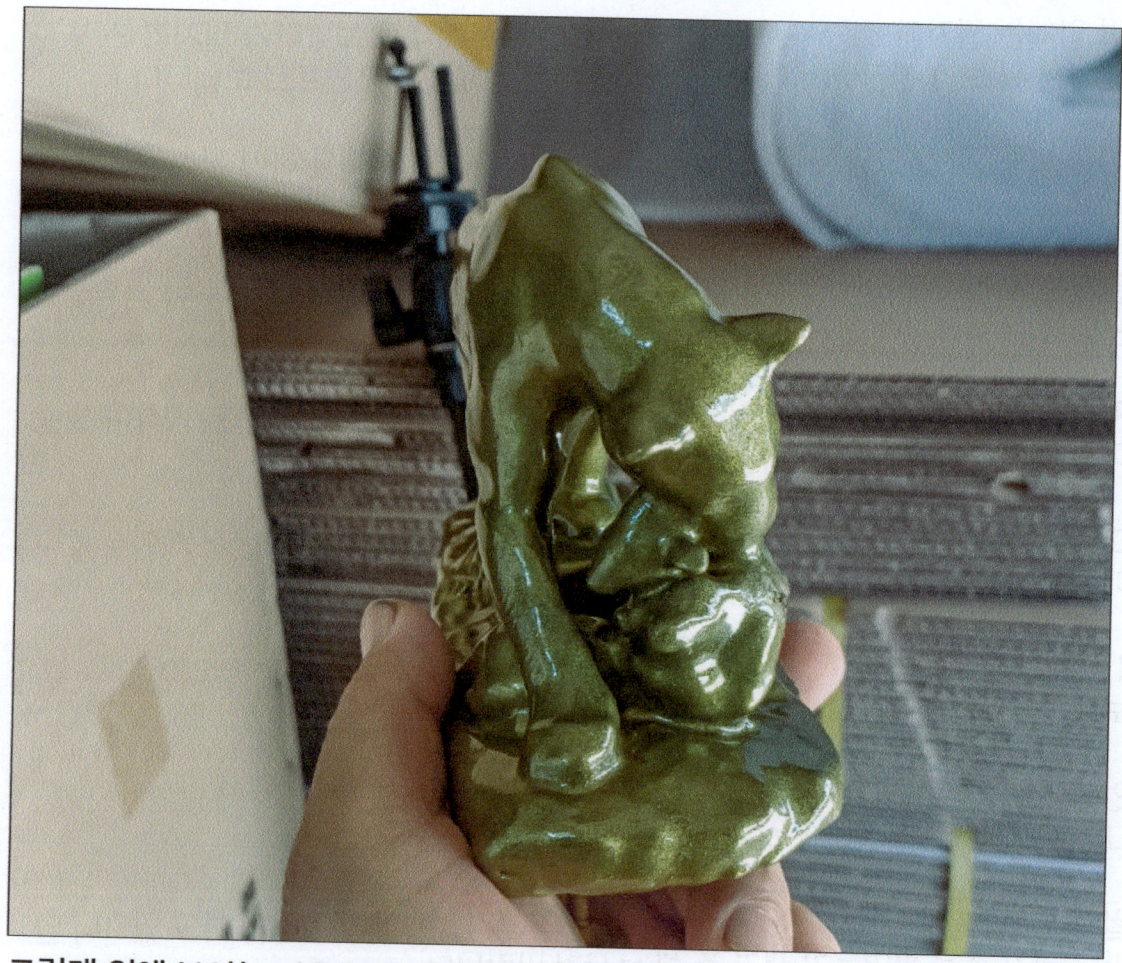

그런데 위에 보이는 것은 필자가 분명히 밝은 금색으로 구입한 페인트입니다.

그런데 금색이 나오는 것이 아니라 초록색이 납니다.

이 업체는 법인 사업체이기 때문에 조색하는 페인트 조색의 전문가가 조색을 하는 업체입니다.

그런데 이렇게 최고의 페인트 조색 전문가가 녹색을 금색이라고 조색을 해서 보내니 이것을 무엇이라고 해야 하겠는지요?

이 뿐만이 아닙니다.
갈색을 주문하면 이번에는 피가 뚝뚝 떨어지는 피빛 자주색을 보냅니다.

이 엉터리 페인트 업체 때문에 필자가 그 동안 스트레스를 받은 생각을 하면 그야 말로 속이 상해서 죽을 지경입니다.

필자는 사업상 구매를 하는 것이므로 개인이 구매하듯 소량 구매를 하는 것이 아니라 대량 구매를 하는 것입니다.

필자는 이렇게 대량으로 페인트를 구입해서 사용하고 있는데요, 여기 보이는 것은 페인트가 모두 남아 있는 페인트 통 들이고요, 다 쓴 것은 이미 버리거나 지금도 마당에는 10여 개의 빈 깡통이 뒹글고 있습니다.

이렇게 페인트를 많이 구입을 했습니다만, 페인트를 구입할 때마다 필자가 구입한 페인트와 다른 페인트가 오니 도대체 어떻게 해야 하는가 이 말입니다.

교환을 하려면 보름 정도 걸리니, 그래서 교환을 하지 않고 그냥 하도로 사용하고

만 것입니다.
어차피 최종적으로 금색이 나오면 되므로 잘못 온 페인트를 교환을 하지 않고 계속 하도 페인트로 사용을 했으니 필자가 이런 엉터리 업체 때문에 얼마나 많은 스트레스를 받았을지 생각을 좀 해 보시기 바랍니다.

빈 깡통 버린 것도 많지만, 지금 페인트가 들어 있는 페인트통도 얼마나 많은지 집 안 곳곳에 헤일 수 없이 많이 있습니다.

모조리 잘 못 온 페인트입니다.

이렇게 하도로 사용하면 되기는 하지만, 하도는 가장 가격이 저렴한 프라이머를 구입해서 사용하면 되는 것을 이 비싼 페인트를 하도로 사용하니 얼마나 큰 손해이며 얼마나 스트레스를 많이 받는가 이 말입니다.

마당에만 있는 것이 아닙니다.
워낙 많은 페인트를 구입했고요, 매 번 올 때마다 다른 페인트가 오니 교환 하려면 너무 시일이 많이 걸리니 다시 다른 페인트를 구매하고, 이러다보니 아래 보이는 창고에도 페인트가 몇 통이나 있는지 모를 지경입니다.

필자보고 답답하다는 사람도 있겠습니다만, 3D 프린터를 대형 3D 프린터 포함해서 무려 11대나 구입해서 밤낮으로 출력을 하고 있는데 페인팅이 완성되지 않아서 아무것도 못 하고 돈만 계속 들어가니 이런 불상사가 발생한 것입니다.

그리고 또 아래 화면에 보이는 것은 무슨 색으로 보이는지요?
원래 베이지색 비슷한 연한 갈색으로 주문한 것입니다.

처음에는 그렇게 왔으니까요..

그런데 처음 구입해서 써 보고 다시 재 주문을 했는데 이 번에는 아래 화면에 보이는 것과 같이 피가 뚝 뚝 떨어지는 것 같은 빨간 색이 왔습니다.

지금 페인트통에 흘러서 마른 상태이기 때문에 그나마 이렇게 보이는 것이고요, 피가 뚝뚝 떨어지는 매우 진한 자주색으로 왔습니다.

처음 구입한 것은 베이지색 비슷한 밝은 갈색이었습니다.

그런데 대량 구매한 갈색은 이렇게 피가 뚝 뚝 떨어질 것 같은 빨강도 아니고 진한 자주색으로 왔습니다.

이 페인트 뿐만이 아니고요, 지금까지 구입한 모든 페인트가 이렇게 잘 못 오니,.. 어차피 그래서 지금은 필자도 포기를 하고 돈만 수 천 만원 들이고 사업을 접은 상태입니다.

이 밖에도 수많은 에피소드가 있고요, 이 업체에서 구매하면 안 된다는 것을 알았으므로 다른 업체에서도 여러 업체에서 구입을 해 보았지만, 페인트 관련 업종에 종사하는 사람들은 초록은 동색이라 대부분 거의 비슷합니다.

그래서 어쩔 수 없이 또 이 업체에서 구매를 했는데요, 1주일이 되어도 택배가 오지 않아서 반품 신청을 해 버리고 다른 업체에서 구입을 했더니 며칠 후에 택배가 왔더라고요,..

그래서 속을 푹푹 썩으면서도 어차피 페인트가 있어야 하므로 반품 신청했던 것을 취소하고 구매결정을 해 주고, 다시 구매를 했더니 이번에도 1주일이 되어도 택배가 안 옵니다.

그래서 여러 날 지난 뒤에 내일도 오지 않으면 반품한다고 문의 글을 올렸더니 택배사에 닦달을 했던지 다음날 오기는 왔습니다.

이러니..
근처 페인트 가게에 가서는 원하는 페인트를 구할 수가 없고,..

인터넷으로 구매하면 이렇게 속을 썩히니, 대한민국이 선진국이라고 하지만, 페인트 업종에 종사하는 사람들은 1960년대에 머무르는 괴상한 사람들이 대부분입니다.

지금 얘기하는 것은 그야말로 빙산의 일각입니다.

이 정도만 하여도 필자가 이토록 이 책이라는 공개된 지면에 이토록 페인트 판매 업체를 비난하지는 않을 것입니다만, 이보다 실제로는 훨씬 더 하다는 것을 아시기 바랍니다.

필자가 이 책에서 책이라는 지면을 통해서 푸념을 하는 것이 아닙니다.

이 책을 보시는 분이라면 여러분도 필자와 똑같은 길을 거을 수 있기 때문에 필자의 경험을 피력하는 것입니다.

따라서 여러분이 혹시 필자와 같이 금색 혹은 다른 종류의 펄 페인트 등 특수 페인트를 구매한다면 필자의 경험을 거울 삼아 필자와 같이 당하지 않도록 각별히 주의

How to use an air spray gun

하시기 바랍니다.

4-5. 강철의 연금술사

이번 단원은 필자가 심혈을 기울여서 막대한 돈을 들여가며 결국 금색을 내는데 성공한 성공 스토리이면서 페인트 사용법에 대한 설명으로 강철의 연금술사와 같이 헤일 수 없이 많은 시행 착오를 거치면서 수 많은 실패를 하면서 금색을 내는데 성공한 이야기를 페인트 사용법 등을 곁들여서 설명을 하겠습니다.

앞에서 페인트칠을 하도, 중도, 상도, 이렇게 설명을 했는데요, 사실 이것은 건물 도장을 할 때의 구분입니다만, 다른 종류, 예컨대 플라스틱에 칠을 할 때도 하도에 해당하는 프라이머는 필수입니다.

상도란, 하도와 중도 페인팅을 하고 코팅을 하거나 페인트가 오래 되어도 변색이나 탈색되지 않도록 특수하게 처리된 페인트로 마감을 하는 것입니다.

따라서 하도에 속하는 페인트는 가격이 저렴하고 빨리 마르며 상도에 사용하는 페인트는 광택이 미려하고 페인드도 고급 페인트에 속하기 때문에 가격이 비쌉니다.

플라스틱의 경우 표면이 매끄럽고 윤기가 나기 때문에 일종의 기름기가 있는 것과 같고요, 그래서 이런 표면에 페인팅을 하면 페인트가 플라스틱에 단단히 부착하지 못하고 줄줄 흐르거나 건조되더라도 뜨게 됩니다.

그래서 페인트가 플라스틱 표면에 단단히 부착되고 동시에 다음에 칠을 하게 되는 중도 혹은 상도 페인팅을 할 때 중도 혹은 상도 페인트가 잘 접착되도록 프라이머를 초벌로 칠을 해야 하는 것입니다.

필자의 경우, 3D 프린터로 출력한 3D 출력물을 후가공을 한 후 프라이머를 칠하고 중도 혹은 상도를 칠하는데요, 어떠한 페인팅을 하든 아주 여러 번 덧칠을 해야 합니다.

표면이 거칠기 때문에 이렇게 거친 표면을 오로지 페인트를 두껍게 칠을 하여 캄푸라치를 해야 하기 때문입니다.
그래서 어려운 것입니다.

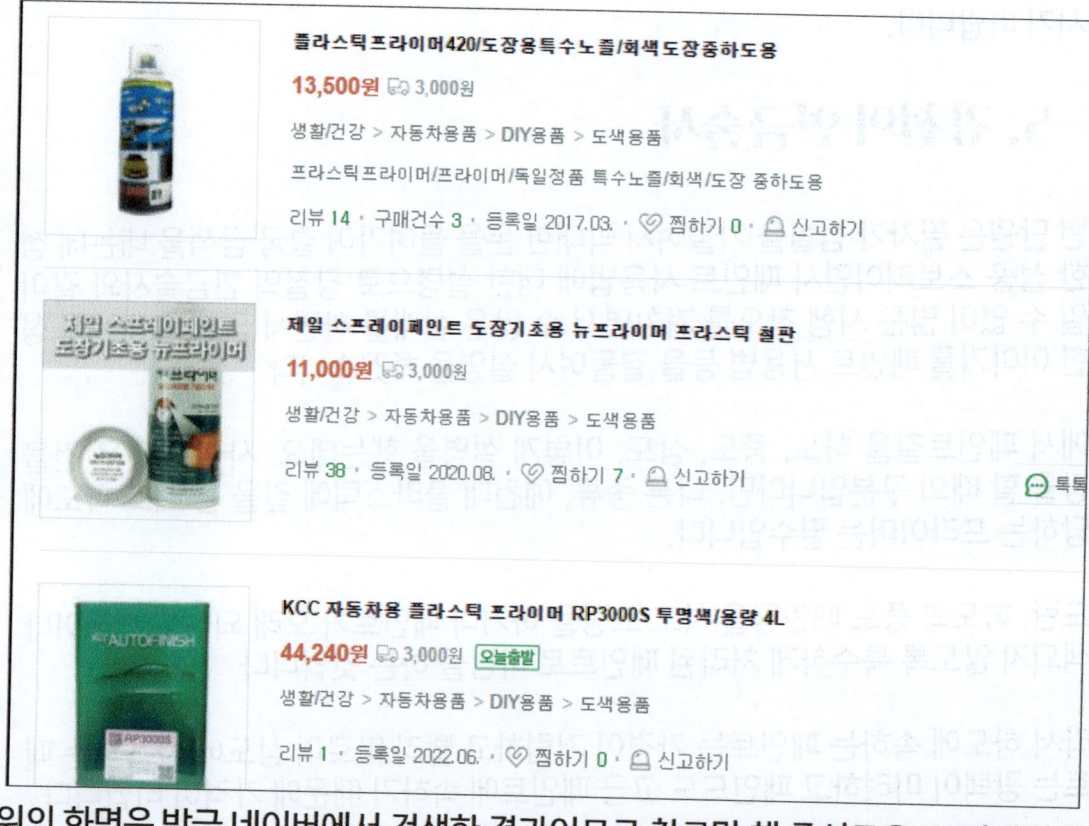

위의 화면은 방금 네이버에서 검색한 결과이므로 참고만 해 주시고요, 프리이머 종류도 헤일 수 없이 많으므로 자신이 사용하는 피도체의 종류에 따라 직접 선택을 해야 하는데요, 필자의 경우 필자도 처음에는 페인팅에 대해서는 전혀 몰랐으므로 무조건 검색하여 자세하게 읽어보고 필자에게 가장 잘 맞을 것 같은 프라이머를 구입했는데요,..

필자는 사업상 페인팅을 하는 것이며, 아직 시제품도 내놓지 못하고 돈만 엄청나게 들어가는 상황이므로 수많은 시행 착오를 거치면서 만능 프라이머라는, 가격도 저렴하고 만능이므로 플라스틱에도 사용할 수 있는 프라이머를 구해서 사용했는데요,..

필자의 경우 3D 프린터에서 출력한 3D출력물에 페인팅을 하는 것이므로 피도체가 울퉁불퉁, 미세하게 다듬을 수도 없는 수많은 굴곡이 있는 제품들입니다.

따라서 이런 제품은 어떠한 프라이머도 상관이 없고요, 심지어 프라이머를 사용하지 않더라도 표면이 매끈한 것이 아니기 때문에 페인트가 쉽게 흘러내리지는 않습

에어 스프레이건 사용법 에어 콤푸레셔

니다만, 페인트칠을 하도 많이 하다보니 표면이 매끄럽게 칠해지는 페인트가 있고, 그렇지 않은 페인트가 있다는 것도 알게 되었습니다만, 페이트칠을 워낙 여러 번 덧칠을 해야 하기 때문에 표면이 매끄럽게 되지 않는 문제도 있습니다.

그래서 필자와 같은 페인팅을 하려는 사람은 무진장 연구를 해야 합니다.

원래 페인트는 어떠한 곳에 칠을 하더라도 미리 깨끗하게 다듬고 샌드페이퍼 등으로 연마를 해서 매끈하게 하고 페인트를 얇게 칠해야 합니다만, 필자와 같은 페인팅을 하려고 한다면, 깨끗하게 연마를 하는 것이 불가능하므로 오로지 페인트만 가지고 거친 표면을 메워서 매끈하게 해야 하므로, 그래서 어려운 것입니다.

아래 화면에 보이는 것이 현재 필자가 사용하는 여러 개의 에어스프레이건이고요, 실제로는 이보다 훨씬 많고요, 아래 화면 가운데 맨 앞쪽 회색이라고 써 있는 에어스프레이건에 달려 있는 페인트 통에 들어 있는 것이 프라이머입니다.

How to use an air spray gun

프라이머도 페인트이기 때문에 색상 별로 선택해서 구입할 수 있고요, 투명 프라이머도 있지만, 필자는 갈색, 흰색, 분홍 등으로 사용하다가 지금은 회색 프라이머를 사용하고 있습니다.

달리 특별한 이유가 있는 것은 아니고요, 에어스프레이 부스, 도장 부스를 만들어서 에어스프레이건을 사용하고 있지만, 그래도 일부 페인트가 손 발에 조금씩 분사되기 때문에 빨간색이 묻으면 마치 피가 묻은 것 같아서 회색으로 구입해서 사용하고 있는 것입니다.

앞의 화면 가운데 마우스가 가리키는 회색이라고 써 있는 에어스프레이건이 이번에 2개를 추가로 구입한 에어스프레이건 중에서 한 개를 사용하는 것이고요, 앞의 화면에 보이는 것과 같이 완전 새것이고요, 노즐 구경이 2.5mm 입니다.

필자가 지금까지 에어스프레이건을 무려 20개 이상 구입해서 사용해 본 결과, 차라리 노즐 구경이 큰 에어스프레이건을 사용하는 것이 좋기 때문에 노즐 구경이 2.5mm인, 노즐 구경이 큰 에어스프레이건으로 구입한 것입니다.

물론 노즐 구경이 큰 에어스프레이건은 의도적으로 페인트를 아주 조금만 분사해야 하는 곳에는 사용하기 어렵습니다.

그러나 에어량 조절 나사와 페인트 분사량 조절 나사, 그리고 페인트 분사 각도 조절 나사 등을 적절히 조절하면 어느 정도는 분사량을 조절할 수 있으므로 노즐 구경이 작은 에어스프레이건으로 스트레스를 받는 것보다는 낫다는 것이 필자의 생각입니다.

물론, 필자는 지금 이 책을 쓰고 있습니다만, 페인트의 전문가도 아니고요, 에어 스프레이건의 전문가도 아닙니다.
따라서 페인팅의 전문가, 에어스프레이건의, 소위 전문가라고 불리는 사람들의 견해와는 다를 수 있다는 것을 아시고요,..

그러나 필자는 이 책을 쓸 정도로 숙련되었기 때문에 이 책을 쓰는 것이고요, 필자의 경험은 곧 여러분의 지식이 될 수 있을 것입니다.

따라서 필자가 주장하는 내용이 학술적인 내용과는 차이가 있을 수 있겠습니다만, 필자는 적어도 최소한 필자가 사용해 본 경험담을 기술하는 것입니다.

How to use an air spray gun

4-5-6. 젯소

페인트는 바로 앞에서 설명한 하도 즉, 프라이머가 있고요, 이것은 유성 페인트이건 수성 페인트이건 동일합니다.

유성 페인트는 목재용과, 철재용, 그리고 플라스틱용(플라스틱용은 수성이든 유성이든 무진장 비쌉니다.)하도가 있고요, 목재는 프리이머 없이 바로 상도를 칠해도 되고요, 고급 페인팅이라면 하도, 중도 상도 칠을 하는 것이 정석이고요,..

플라스틱은 유성 페인트이건, 수성 페인트이건 프라이머가 필수입니다.

플라스틱에 프라이머를 칠하지 않고 바로 상도 페인트를 칠하면 플라스틱에 페인트가 달라붙지 않아서 줄줄 흘러내리거나 건조되더라도 페인트가 뜨거나 떨어지는 등 반드시 하자가 발생합니다.

그래서 플라스틱에는 반드시 프라이머를 칠해야 하고요, 수성페인트는 프라이머라는 용어를 사용하기도 합니다만, 젯소라는 명칭이 더 유명합니다.

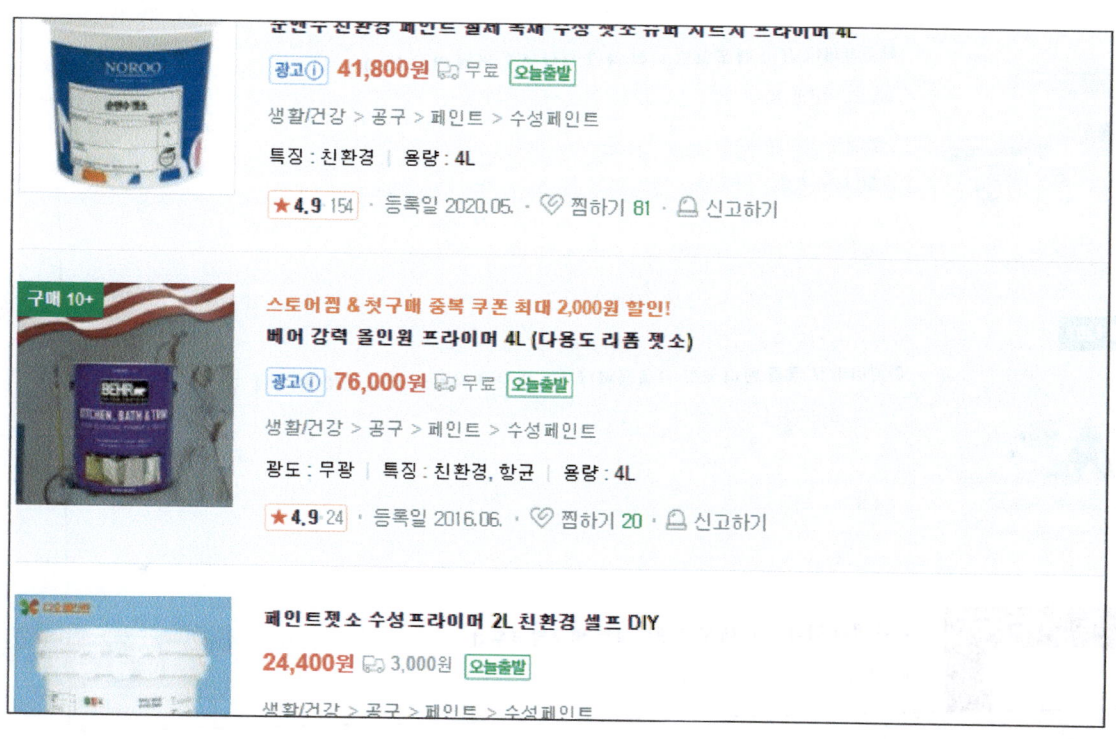

에어 스프레이건 사용법　　　　　　　　　　　　　　　　　　에어 콤푸레셔

그러나 젯소는 프라이머라기보다는, 수성페인트는 주로 콘크리트에 칠하는 것이 대부분이므로 콘크리트에 크랙이 있거나 깨진 부분이 있을 경우 메꾸어주는 역할을 하기도 하고요, 프라이머 이후에 덧칠을 하는 중도나 상도 페인트가 맨 밑 부분의 콘크리트와 단단히 결합되는 바인더 역할을 하기도 합니다.

유성 페인트는 예를 들어 빠데라는 것이 있고요, 자동차 판금시 찌그러진 부분을 최대한 펴더라도 찌그러진 부분이 완전히 펴 지지 않고 굴곡이 있을 때는 빠데를 발라서 패인 곳을 메우고 건조시킨 다음, 아주 고운 물페파로 문질러서 연마를 하고 도색을 하는 것이 정석입니다.

아래 화면은 방금 네이버에서 검색한 결과이므로 참고만 하시고요,..

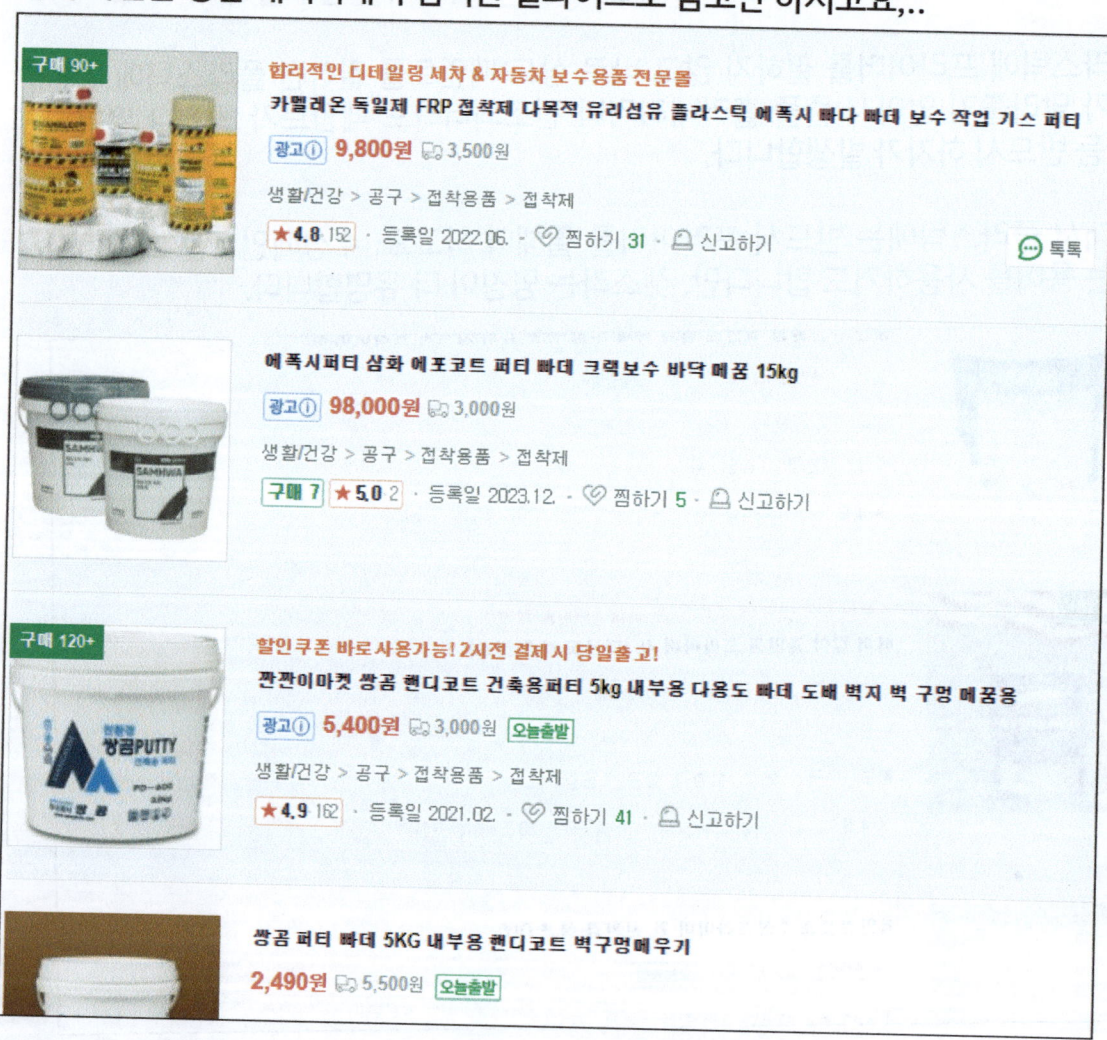

How to use an air spray gun　　　　　　　　　　　　　　　　　-202-

4-5-7. 빠데/퍼티

페인트 칠을 할 때는 빠데 혹은 퍼티라는 제품을 사용하여 틈새를 먼저 메우고 연마를 한 다음 프라이머를 칠하는 것이 정석입니다.
그런데 필자가 이 책에서 주로 다루는, 3D 프린터로 출력한 3D 출력물은, 예를 들어 인체 조각상을 출력했다면 사람의 손과 발, 머리, 목 가슴 등 절대로 매끈하게 연마를 할 수 없는 출력물이 대부분입니다.

물론 3D 프린터로 출력을 하면 인체 조작상이라면 기본적으로 인체 조각상 자체는 매끈하게 출력이 됩니다.
문제는 인체 조각상의 경우 인체 조각상을 출력하기 위하여 인체 조각상 주변으로 서포터라는 것이 생성되고 맨 밑에는 베드플레이트라는 부분이 붙어서 출력이 됩니다.

그래서 3D 프린터로 출력한 인체 조각상 등의 3D 출력물 자체는 매끈하게 출력이 되지만, 이렇게 매끈하게 출력되는 출력물을 출력하면서 고정하기 위한 서포터와 베트 플레이트 등이 본품과 동일한 플라스틱 원료이므로 깔끔하게 떨어지지 않고 이것들을 떼어내는데 많은 시간이 걸리며 떼어낸 뒤에 표면이 매우 거칠어지는 것입니다.

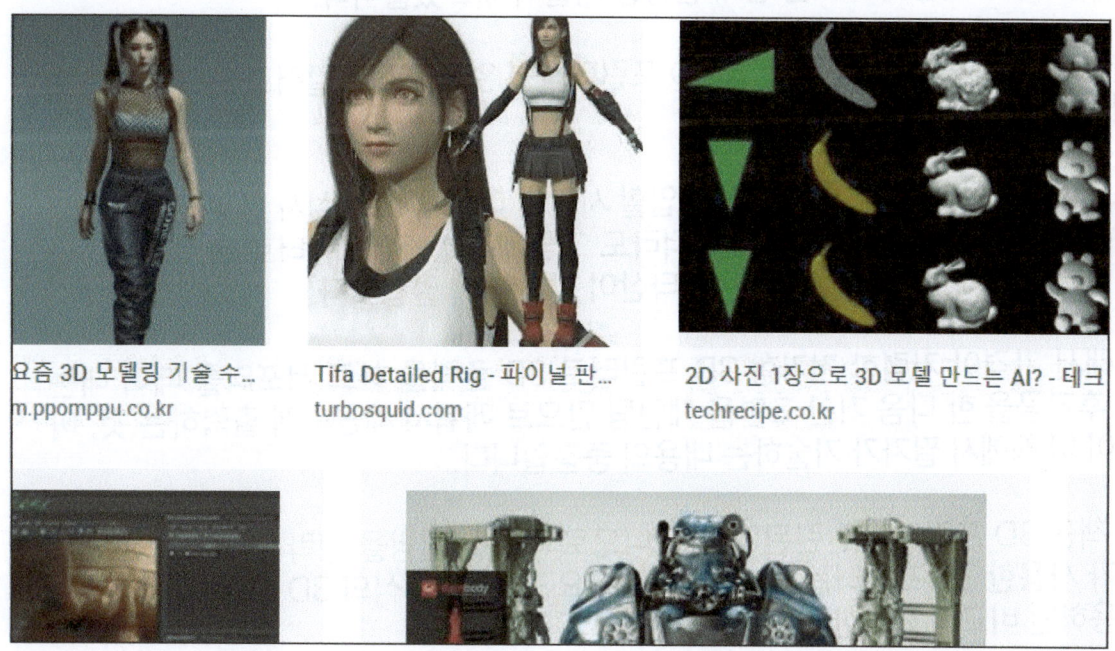

앞의 화면도 방금 구글에서 검색한 것이므로 참고만 하시고요,..

예를 들어 앞의 화면에 보이는 3D 모델을 3D 프린터로 출력을 하는 것은 그리 어렵지 않습니다.

3D 프린터로 3D 프린팅을 하면 출력 자체는 비교적 정교하게 출력이 되지만, 3D 모델의 맨 밑바닥에는 베드 플레이트가 먼저 출력되고 그 위에 인체 모델이 출력이 되며,..

발 사이에는 서포트가 채워집니다.

그리고 인체의 경우 손은 밑으로 바닥에서부터 서포더가 계속 인쇄되어 올라와서 손이 있어야 할 자리에서 손이 출력이 됩니다.

그래서 베드 플레이트 떼어내고 밑 바닥에서부터 손까지 붙어 있는 서포터를 떼어내고, 손가락 사이사이 붙어 있는 서포터를 떼어내가다 자칫하면 손가락이 툭 부러지기 일쑤이고요..

그래서 필자 생각에 3D 프린터는 아직 완성된 기술이 아니고 지금 현재에도 계속하여 기술이 개발되고 있는 현재 진행형 기술이라고 했습니다.

물론 현 싯가로 6억원짜리 고급 3D 프린터라면 완벽하게 풀컬러로 출력이 가능합니다.

그러나 6억원짜리 3D 프린터를 구입할 사람이 어디 있으며 설사 돈이 있어서 6억원짜리 3D 프린터를 구입했다 하더라도 그렇게 비싼 3D프린터로 출력한 3D 출력물을 도대체 얼마를 받고 팔아야 타산이 맞는가 이 말입니다.

그래서 가격이 저렴한 저가형 3D 프린터로 3D 출력을 하고 서포터를 떼어 내는 등 후가공을 한 다음 거친 표면을 페인팅 만으로 메워서 매끈하게 출력하는 것, 이것이 이 책에서 필자가 기술하는 내용의 중점입니다.

이 책은 3D 프린터에 관련된 책이 아니므로 자세한 설명을 생략하겠습니다만, 필자가 사용한 3D 프린터는 FDM 방식이고요, 레이저 방식의 3D 프린터로 레진을 사용하면 비교적 깨끗한 출력이 가능합니다.

How to use an air spray gun

그리고 프라이머는 하도, 즉 가장 먼저 칠하는 밑 바탕 페인트이므로 페인트 중에서 가장 품질이 낮는 저급 페인트입니다.

그래서 하도용 프라이머로 필자의 경우 3D 프린터로 출력한 3D 출력물에 여러 번 덧칠해서 두껍게 칠을 해서 3D 출력물의 거친 표면을 캄푸라치 하기에는 부적절한 페인트입니다.

그래서 하도, 즉, 맨 밑 바탕에 프라이머를 칠 한 다음에는 중도 페인트가 필수인데요, 중도 페인트 역시 그 종류가 헤일 수 없이 많습니다.

필자의 경우 어차피 중도 페인트는 그 위에 다시 덧칠을 하는 상도 페인트에 가려지는 것이기 때문에 비교적 가격이 저렴한 페인트를 사용하고 있고요,..

그러나 앞에서 도둑(?)에 비교될 정도로 날나리 빵빵 보다 못한, 달리 무어라 표현할 수 없는 이런 엉터리 페인트 판매자 때문에 비싼 상도용 페인트, 잘 못 온 것을 반품을 하지 않고 계속하여 하도 및 중도 페인트로 사용한 기가 막힌 사연이 있습니다.

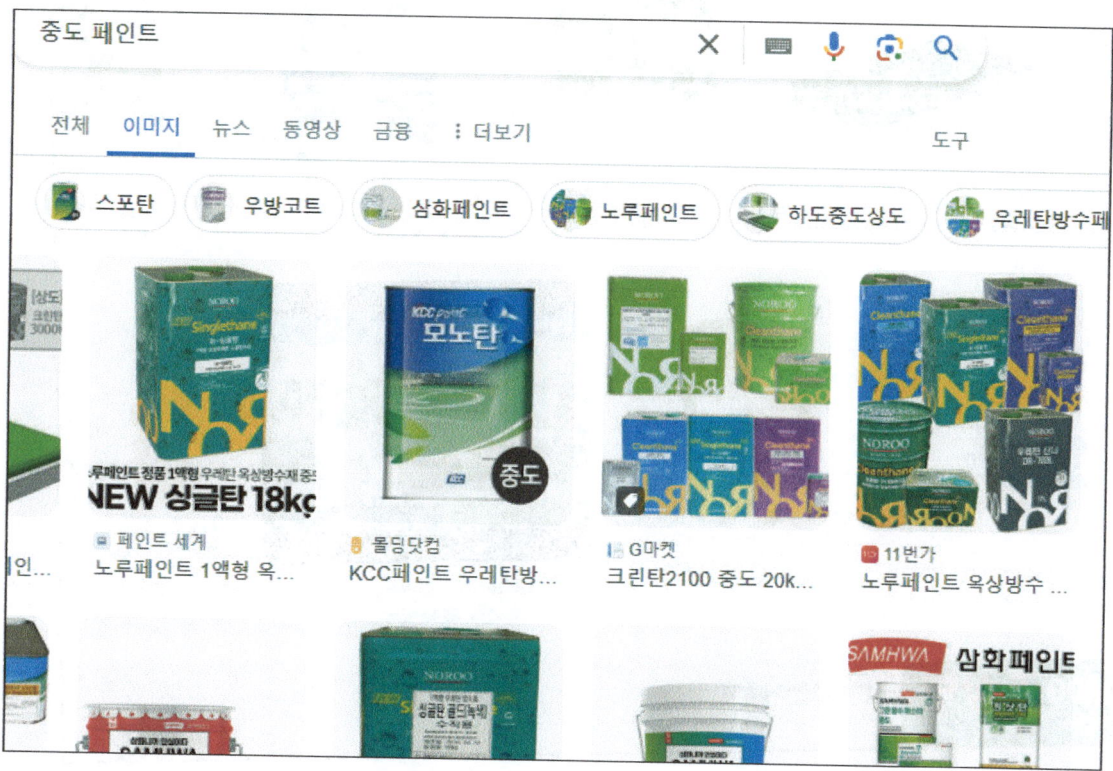

반품 및 교환을 하려면 여러 날 걸리기 때문에 아예, 반품 및 교환을 하지 않고 그냥 하도용 페인트로 사용한 것인데요, 하도이든, 중도이든, 상도에 가려지기는 하지만, 그래도 중요하지 않은 것은 결코 아닙니다.

하도 및 중도가 제대로 페인팅이 되어야 상도 페인팅을 했을 때 완벽한 결과를 얻을 수 있기 때문에 하도이든, 상도이든 무조건 아무 페인트나 구입해서는 안 되는 것입니다.

How to use an air spray gun

4-5-8. 가는 입자 펄 페인트

필자의 경우 건축 도장을 하는 것이 아니라 3D 프린터로 출력한 출력물의 거친 표면을 우선 프라이머와 하도 및 중도 페인트로 여러 번 덧칠을 해서 메우고 최종적으로 상도 페인트에 속하는 금색 페인팅을 해서 완성하는 것인데요,..

지금 설명하는 펄 페인트는 펄 입자의 크기가 너무 작아서 펄이라기 보다는 그냥 일반 페인트, 농도가 진한 페인트로 보이는 제품도 있고요,..
크리스마스 관련 용품들에 많이 칠해져 있는 빤짝이 등과 같은 펄의 크기가 굵은 입자로 되어 있는 제품도 있습니다.

이 중에서 필자가 현재 구현하고자 하는 것은 3D 프린터로 출력한 3D 출력물을 후가공을 하여 거친 표면을 매끄럽게 연마를 할 수 없으므로 오로지 페인팅 만으로 매끄럽게 해야 하므로,..
그래서 이런 곳에는 두껍게 페인트 칠이 가능한 가는 입자의 펄 페인트를 사용해야 하는 것입니다.

이것을 필자는 돈을 무려 1,500만원을 써 가면서 알아낸 것입니다.
펄 페인트는 또 다시 1액형으로 오는 수도 있지만, 사실은 그 페인트 통 속에 투명 페인트가 들어 있고요, 그 투명 페인트 속에 펄 상태의 안료가 똥을 싸 놓은 것 같이 들어 있습니다.

이것도 필자가 지난 1년간 돈을 무려 1,500만원을 써 가면서 알아낸 사실입니다.

페인트 판매자가 알려주든지 최소한 판매 화면에 이런 내용을 기술해 놓고 판매를 해야 할 것이 아닌가 이 말입니다.

한 마디로 고객들의 돈만 울궈 내려는 도둑(?)이 아니고서야 절대로 이렇게 할 수 없습니다.

필자는 분명히 화면에 있는 사진 및 설명을 꼼꼼하게 잘 읽어보고 구입을 한 것인데 정작 페인트가 택배로 와서 칠을 해 보니 펄 페인트는 커녕 투명도 아니고 이상한 페인트로 칠해지는 것을 모르고,..
어차피 하도로 칠하는 것이기 때문에 어떤 색상이 칠해지든 상관이 없기 때문에 그냥 색깔은 필자가 구매한 색상과 틀리더라도 그냥 칠을 하다보니 페인트를 거의 다 쓰고 보니 밑에 똥을 싸 놓을 것처럼 펄 안료가 들어 있었습니다.

이런 식입니다.
그래서 그 똥을 싸 놓은 것과 같이 들어 있는 안료를 잘 섞어줘야 원래의 펄 페인트가 칠해 지는 것이라는 것을 필자 스스로 어렵게 터득한 것입니다.

앞에서도 잠깐 설명을 했습니다만, 이 펄이라는 것이 입자가 너무 곱기 때문에 펄 이라기 보다는 그냥 투명 페인트에 원하는 색상을 구현하는 안료라고 할 수도 있고 요, 이 안료를 투명 페인트에 넣어서 보내는 것이기 때문에 잘 섞어서 사용을 해야 하는 것입니다.

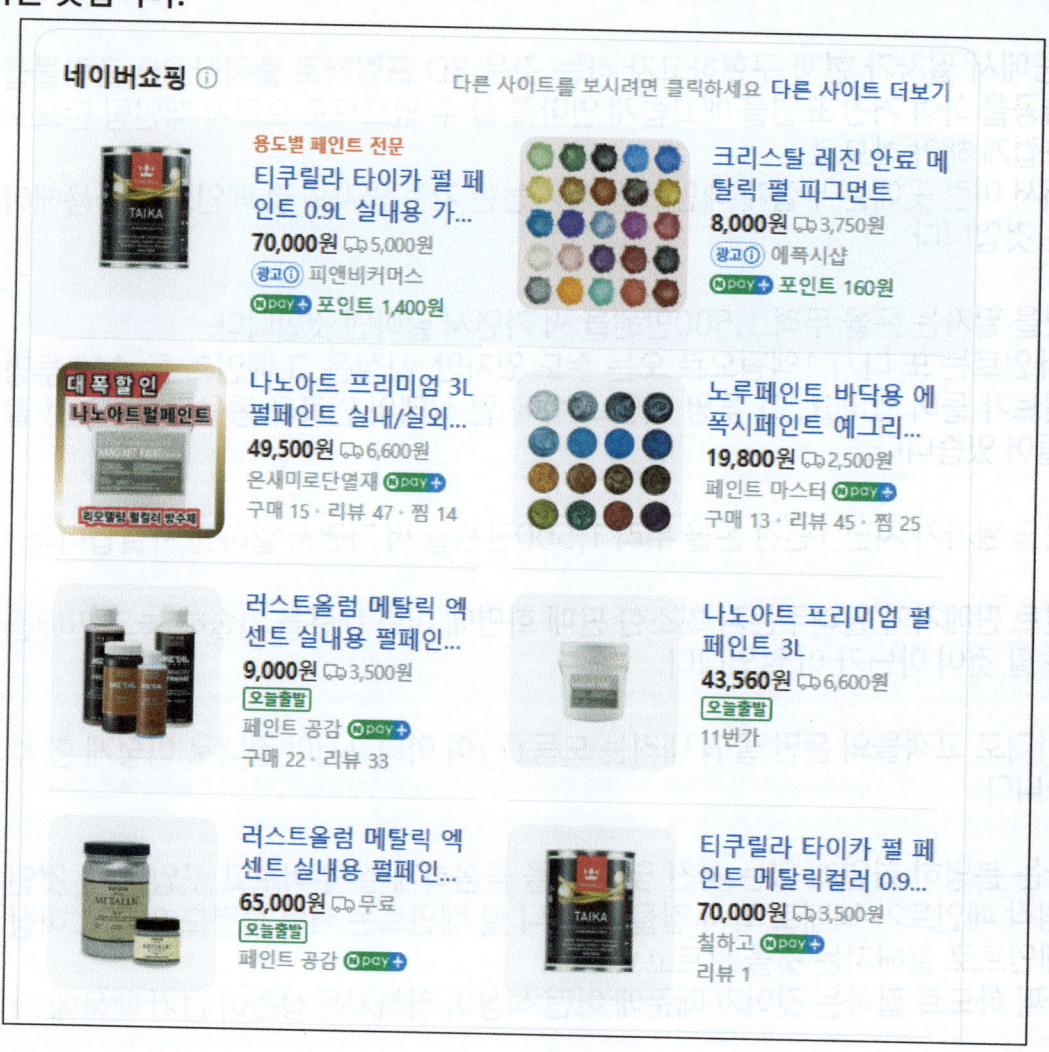

4-5-9. 조색기

그런데 필자는 보통 위에 보이는 것과 같이 18L, 혹은 20L 등 한 말 단위로 구입해서 사용하기 때문에 이 페인트 통 속에 섞여 있는 펄 안료를 섞는 것도 일거리입니다.
필자도 처음에는 몰라서 그냥 넘어 갔지만, 나중에 근처 페인트 대리점에 가서 페인트를 구입하니 그곳에는 조색기라는 기계가 있고요, 이 조색기에 페인트 통을 물려서 한 동안 회전을 시킵니다.

조색기에서 강하게 페인트 통을 회전을 시켜서 사용자가 일부러 섞지 않아도 편리하게 칠을 할 수 있게 해서 판매를 하는 것을 보고 알았습니다만, 그 이전에 부산에 있는 모 업체에서 그토록 많은 페인트를 구입했건만 단 한 번도 그렇게 해서 보내지 않고 그냥 투명 페인트 통 속에 필자가 구입한 색상의 안료를 똥을 싼 것과 같이 넣어 놓고 어떻게 사용하라는 설명도 해 주지 않는 것입니다.

아니 이런 내용이 판매 화면에 자세하게 기술되어 있어야 하는 것 아닌가 이 말입니다.
여러분도 어떠한 곳에서 페인트를 구입을 하건 어떠한 곳에도 이런 내용이 적혀 있는 화면은 단 한 군데도 없습니다.

그리고 펄 페인트는 아무리 입자가 고와도 에어스프레이건 노즐 직경이 작은 것은 분사가 잘 안 됩니다.

그래서 이런 종류의 페인트를 사용하려는 사람은 필자와 같이 에어스프레이건 W-77 모델을 구입해서, 노즐 구경이 2.5mm 정도 되는 것을 구입해서 사용하는 것이 좋습니다.
특히 펄 입자가 굵은 안료는 에어스프레이건 노즐 구경이 작은 것은 아예 분사가 전혀 안 됩니다.

4-5-10. 입자가 굵은 펄 안료

앞의 화면도 방금 인터넷으로 검색한 결과이므로 참조만 해 주시고요,..
앞의 화면에 보이는 것은 모두 입자가 고운 분말 형태의 안료입니다.
그러나 다음에 보이는 것과 같이 입자가 굵은 안료도 있습니다.

도대체 이런 것을 일반인이 어떻게 알 수 있겠어요?
필자와 같이 고도로 특별한 사람도 예를 들어 위의 화면에 보이는 입자가 굵은 안료 중에서 어떤 굵기를 사용해야 좋은지 실제로 사용해 보기 전에는 절대로 알 수 없습니다.

일단 입자가 가는 펄 안료는 입자가 가늘기 때문에 칠를 하면 손에 묻어나지 않습니다.
이에 비하여 입자가 굵은 펄 안료는 칠을 하고 나서도 입자가 굵기 때문에 마치 크리스마트 관련 제품들에 붙어 있는 빤짝이 펄과 같이 손에 붙어 나거나 문지르면 펄 입자가 떨이지는 수도 있습니다.

4-5-11. 페인트 교반기 만들기

지금 설명하는 펄 안료가 섞인 페인트는 대부분 직접 섞어서 사용해야 하는데요, 펄 입자 안료가 페인트에 잘 섞이지 않습니다.
사용하기 전에 잘 휘저어 사용하면 잠깐은 섞여 있지만, 곧 안료는 페인트와 분리되고 맙니다.
그렇다면 페인트 판매자가 이런 내용을 기술하고 판매를 해야 하지만, 여러분도 직접 검색을 해 보세요.
이런 내용을 기술해 놓고 판매하는 판매자는 단 한 사람도 없습니다.
그래서 이런 내용 역시 필자 스스로 터득 하는 수 밖에는 없었습니다.

필자는 페인트를 섞을 수 있는 교반기를 직접 제작을 했는데요, 가구, 문짝 등을 보강하는 용도로 사용하는 꺾쇠를 펴서 구멍을 뚫어서 만들었습니다.

주변에서 구할 수 있는 재료를 찾다가 위에 보이는 꺾쇠를 망치로 펴서 일자로 만든 다음 가운에 구멍을 뚫고 가운데는 전산 볼트라는 길이가 긴 나사를 잘라서 끼우고 넛트로 고정시켰고요, 양쪽은 바이스로 물리고 바이스 플라이어로 뒤틀어서 프로펠러를 만들었습니다.

이 제품은 원래 필자가 현재 부업으로 양봉, 벌을 키우고 있고요, 벌에게 먹이는 사양액을 만들 때 사용하려고 만든 교반기입니다만, 페인트를 교반할 때도 유감없이 성능을 발휘하여 페인트가 기가 막히게 잘 섞입니다.

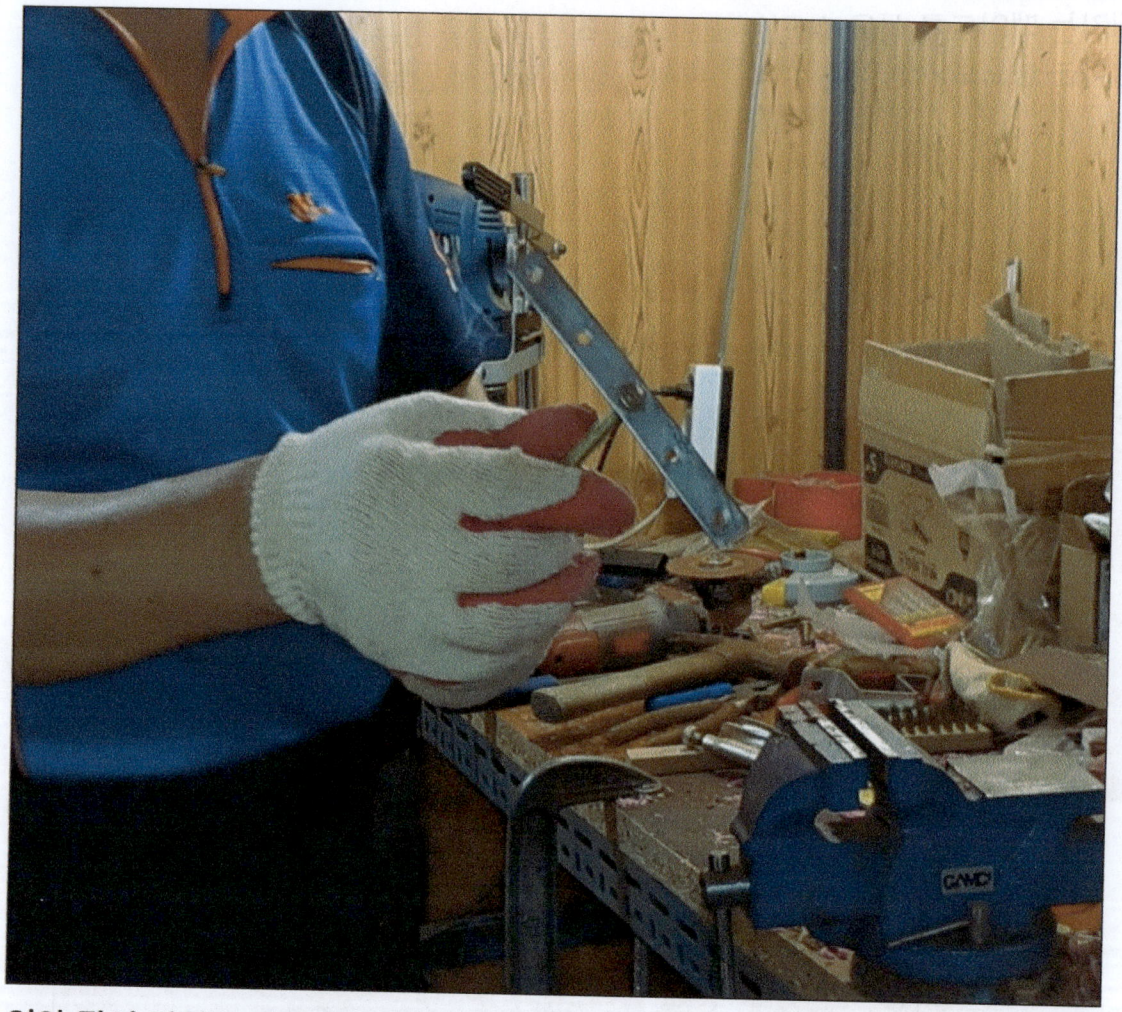

위와 같이 망치로 때려서 펴서 일자로 만들고 가운데 구멍을 뚫고 전산 볼트를 끼우고 넛트로 고정을 했고요,..

그리고 다음 화면에 보이는 것과 같이 바이스에 물리고 바이스 플라이어로 양쪽 날개를 서로 반대로 휘어서 프로펠러를 만들었습니다.

가운데 구멍은 드릴로 뚫었고요, 전산볼트는 예전에 사 놓은 것이 있어서 그것을 활용했고요,..

전산볼트 굵기가 6mm 이므로 구멍 역시 6mm로 뚫고 가운데 6mm 전산 볼트를 끼우고 6mm 넛트를 양쪽에 채워서 고정한 것입니다.

How to use an air spray gun

에어 스프레이건 사용법　　　　　　　　　　　　　　　　에어 콤푸레셔

참고로 인터넷 검색하면 이와 같은 용도로 사용하는 제품이 많이 있으므로 필자와 같은 공구가 없는 분들은 인터넷으로 구매하셔도 됩니다.

인터넷에서 검색어 '교반기' 로 검색하면 엄청나게 비싼 교반기도 많이 있지만, 교반기 프로펠러, 임펠러, 혼합기 등의 이름으로 핸드 드릴에 물려서 사용할 수 있는 저렴한 가격의 프로펠러 형식의 교반기도 크기별로 여러 종류가 있으므로 이런 제품을 구입해서 충전 드릴에 물려서 교반을 하면 됩니다.

필자는 철공소를 해도 될 정도로 웬만한 공구는 다 갖추고 있으므로 이런 작업은 즉석에서 할 수 있으므로 직접 제작을 했고요, 유튜브에서 '가나출판사' 검색하여 동그라미 속에 들어 있는 필자의 얼굴을 클릭하여 필자의 유튜브 채널에 오시면 관련 영상을 여러 개 올려 놓았습니다.

How to use an air spray gun

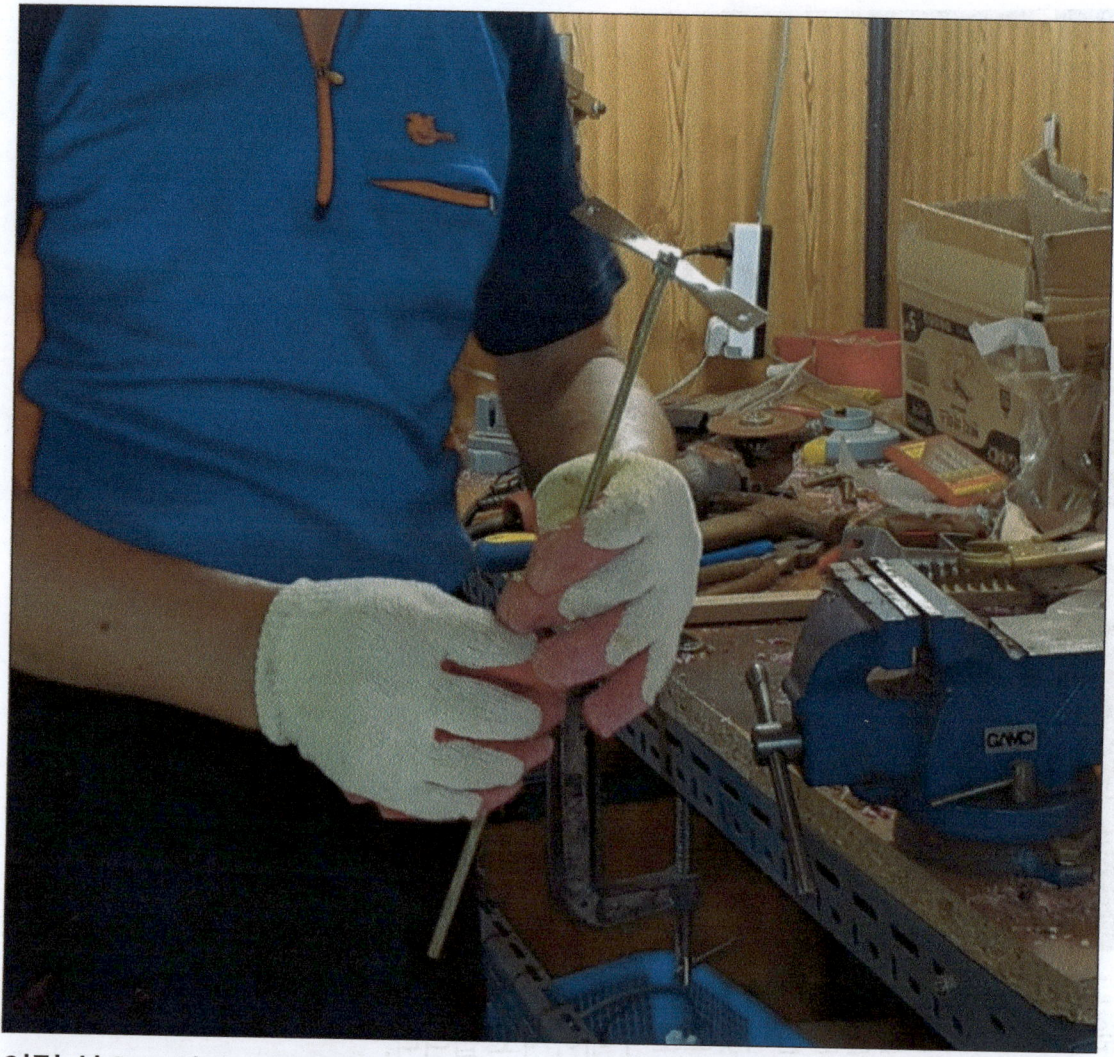

이런 식으로 양쪽으로 반대로 휘어서 프로펠러를 만들었고요, 강한 금속이기 때문에 가장자리 모서리 날카로운 부분은 핸드그라인더로 갈아서 연마를 하고 샌드페이퍼로 부드럽게 연마를 했습니다.

마치 장난감 프로펠러, 잠자리 프로펠러 양 손으로 싸악 비비면서 날리면 하늘로 날아 오르는 프로펠러와 똑같은 모습입니다.

날개 양쪽의 휘어지는 방향에 따라 페인트 혹은 이물질이 혼합되는 것이기 때문에 충전 드릴이든 전기 드릴이든 좌회전 우회전이 가능한 드릴에 물려야 날개 휘어지는 방향에 관계없이 회전시켜서 교반을 할 수 있습니다.

How to use an air spray gun

에어 스프레이건 사용법   에어 콤푸레셔

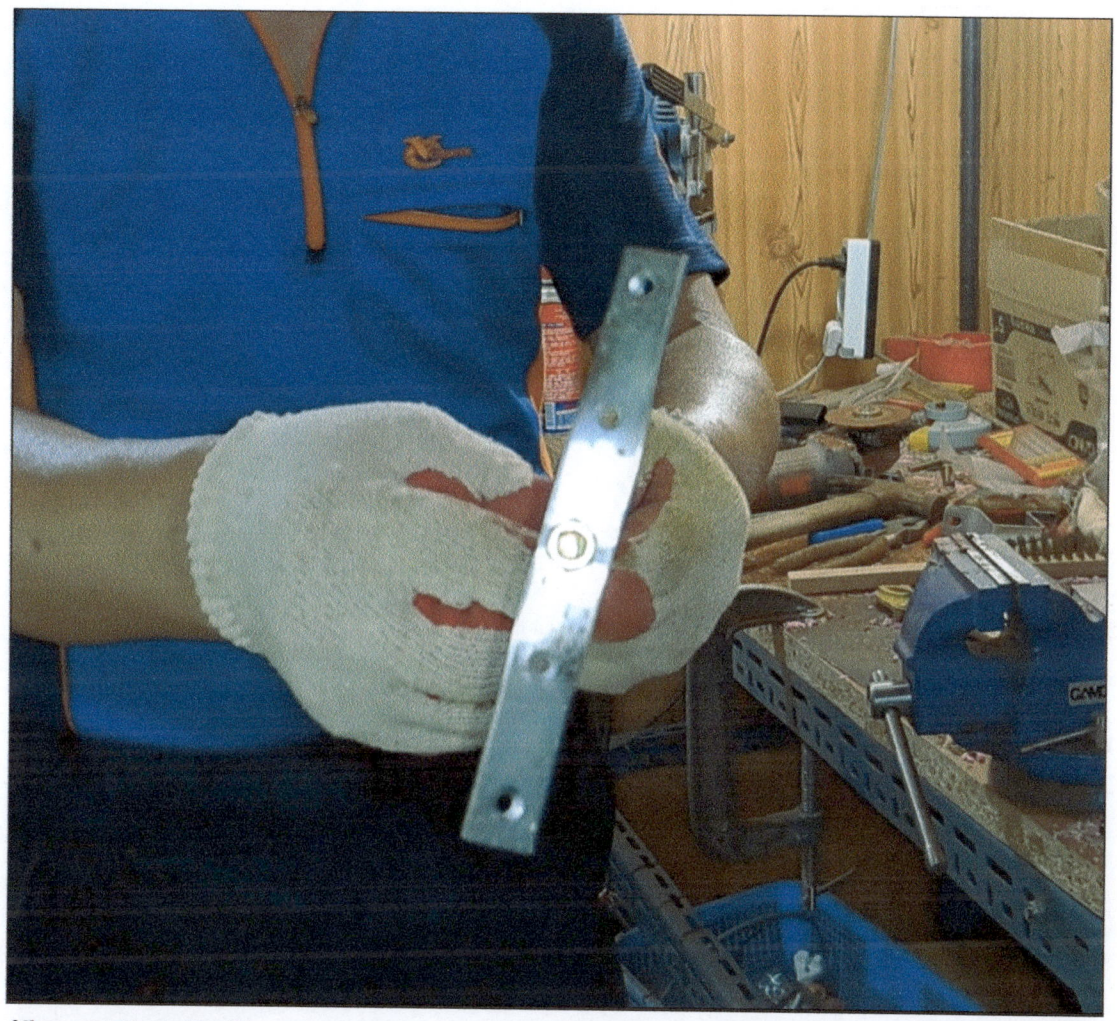

핸드 드릴에 물리는, 축이 되는 샤프트 부분은 근처 기공사에 가면 전산 볼트라는 이름으로 거의 1~2mm 간격으로 가는 제품에서부터 굵은 제품에 이르기까지 다양하므로 자신이 가지고 있는 충전 드릴에 물릴 수 있는 굵기의 제품으로 구입해서 적당한 길이로 잘라서 사용하면 됩니다.

필자의 경우 굵기 6mm의 전산 볼트를 사용했고요, 6mm 굵기의 전산 볼트를 30Cm 정도의 길이로 자르고 프로펠러 가운데에 끼울 때 양쪽으로 스프링 와샤를 끼우고 6mm 넛트로 조인 것입니다.

이런 종류의 작업을 할 때는 평와샤를 끼우지 않고요, 스프링 와샤를 끼워야 진동에 의해서 풀리는 것을 방지할 수 있습니다.

How to use an air spray gun

에어 스프레이건 사용법

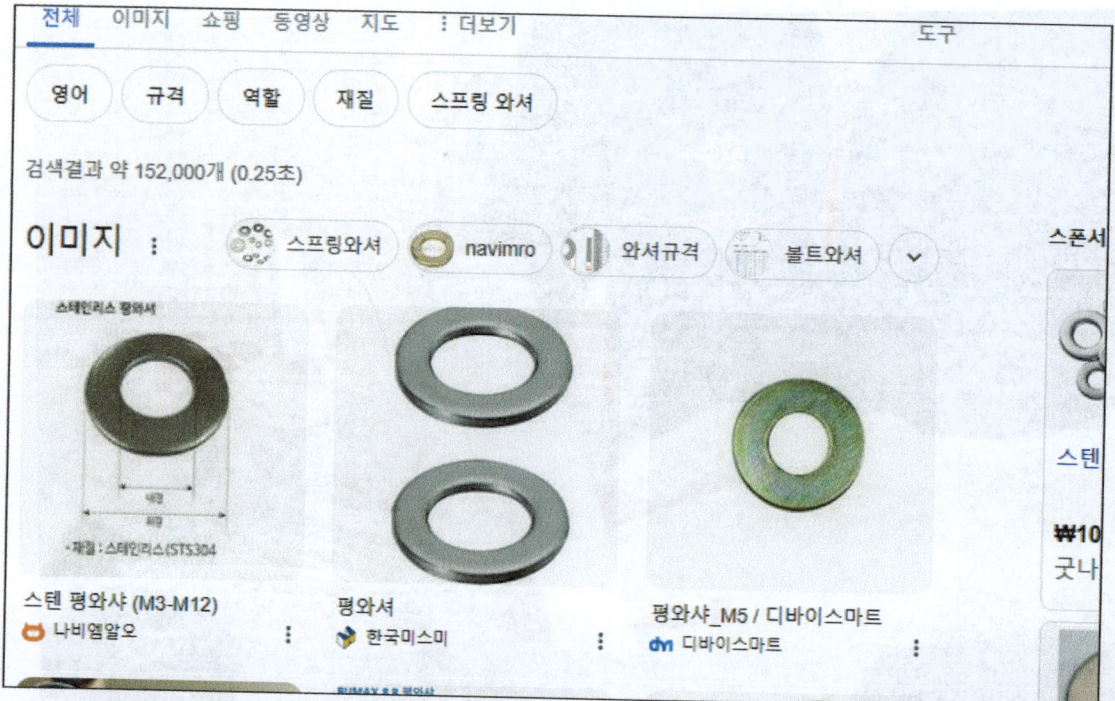

위는 평와샤, 아래는 스프링 와샤입니다.

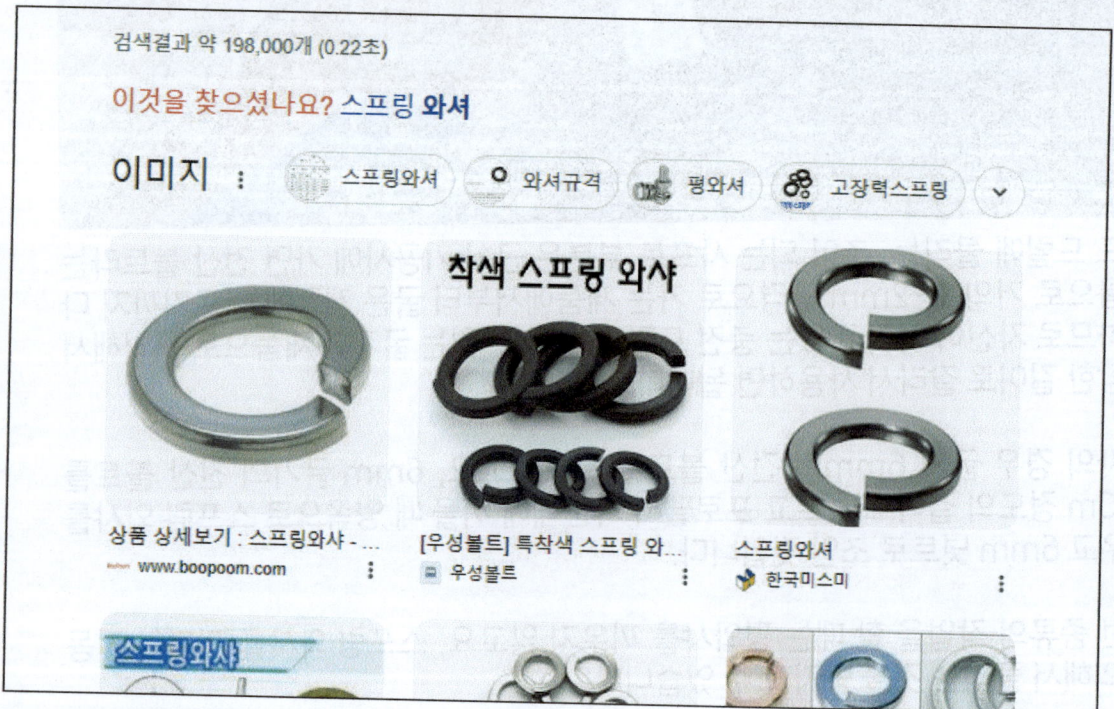

에어 스프레이건 사용법　　　　　　　　　　　　　　에어 콤푸레셔

위의 화면에 보이는 충전드릴은 고속, 저속, 그리고 방아쇠를 잡아 당길 때 살짝 누르면 천천히 회전하고 강하게 당길 수록 회전이 빨라집니다.

따라서 충전드릴에 방금 만든 스크류를 체결하고 충전드릴 방아쇠를 당기는 압력으로 회전을 조절하여 적절한 회전을 하면 매우 효과적으로 페인트는 교반할 수 있고요,..

펄 페인트는 반드시 이렇게 교반을 해야 합니다.

How to use an air spray gun

에어 스프레이건 사용법 　　　　　　　　　　　　　　　　　　에어 콤푸레셔

앞에서 잠깐 설명했습니다만, 펄 페인트는 이렇게 교반기로 교반을 해 주지 않고 사용하면 잠깐 휘저을 때는 섞여서 나오지만, 가라앉거나 펄만 공기 중으로 날아가 버리고 맙니다.

교반기 만드는 방법 및 사용하는 영상 역시 필자의 [유튜브 채널]에 올려 놓았습니다.
유튜브에서 '가나출판사' 검색하여 동그라미 속에 들어 있는 필자의 얼굴을 클릭하면 필자의 유튜브 채널에 오실 수 있습니다.

How to use an air spray gun

얼마 전에 필자가 구입한 펄 페인트를 지금 검색을 해 보니 상품이 사라졌습니다.

이런 식으로 어렵게 어렵게 알아낸 페인트 조합이라도 판매자가 일정 기간 판매를 하다가 중단을 해 버리는 일이 허다합니다.

중국에서 구입을 하면 되기는 됩니다만, 너무나 비싸고 지속적으로 공급될지 더욱 더 알 수 없습니다.

더구나 아래 화면에 보이는 제품들은 모두 100g 용량입니다.

필자의 경우 18리터 용량의 대 용량 큰 통으로 구입을 해야 하는데요, 가격은 둘째 치고 해외에서 구매하는 제품은 이렇게 중량이 무거울 경우 거의 수입이 어렵다고 보셔야 합니다.

배송비가 어마어마하게 나오기 때문입니다.

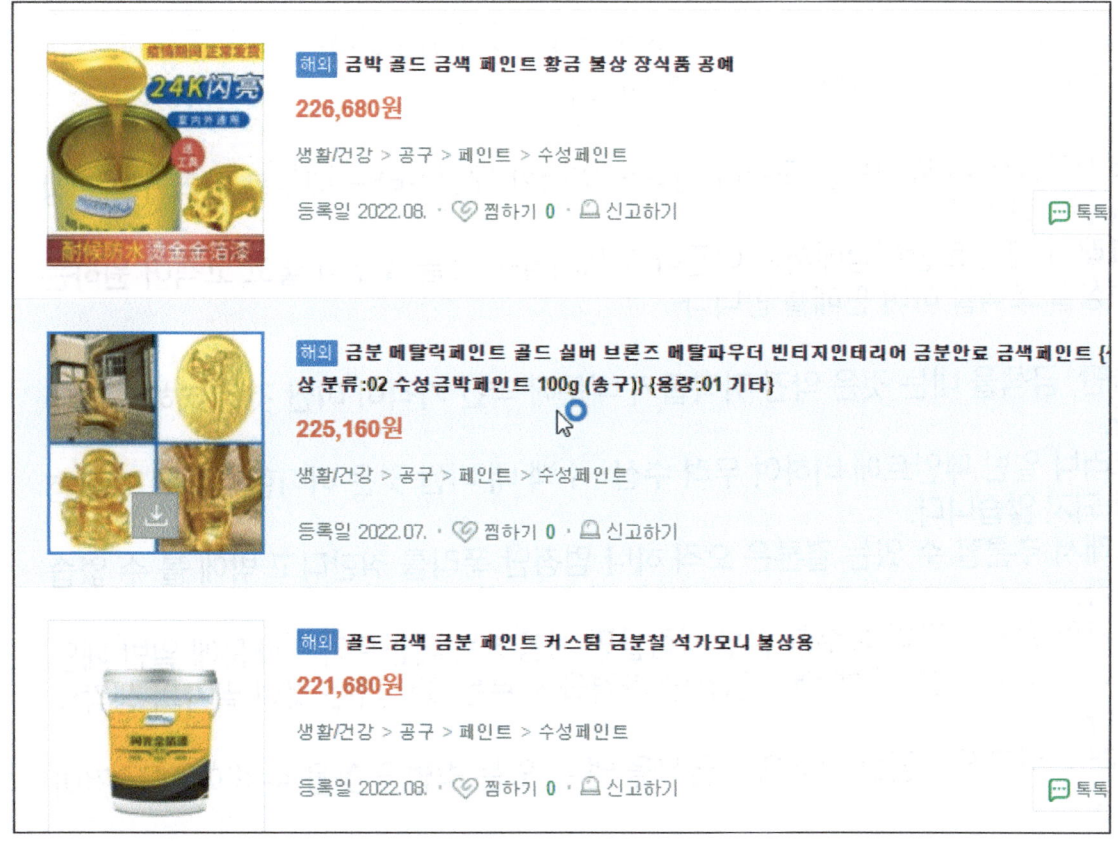

위의 마우스가 가리키는 용량을 보면 0.1L에 13,000원입니다.
그렇다면 20L로 환산하면 260만원입니다.

필자가 아무리 페인트를 모른다 하여도 어떠한 페인트라도 대부분 여러가지 색상이 존재합니다.
그래서 페인트 판매점에서는 이른바 조색기라는 것을 갖추어 놓고 고객이 원하는 색상을 조색을 하여 판매를 합니다.

다만, 금색을 내는 것은 약간 까다롭기 때문에 약간 가격이 비싼 것은 이해가 됩니다.
그러나 일반 페인트에 비하여 무려 수십~수백 배 비싼 것은 어떠한 이유로도 설명이 되지 않습니다.
그래서 추론할 수 있는 결론은 오직 하나 엄청난 폭리를 취한다고 밖에 볼 수 없습니다.
어차피 필자와 같이 특수한 일부 사람들만 사용하는 페인트이기 때문에 일반 페인트에 비해서 수십~수백 배의 엄청난 가격을 부르는 것이라는 것이 필자의 생각입니다.
그래서 비교적 저렴한 비용으로 금색을 낼 수 있는 방법을 찾을 수 밖에 없는 것이고,..

그래서 어렵게 검색하여 구입한 것이 앞쪽에서 보았던 펄페인트인데요, 재구매를 하려고 해도 이미 상품이 사라져 버렸습니다.

이게 문제입니다.
아무리 좋은 조합을 찾아냈다 하더라도 일반적이지 않은 페인트는 곧 판매 중지를 해 버리기 때문에 돈을 무려 1,500만원을 들여 금색을 내는데 성공했다 하더라도 그 페인트를 다시는 구할 수 없으니 도로마미타불이 된 것입니다.

그래서 이런 페인트 하나를 구입하더라도 지속적으로 공급이 가능한지 반드시 알아보고 구입을 해야 합니다만, 필자가 지금까지 상대했던 페인트 판매자들은 우선 먹기는 곶감이 달다는 말과 같이 필자가 구입할 때는 지속적으로 공급이 가능하다고 하지만, 정작 재구매를 하려고 하면 단종되어 없다는 말을 태연하게 아무렇지도 않게 합니다.

이게 문제입니다.
그래서 어려운 것입니다.

에어 스프레이건 사용법　　　　　　　　　　　　　　　　　　　에어 콤푸레셔

앞의 화면은 그 앞의 화면, 필자가 구입한 페인트가 재구매를 하려고 했더니 사라져서 다시는 구입할 수 없는 페인트로 칠한 금색 페인트칠을 한 조각상들인데요,..

이 책의 앞 부분에서도 다른 화면을 보여 드렸습니다만, 앞의 화면은 금색 페인트를 구입하여 칠을 한 것입니다만, 금색이 아니라 녹색이 나옵니다.

그래서 가장 색상에 민감한 사람이 해야 하는 조색 전문가가 색맹이 아니고서야 초록색을 금색으로 보낼 수는 없다고 했는데요,..

아무튼, 금색은 아니지만, 3D 프린터로 출력한 3D출력물의 거친 표면은 모두 메워져서 페인팅 자체는 매끈하게 칠해졌습니다.

그래서 어쩔 수 없이 이 페인트는 이미 돈을 주고 구입한 것이므로 버릴 수는 없고요, 교환 및 반품도 안 되므로 그냥 하도 페인트로 사용하고 다시 그위에 덧칠을 해서 금색이 나는 페인트를 물색하기에 이른 것입니다.

그리고 이렇게 두껍게 칠해지는 펄 페인트는 두껍기 때문에 너무 많은 덧칠을 하면 원래 모습이 사라지고 두리뭉실해져서 손가락 발가락 등 섬세한 부분은 모두 사라지고 맙니다.

그리고 이렇게 두껍게 칠해지는 펄 페인트는 두껍게 칠해지기 때문에 빨리 마르지 않습니다.

그래서 필자가 무려 1년 전에 칠한 것도 아직도 마르지 않는 불상사가 발생을 하는 것입니다.

그래서 어쩔 수 없이 2액형 페인트를 사용해야 하는 것입니다.

2액형 페인트는 주제와 경화제, 이렇게 2가지로 판매되는 페인트인데요, 경화제라는 것이 페인트를 빨리 경화(굳게 하는 것)시키는 작용을 하기 때문에 2액형 페인트를 칠하면 빨리 마르기는 하지만, 페인트를 소량만 사용해야 할 경우에는 정확히 사용할 만큼만 주제와 경화제를 섞어서 최대한 빠른 시간 내에 칠을 하고 남은 것은 버려야 합니다.
굳어 버리기 때문입니다.
심지어 식사 시간에 식사를 하고 와도 굳어 버릴 정도입니다.

How to use an air spray gun

필자도 처음에 사용한 것이 1액형 페인트였기 때문에 페인트는 모두 1액형 페인트만 있을 줄 알았습니다.

1액형은 그냥 페인트 뚜껑을 열고 그냥 사용하던지, 너부 뻑뻑할 경우 해당 시너를 적당량 희석시켜 사용하면 그만입니다.

그러나 2액형은 제조사의 정해진 비율에 따라 2가지 용제를 서로 섞어서 사용해야 합니다.

4-5-12. 2액형 페인트의 장점

앞의 화면도 방금 네이버에서 검색한 결과이므로 참조만 해 주시고요,..
필자도 처음에는 잘 몰라서 오로지 1액형 페인트만 사용했는데요,..

2액형 페인트는 제조사의 비율에 따라 섞어 쓰는 것이 번거롭게 생각되어 편하게 1액형만 사용한 것이고요,..

사실 1액형이 편리한 것은 맞습니다.

그러나 1액형 페인트는 필자와 같이 3D 프린터로 출력한 3D 출력물에 두껍게 여러 번 덧칠을 할 경우 1년이 지나도 마르지 않는 심각한 결점이 있습니다.

필자도 처음에는 몰라서, 그리고 편리해서 2액형은 아예 쳐다보지도 않고 무조건 1액형만 사용을 했는데요, 어느날 필자가 원하는 페인트가 1액형이 없는 상황이 발생을 하였습니다.

그래서 어쩔 수 없이 2액형 페인트를 구입해서 사용하게 되었는데요,..
2액형 페인트는 2가지 페인트를 조합하여 색상을 만드는 것이 아닙니다.

1액형 페인트와 같이 페인트는 1액형과 동일하지만, 2액형이란, 1액형 페인트에 페인트를 빨리 굳게 하는 경화제가 있는 것이 2액형 페인트입니다.

2액형 페인트는 2가지 페인트를 조합을 하여 원하는 색상을 만들어 사용하는 줄 알았지만, 그것이 아니고요, 페인트를 빨리 굳게 하는 경화제를 섞어서 사용하는 것이 2액형 페인트입니다.

4-5-13. 페인트 경화제

수성 페인트는 물을 희석제로 사용하기 때문에 따로 경화제를 넣지 않아도 건조 시간이 빠르고요, 페인트 경화제는 유성 페인트에만 사용하는 것이고요, 유성 페인트는 있는데 경화제가 없다든지 경화제가 응고되어 사용할 수 없을 경우 경화제만 따로 구입할 수도 있습니다.

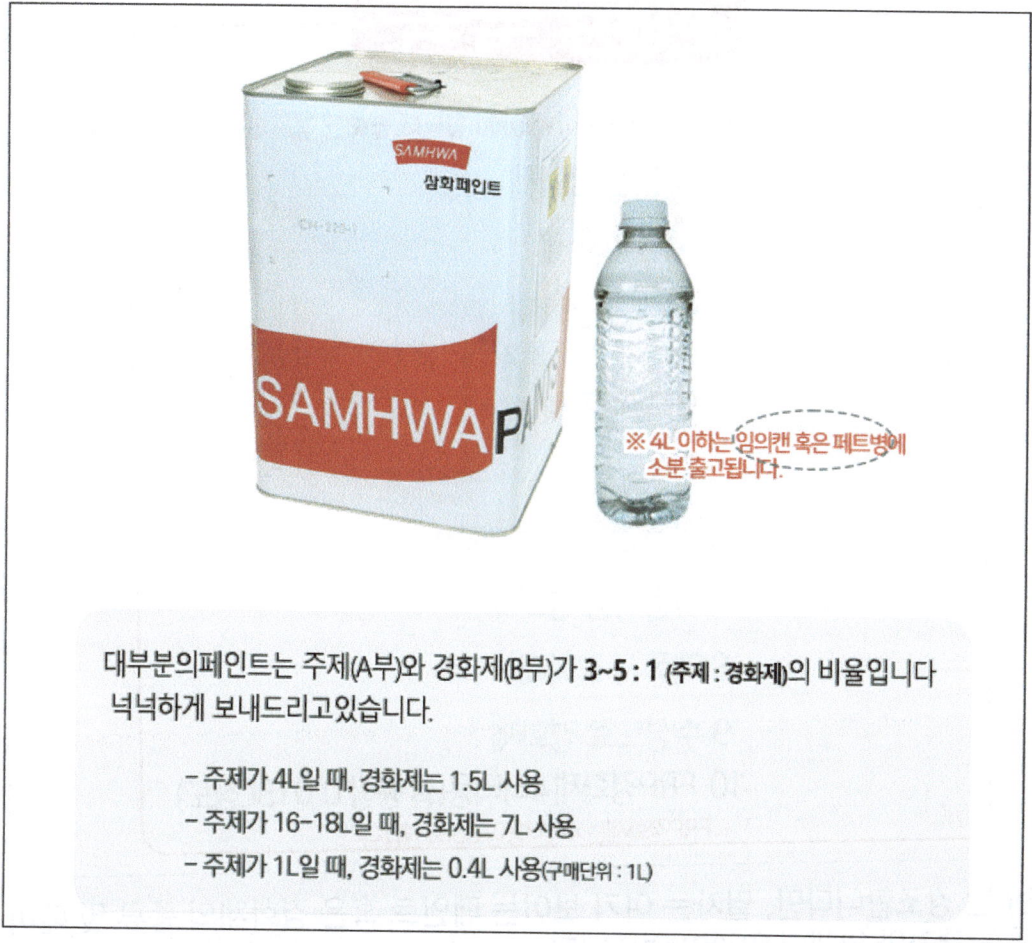

위의 화면 역시 방금 인터넷으로 검색한 것일 뿐 페인트 메이커와 페인트 종류는 필자와는 전혀 상관이 없고요, 위에 화면에 보이는 설명만 참고하시기 바랍니다.

주제 + 경화제를 혼합하는 페인트는 경화제가 분실된 경우 또는
굳어서 사용하지 못하는 경우에 Q&A에 페인트 이름만 적어주시면
그에 맞는 경화제 또는 주제를 보내드립니다.
가능한 라벨 사진도 같이 찍어서 010-3100-6660으로 보내주시면 더 정확한 안내를
도와드릴 수 있습니다.
신나(희석제)도 마찬가지로 Q&A에 남겨주시면 맞는 신나를 찾아서 보내드립니다.

불량 없이 재활용도 하고 일석이조 !

제품 목록

모든 제품은 1L용 (실제용량 180ml~280ml) =₩8,000 입니다. 필요한 경화제를 입력해주세요

1. 소분용 경화제
2. 내열 경화제
3. 우레탄 경화제
   ㄴ(공업용,바닥용 2개중 선택해주세요)
4. 내화 경화제
5. 불소 경화제
6. 아크릴우레탄 경화제
7. 자동차용 경화제
8. 에폭시 경화제
9. 수성도료 경화제
10. FRP경화제 4리터용(실 용량 0.015L정도)
    ㄴ FRP경화제는 4리터용이 8000원입니다.

다시 한 번 강조합니다만, 필자는 여기 보이는 페인트 혹은 경화제의 종류 및 메이커 혹은 판매자와 일체의 연관이 없습니다.

다만, 이 책을 집필하기 위하여 방금 인터넷으로 검색한 결과이고요, 이 책에서 설명하는 내용과 부합하기 때문에 소개하는 것일 뿐입니다.

따라서 여기 보이는 화면은 참고만 해 주시고요, 그래도 화면을 잘 보시면 페인트 혹은 경화제에 대해서 비교적 자세하게 설명이 되어 있습니다.

필자 역시 예전에 1액형 페인트를 사 놓고 아직 남아 있는 페인트의 경우 해당 페인트에 맞는 경화제를 구입해서 원래 1액형 페인트이지만, 해당 페인트, 예를 들어 우레탄 페인트라면 우레탄 페인트에 맞는 경화제를 구입하여 경화제를 약간 덜 넣고 사용을 했습니다.

4-6. 평활도

페인팅에서 평활도는 매우 중요한 내용입니다.

필자의 경우 3D 프린터로 출력한 3D 출력물을 후가공을 하여 거친 표면을 가진 피도체를 샌드페이퍼 등으로 매끈하게 연마를 할 수 없으므로 오로지 페인트를 두껍게 칠하여 거친 표면을 매끄럽게 만든다고 했는데요,..

일반 페인트는 아무리 덧칠을 많이 해도 페인트가 두껍게 칠해지지 않습니다.

특히 락카 페인트는 도막 두께가 12㎛ 입니다.

나노는 10억분의 1입니다.

필자가 원하는, 3D 프린터로 출력한 3D 출력물을 후가공을 하여 거친 표면을 캄푸라치 하기 위해서는 최소한 1mm 이상의 두께로 페인팅을 해야 하는데요, 락카 페인트로 칠을 한다면 10억 번 덧칠을 해도 안 됩니다.

그리고 단순히 10억 번을 덧칠을 해서 되고 안 되는 문제를 떠나서 이런 페인트는 평활도가 없기 때문에 맨 처음 굴곡이 있는 피도면에 아무리 덧칠을 많이 해도 굴곡이 있는 그대로 칠이 되기 때문에 하도 및 중도로는 절대로 사용할 수 없는 페인트입니다.

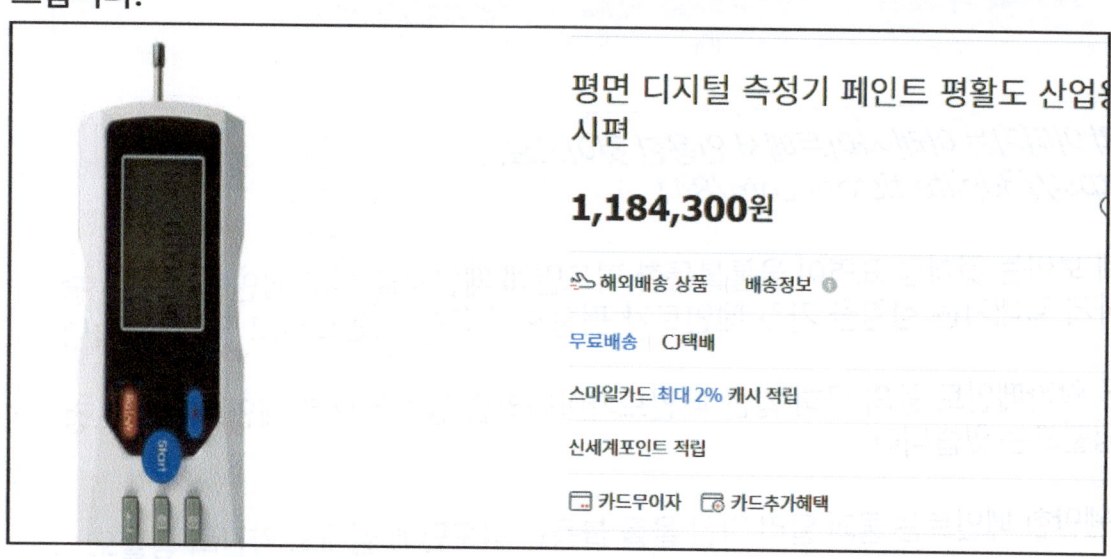

필자가 만든 3D 출력물의 거친 표면을 메우는 페인팅을 하기 위해서는 평활도가 높은 페인트를 칠해야 하는데, 아무리 페인트 판매자들에게 수 없이 문의를 해 보고 페인트 가게도 수 없이 문의를 해 보았지만, 평활도 자체를 이해하지 못하는 페인트 관련 업종에 종사하는 사람들이 대부분이었습니다.

그래도 필자는 하도 많은 페인트를 구매를 했으므로 오프라인 매장에 가서는 물어보았자 욕만 먹기 십상이므로 인터넷 쇼핑몰에서도 문의 해 보았자 헛소리만 듣게 되므로 수 많은 페인트를 검색을 하면서 평활도가 좋은 페인트를 찾아 보았지만, 검색해서는 절대로 찾을 수 없습니다.

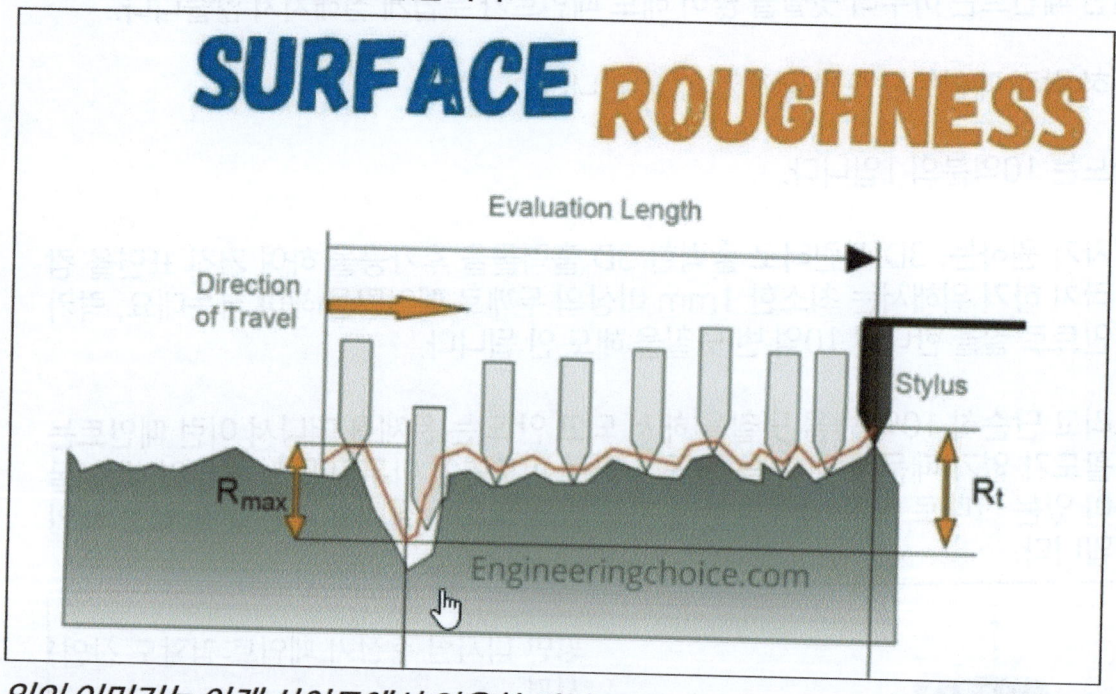

위의 이미지는 아래 사이트에서 인용한 것이고요,..
https://3dplife.tistory.com/841

위에 보이는 것처럼 표면이 울퉁불퉁한 피도면에 페인팅을 해도 페인팅 표면은 평평하게 칠해지는 성질을 가진 페인트가 평활도가 좋은 페인트라고 할 수 있습니다.
물론 락카페인트 등의 극히 얇은 페인트가아니라면 일반적으로 페인트는 어느정도 평활도는 있습니다.

즉, 웬만한 페인트는 물과 달리 약간 울퉁 불퉁한 피도면에 칠해도 약간의 평활도는 있지만, 필자와 같이 3D 프린터로 출력한 3D출력물을 후가공을 하여 거친 표면을 메울 정도로 평활도가 있는 페인트는 사실상 전무합니다.

그래서 필자가 어렵게 찾아낸 펄 페인트도 한 두 번 칠해서는 울퉁불퉁한 표면을 매끄럽게 메우지 못합니다.

특히 프라이머는 쉽게 말해서 가장 싸구려 페인트이기 때문에 여러번 덧칠하면 울퉁불퉁한 표면이 메워져서 매끈하게 되는 것이 아니라 울퉁불퉁한 표면이 다른 모양으로 더욱 울퉁불퉁하게 칠해지는 결과가 나옵니다.

프라이머 중에서도 가격이 비싼 프라이머도 있지만, 다른 성질이 우수하여 가격이 비싼 것일 뿐 평활도가 좋아서 비싼 프라이머는 거의 없습니다.

그래서 중도 페인팅을 해야 하는 것이며, 중도 페인트를 잘 골라야 울퉁불퉁한 표면을 매끄럽게 메우면서 페인팅이 되는 것입니다.

이 때 사용하는, 필자의 경우, 필자가 사용했던 펄 페인트는, 쉽게 말해서 투명 페인트에 필자가 원하는 색상의 안료를 펄 입자가 고운 형태로 마치 똥을 싸 놓은 것처럼 투명 페인트 안에 넣어서 보내기 때문에 이것을 잘 섞어서 사용해야 하며, 필자도 처음에는 잘 몰랐기 때문에 그냥 엑셀 파이트로 휘저어서 페인팅을 했습니다만, 지금 생각하면 이것이 잘 못 된 것입니다.

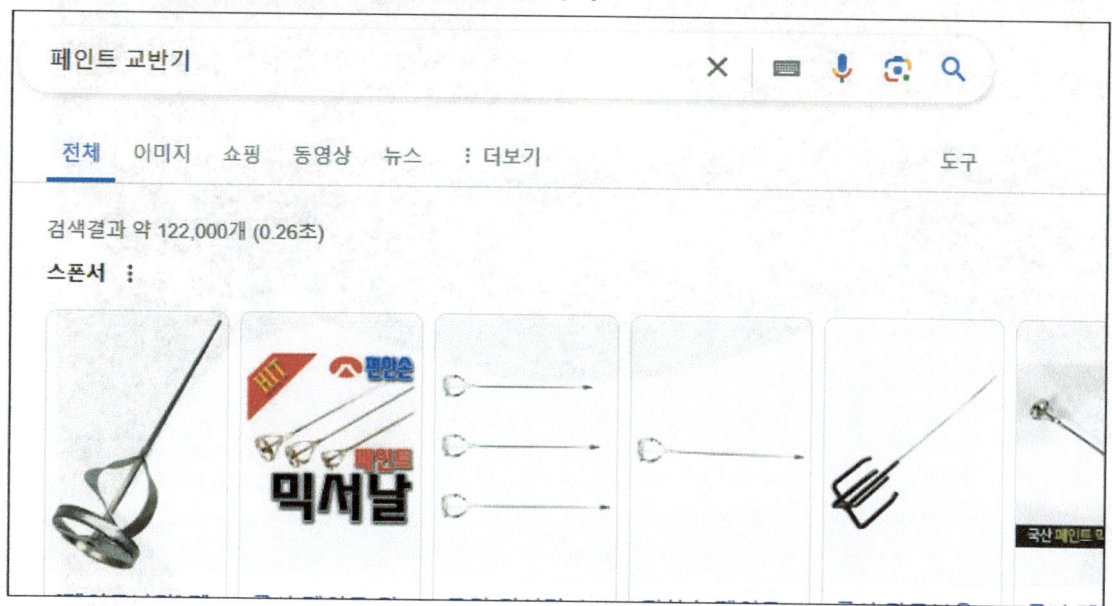

앞에서 설명한 교반기로 제대로 교반을 해서 페인팅을 했어야 합니다만, 당시에는 이것도 몰랐으므로 그냥 엑셀 파이프로 휘저어서 페인팅을 했고요, 결과적으로 페인트 값만 최소한 500만원 정도 날리고 실패한 것입니다.

필자가 실패한 가장 큰 원인은 금색이라고 구입한 금색 페인트가 금색이 나지 않고 초록색이 나서 실패한 것이 가장 큰 원인이고요,..

또 다른 페인트는 그야말로 순금과 같은 색상이 나오기는 하지만, 곱게 순금색으로 칠해진 위에 펄 입자가 마치 다 된 밥에 재를 뿌리듯이 뿌려져서 실패를 하였습니다.

그야말로수 백 만원 어치의 페인트를 구입해서 필을 하다보니 필자가 원하는 황금색 칠이 되는 페인트를 찾을 수 있었고요, 페인트가 아니라 투명 페인트에 섞어서 사용하는 펄 안료이고요, 투명 페인트가 아니라 클리어 코트라야 하고요, 그러나

How to use an air spray gun

금색이 나도록 성공한 후에 재 구입은 할 수 없기 때문에 중단하고 말았습니다. 페인트 판매점에서는 없는 페인트이기 때문에 더 이상 판매를 하지 않는다고 단순하고 쉽고, 무책임하게 말을 하지만, 무려 돈을 1,500만원을 써 가면서 금색이 나도록 노력하던 필자로서는 사형 선고를 받은 것이나 마찬가지입니다.

그래서 여러분도 필자와 같이 금색, 혹은 여러분이 원하는 형태의 페인트를 구할 때 반드시 지속적으로 구입 가능한지 반드시 확인해야 하고요, 판매처의 말만 믿었다가는 필자와 같이 돈을 1,500만원을 쓰고 나서 실패하는 일이 벌어지게 됩니다.

그래서 여러분이 원하는 페인트를 찾았을 경우 동일한 페인트를 다른 판매자도 판매하는 곳이 있는지 반드시 확인을 해야 합니다.

여러 곳에서 판매하는 페인트는 특정 판매자가 판매를 중단해도 계속 구할 수 있기 때문입니다.

4-7. 에어 스프레이건 그물망

그리고 이러한 펄 페인트를 에어스프레이건으로 분사를 할 때는 반드시 에어스프레이건 페인트 통 속에 들어가는 알루미늄 스트로우 끝에 이물질이 빨려 들어가지 않도록 쒸우는 철망을 꼭 끼우고 페인팅을 해는 것이 좋고요,..

펄 페인트이기 때문에 이렇게 완벽하게 준비를 하고 에어스프레이건을 사용해도 에어스프레이건 노즐로 분사가 안 되는 수가 있습니다.

그래서 에어스프레이건을 사용하기 위해서는 페인트 농도가 매우 중요한데요, 페인트 농도를 묽게 하면 페인트가 줄줄 흘러내려서 깨끗하게 도색을 할 수 없고요, 페인트 농도가 진할 때는 에어스프레이건 노즐로 분사가 잘 안 됩니다.

그래서 적정 농도를 찾는 것이 매우 중요하고요, 이것은 정해진 법칙이 없습니다. 자신이 사용하는 펄 페인트의 펄 입자가 얼마나 고운지 파악해야 하고요, 조금씩 농도를 맞춰가면서 여러 번 분사를 하면서 적당한 농도는 자신이 직접 찾아야 합니다.

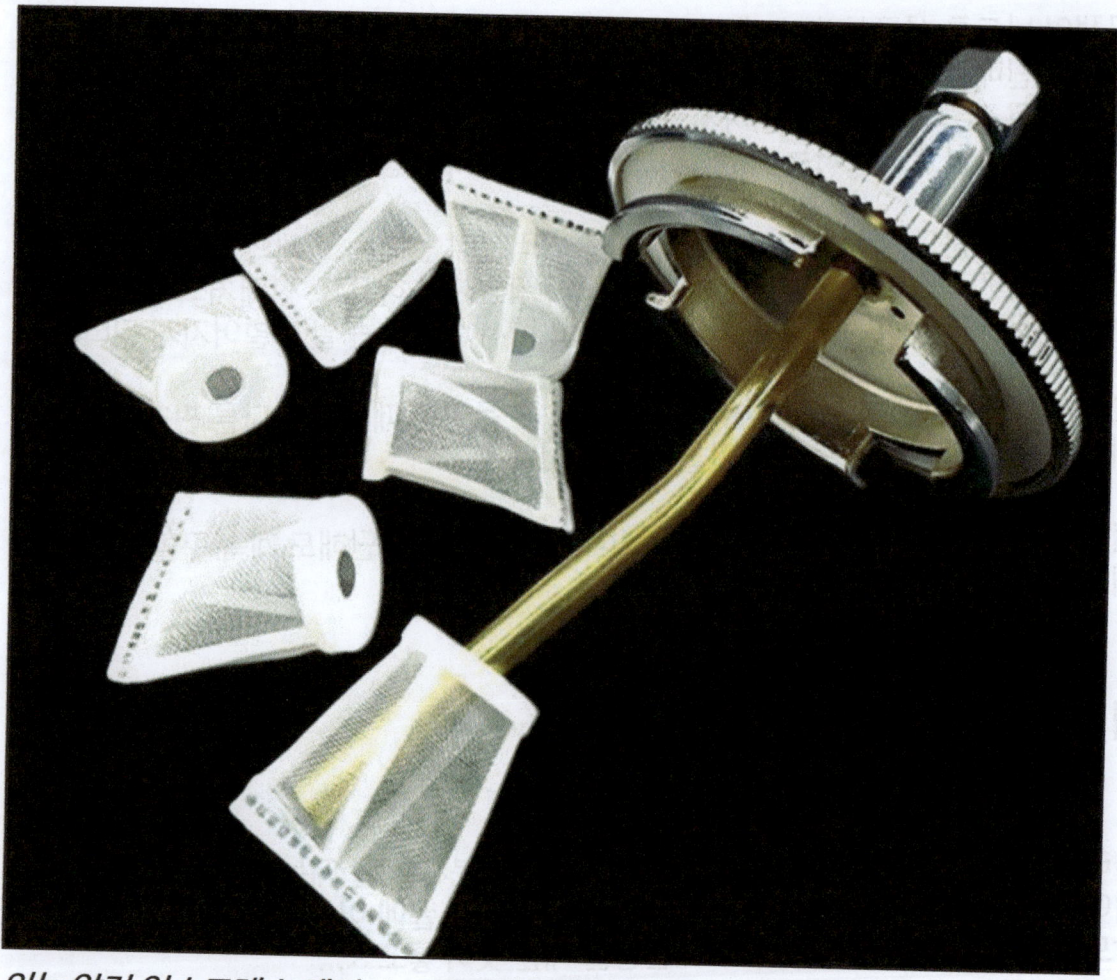

위는 알리 익스프레스 에어 스프레이건 판매 화면에서 인용한 화면이고요,..

이렇게 해서 분사를 해도 펄 페인트는 시도 때도 없이 에어스프레이건 방아쇠를 당겨도 노즐로 분사가 안 됩니다.

이렇게 노즐로 페인트는 분사가 안 되거나 조금만 분사되고 에어만 분사가 되면 페인트가 마치 물 빠진 색상으로 칠해지며 기존에 칠해진 페인트까지 망가뜨리게 됩니다.

에어가 너무 세도 이렇게 될 수가 있고요, 에어스프레이건 노즐 직경이 2.5mm로 굵은 노즐을 사용하면 펄 입자가 매우 고울 경우 에어를 가장 약하게 조절해도 페인트가 과도하게 세게 분사가 됩니다.

How to use an air spray gun

에어를 더 조이면 아예 분사가 안 되므로 에어를 조이되 페인트가 안개처럼 방사형으로 분사되도록 조절을 하고, 이 때에는 에어량으로 조절은 불가하므로 분사 거리를 늘려서 비교적 먼 거리에서 분사를 하는 방법을 사용하면 깨끗하게 분사가 됩니다.

그렇게 해도 에어스프레이건 방아쇠를 당겼을 때 페인트가 분사되지 않거나 조금만 분사되고 에어만 나갈 때는 에어스프레이건 노즐을 손으로 막고 방아쇠를 당기면 에어가 역으로 페인트 통 속으로 들어가서 페인트 통 속에 들어 있는 에어스프레이건 페인트를 빨아들이는 노즐 끝에 달려 있는 그물망에 엉겨붙은 펄페인트가 분산되면서 다시 에어스프레이건 방아쇠를 당기면 시원하게 분사가 됩니다만,..

이 과정에서, 에어스프레이건 노즐을 손으로 막고 분사를 하는 과정에서 강한 에어 압력이 페인트 통 내부로 전달되어 페인트 통 밑 부분이 둥글게 부풀어 오릅니다.

How to use an air spray gun

에어 스프레이건 사용법

이렇게 에어스프레이건 페인트통 밑 바닥이 둥글게 부풀어 오르면 에어스프레이건을 세워 놓을 수 없으므로 에어스프레이건 윗 부분에 있는 반달 모양의 고리를 이용하여 벽에 걸어놓고 사용하면 되고요,..

만일 그렇게 할 수 없는 조건이라면, 에어스프레이건 페인트 통의 재질은 알루미늄이므로 에어 스프레이건 페인트통 밑 바닥을 망치 등으로 쳐서 둥글게 튀어나온 부분을 펴서 바닥에 똑바로 세워놓을 수 있게 해서 사용하면 됩니다.

여기 보이는 모습은 앞에서 설명한 것과 같이 에어스프레이건 노즐을 손으로 막고 방아쇠를 당겨서 에어가 역으로 페인트 통을 들어가서 에어스프레이건 페인트 통 밑 부분이 둥글게 부풀어 오른 모습입니다.

How to use an air spray gun

제 5 장 종합

에어 스프레이건 사용법   에어 콤푸레셔

How to use an air spray gun

5-1. 중력의 영향

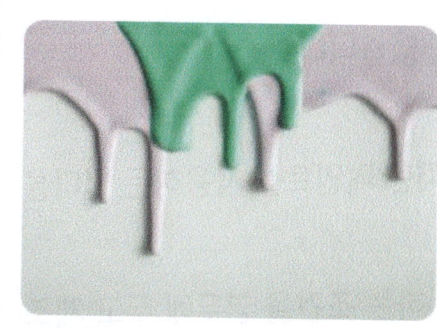
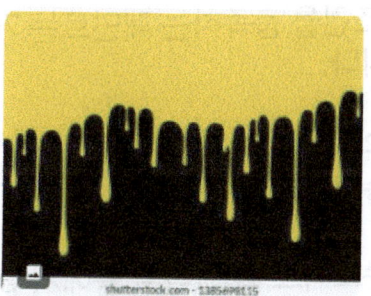
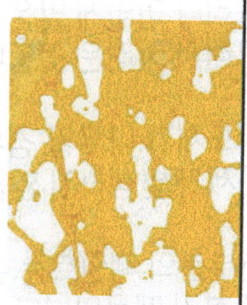

위는 구글에서 검색한 결과입니다.

그리고 또 한 가지 에어스프레이건으로 필자와 같이 3D 프린터로 출력한 3D 출력물에 페인팅을 할 때, 특히 페인팅을 두껍게 칠할 때 에어스프레이건으로 페인트를 분사를 하고 나서 피도체에 분사된 페인트가 그대로 있지 않고 위에 보이는 것과 같이 중력에 의하여 밑으로 흘러 내리는 현상이 발생합니다.

필자도 이 부분에서 무척 고생을 했는데요,..
일단 페인트를 선택할 때 점성이 높은 페인트, 즉, 점성이 좋은 페인트를 골라야 하는데요, 그래서 원하는 페인트를 검색할 때 고려해야 할 조건이 무척 많습니다.

평활도도 좋아야 하고, 점성도 좋아야 하고, 단종되지 않고 쉽게 구할 수 있는 페인

에어 스프레이건 사용법   에어 콤푸레셔

트여야 하고, 원하는 색상이 가능해야 하고, 그리고 가격도 적당해야 하는 등, 페인트 구입시 고려해야 할 사항은 참으로 많고도 많습니다.

그러나 이렇게 많은 조건을 충족하는 페인트는 거의 없습니다.
그래서 어려운 것입니다.

피도체가 나무일 경우 나무에 칠을 하면 대체로 어떠한 페인트를 사용하든 별다른 문제가 발생하지 않습니다.

대부분의 페인트는 콘크리트 혹은 나무 등에서 흡수하는 조건을 염두에 두고 제조를 하기 때문입니다.

그래서 한여름 땡볕에서 나무에 페인팅을 하는 것은 건조되기를 기다릴 필요도 없이 페인팅을 하고 돌아서면 마릅니다.

How to use an air spray gun

나무에서 페인트의 일부를 습수해 버리기 때문에 금방 마르기 때문입니다.

앞의 화면은 필자가 현재 부업도 아니고 취미 양봉 수준이지만, 양봉을 하고 있고요, 벌통, 나무 벌통에 흰색 페인트를 에어 스프레이건으로 칠하는 모습인데요, 이렇게 나무 재질은 페인트를 칠하기가 매우 쉽습니다.

빨리 마르고 별다른 트러블도 생기지 않기 때문입니다.

그러나 필자가 구현해야 하는, 3D 프린터로 출력한 3D 출력물은 플라스틱이기 때문에 어떠한 페인트도 눈꼽만큼도 흡수를 하지 않습니다.

플라스틱 피도체에서 페인트를 눈꼽만큼도 흡수를 하지 않기 때문에 페인트가 줄줄 흘러 내려서 에어 스프레이건이든 붓으로 칠을 하든 페인트 칠을 하는 것이 매우 어렵습니다.

How to use an air spray gun

5-2. 트러블

또 한 가지 주의 할 점은 아래 화면에 보이는 것과 같은 트러블입니다.

아래 화면에 보이는 것은 먼저 칠한 페인트와 나중에 칠한 페인트가 무언가 성분 등이 달라서 트러블이 일어난 모습입니다.

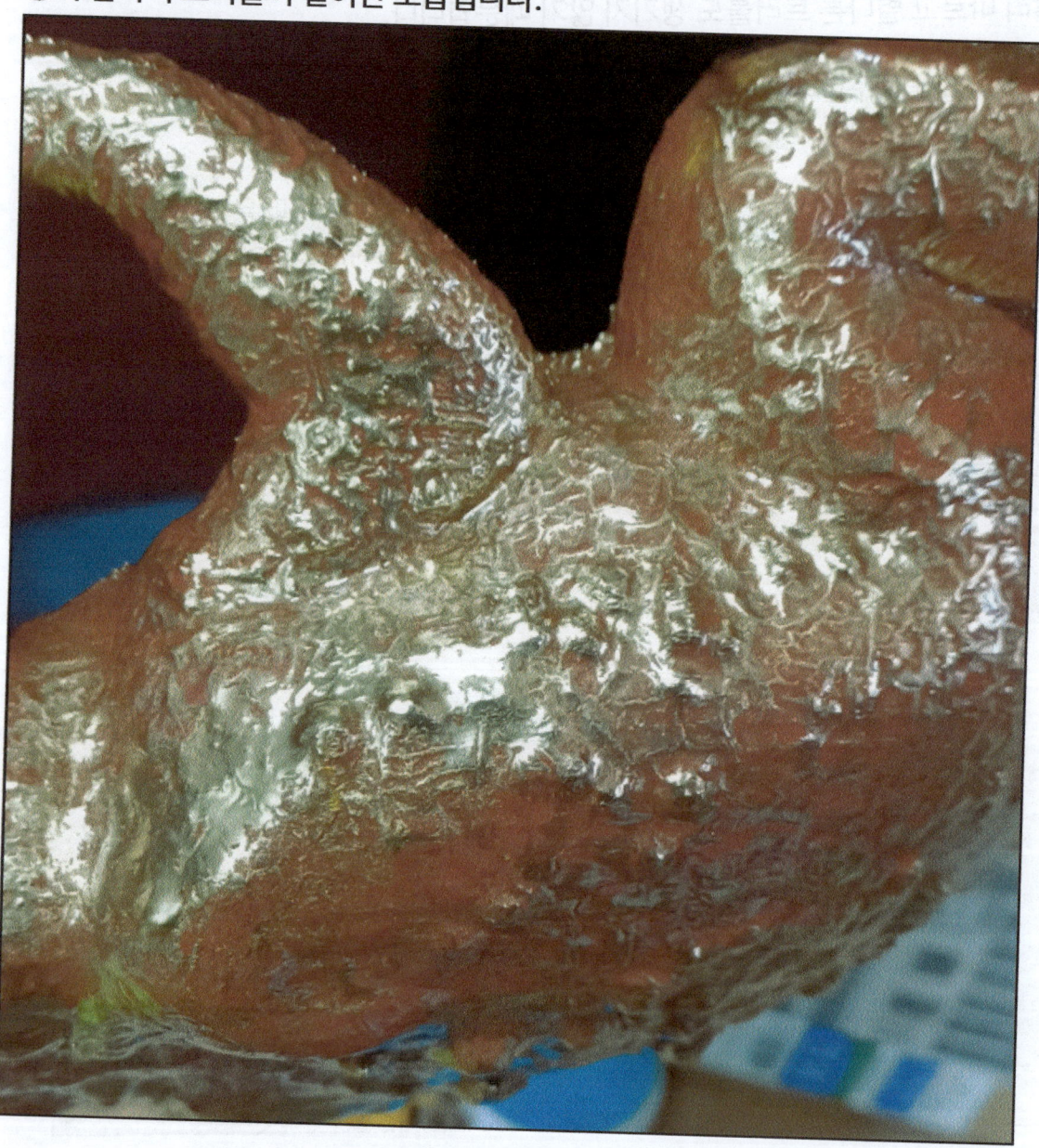

How to use an air spray gun

이와 같은 트러블은 수성 페인트 위에 유성 페인트를 칠을 한다든지, 반대로 유성 페인트 위에 수성 페인트 칠을 하는 등의 경우에도 발생을 하고요, 같은 유성 페인트라고 하더라도 예를 들어 락카 페인트를 칠한 위에 우레탄 페인트를 칠하는 등 페인트의 종류가 달라도 트러블이 생길 수 있습니다.

인테리어 도장이라면 이전에 칠한 페인트를 제거하고 칠하는 것이 가장 좋은 방법이고요, 최소한 같은 종류의 페인트를 칠해야 하는 이유이기도 합니다.

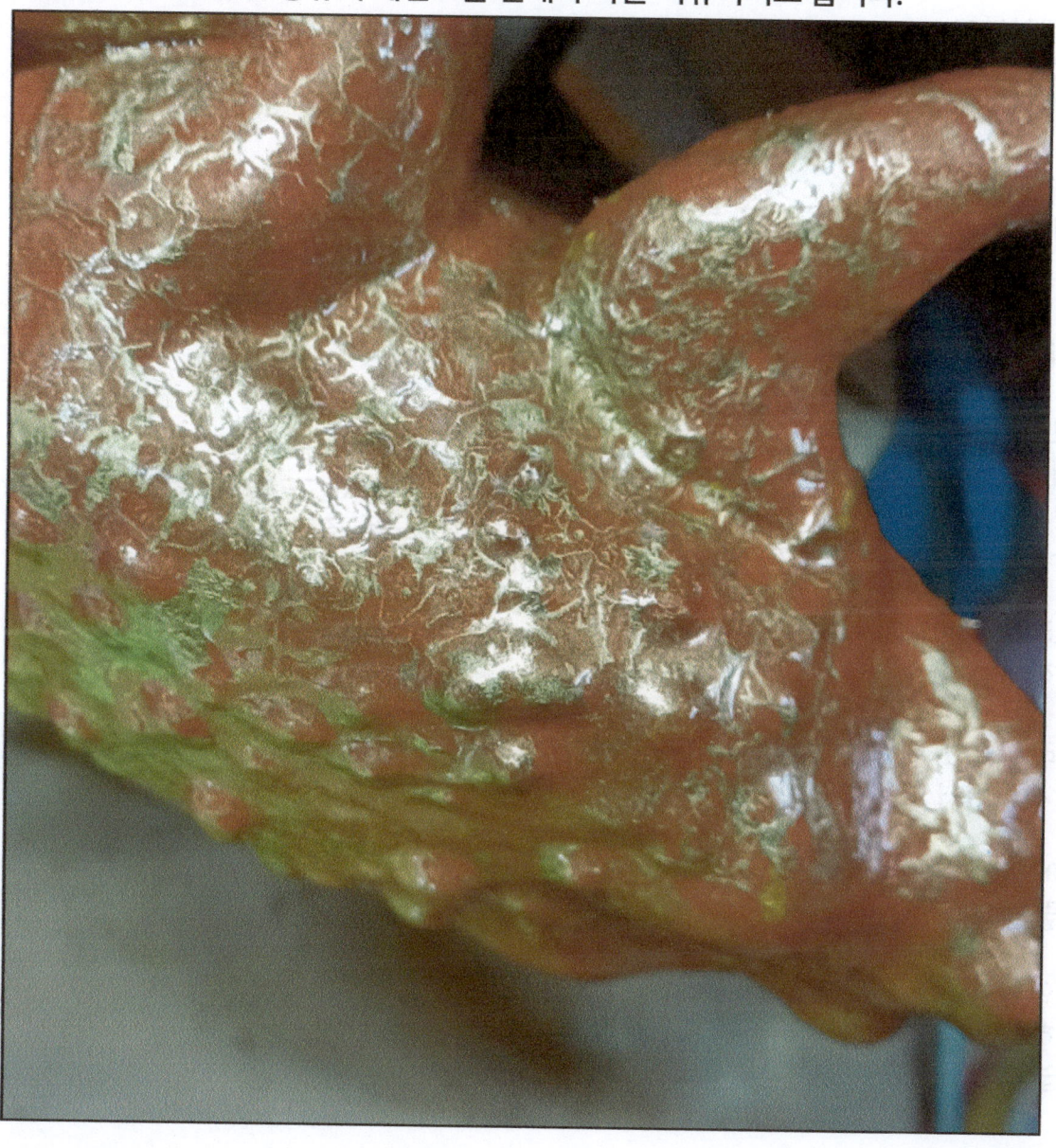

5-3. 중력 문제 해결

트러블에 대해서는 뒤에 다시 설명을 하고요, 여기서는 중력 문제를 반드시 해결을 해야만 합니다.

페인트가 줄줄 흘러 내려서 제대로 페인팅이 되지 않기 때문입니다.

페인트의 농도를 높이면 되지만, 페인트의 농도가 높으면 앞에서 여러 번 설명한 것과 같이 에어 콤푸레셔가 100마력이라도 에어 스프레이건으로 페인트가 분사가 안 됩니다.

페인트의 농도를 어느 정도 묽게 해야 에어 스프레이건으로 원활하게 분사가 되는데요, 문제는 이렇게 분사를 하면 피도체에 분사한 페인트가 줄줄 흘러서 중력에 의해서 밑 부분으로 페인트가 뭉치게 됩니다.

이렇게 되면 결국 그 페인팅은 실패인 것입니다.

그래서 어느 정도 페인트의 농도를 묽게 해도 줄줄 흘러내리지 않는 점성이 좋은 페인트를 선택해야 하는데요, 앞에서 설명한 페인트 구입시 고려 사항 중에서 어느 것 한 가지를 만족하면 다른 조건이 만족하지 않아서 모든 조건이 만족하는 페인트는 거의 구하는 것이 불가능할 정도로 어렵습니다.

그래서 필자는 피도체에 페인팅을 하고 페인팅된 피도체를 회전하도록 기구를 제작하였습니다.

그래서 에어 스프레이건으로 분사하여 페인팅을 한 피도체를 기계에 물리고 회전을 시키면서 페인트를 건조시킵니다.

앞에서 페인트 빨리 말리는 방법에서 필자가 가장 좋은 방법이라고 한 것이 바로 이렇게 해서 페인트를 건조시키는 것입니다.

이 역시 필자는 필자가 구현하고자 하는 3D프린터로 출력한 3D 출력물을 후 가공을 하여 거친 표면에 페인팅을 하는 것이므로 필자는 이 조건에 맞게 기계를 만들었습니다.

How to use an air spray gun

5-3-1. 페인트 회전 건조기 만들기

앞에서 설명한 것과 같이 페인트가 중력의 영향을 받아서 줄줄 흘러 내리므로 어떻게 하든지 이 문제를 해결을 해야 하므로 아래 화면에 보이는 것과 같은 기발한 페인트 회전 건조기를 만들었습니다.

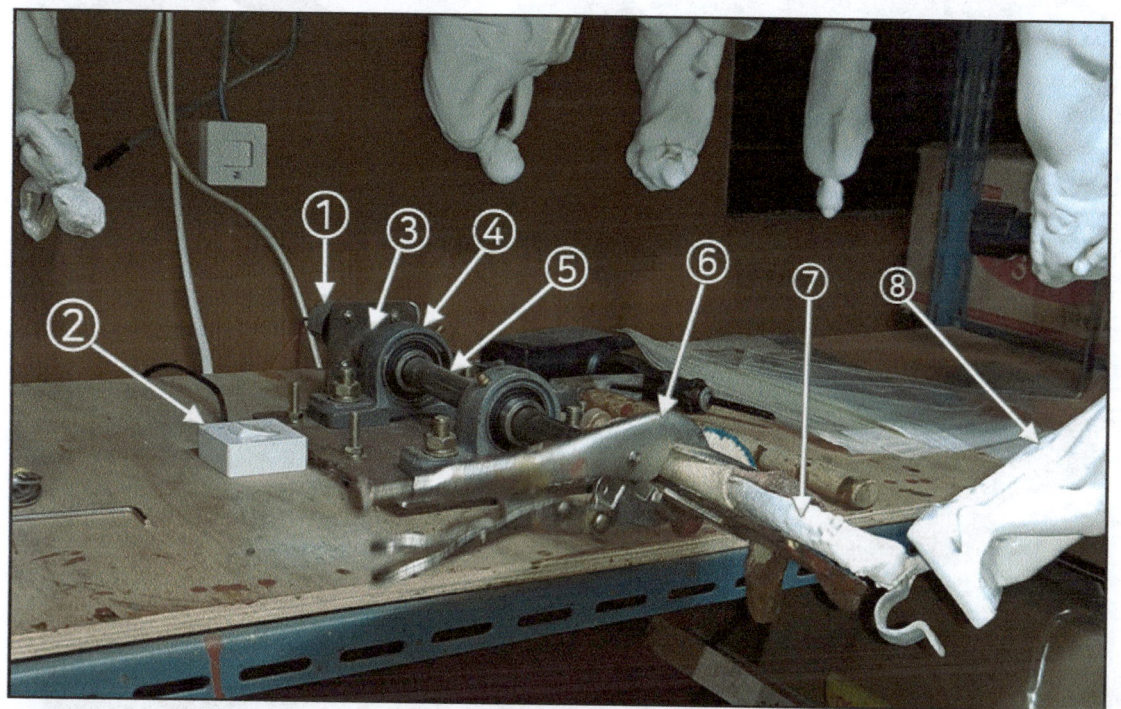

일단 여기 설명을 보시고요, 이 설명 뒤에 크게 확대한 사진을 올리겠습니다.

위의 (1) 모터(DC 24V 감속 비율 500:1 - 10rpm 손가락 만한 아주 작은 모터)가 회전을 하고 모터는 (2)의 텀블러 스위치로 제어를 하며, 모터의 회전력은 (3)의 모터 커플링을 통해서 (5)의 샤프트가 회전을 하고 이것은 (4)의 볼 베어링 2개에 의해서 고정을 시킬 수 있고요, (6)의 바이스 플라이어는 (7)의 바이스 플라이어가 (8)의 피도체 밑에 박혀 있는 나사를 꽉 물고 있는 것을 위의 페인트 회전 건조기에 물려서 회전할 때 떨어지지 않게 하는 역할을 합니다.

여기서 위의 (1)의 DC 24V 10rpm 500:1 감속 모터는 필자의 쇼핑몰에서 판매하고 있는 모터이기 때문에 위의 페인트 회전 건조기를 만들 때 사용했고요, 그야말로 손가락 2개 정도의 아주 작은 모터이지만, 무려 500:1의 감속비를 가진 모터이기 때문에 위의 장치를 충분히 돌리고도 남는 힘을 가지고 있습니다.

에어 스프레이건 사용법 — 에어 콤푸레셔

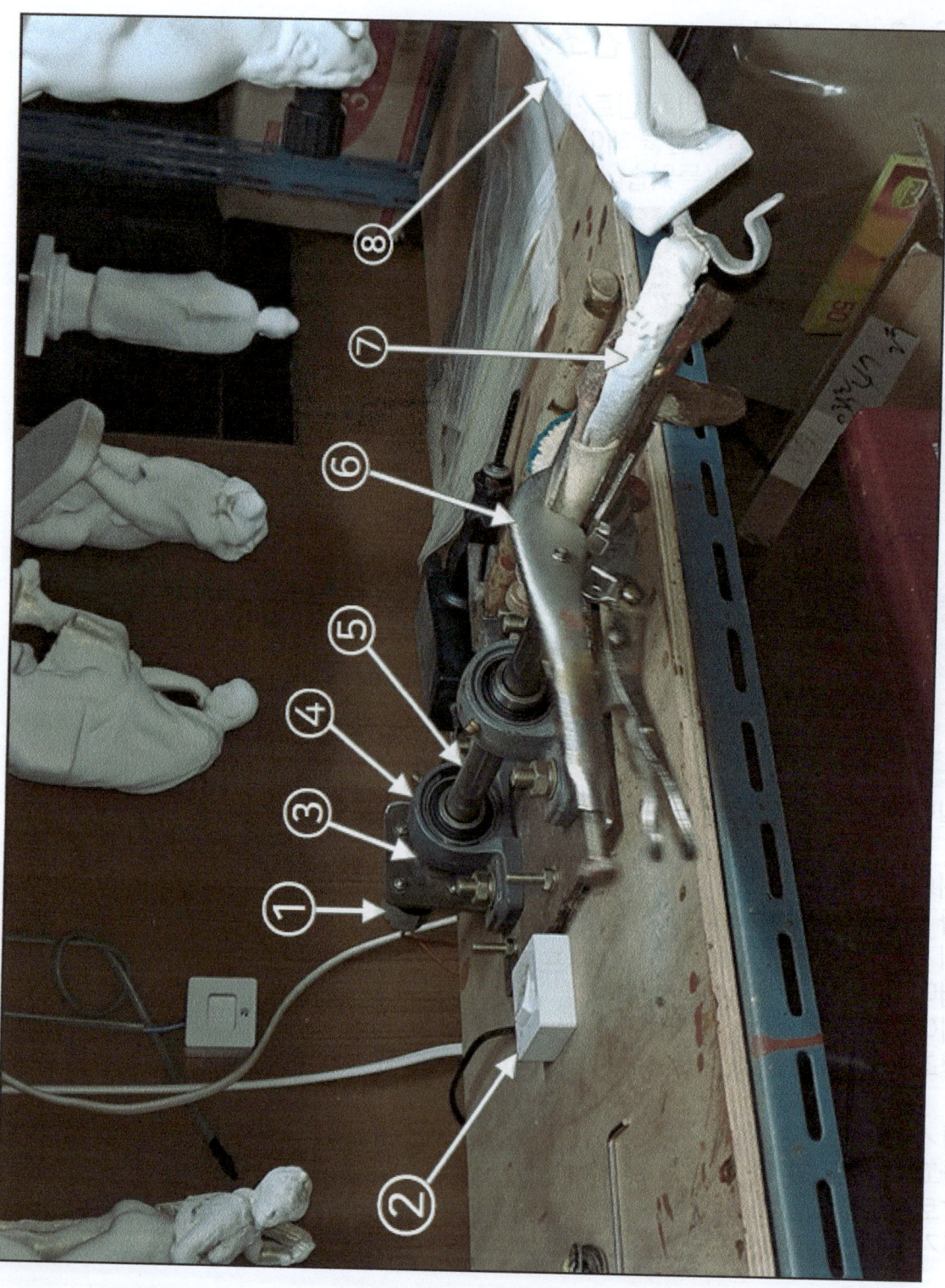

How to use an air spray gun

위의 사진에 보이는 것도, 뻥튀기 기계를 구입하여 필자가 감속 모터를 달아서 자동으로 개조한 모습이고요, 위의 사진에 보이는 뻥튀기 기계도 현 상태에서 분당 약 15회 정도로 느리게 회전을 합니다.

그래서 위의, 자동으로 개조한 뻥튀기 기계도 필자가 현재 페인트 건조 장치로 사용하고 있는 기계 이고요, 원래 이렇게 모터에 풀리를 달고, 회전축에도 풀리를 달아서 벨트를 연결하여 회전시키는 것이 정석이라는 얘기입니다.

그러나 이렇게 제작을 하면 우선 기계 크기가 매우 크게 제작을 해야 하며 제작 단가도 비싸지고 무엇보다 자리를 많이 차지하기 때문에 필자의 경우 3D 프린터로 출력한 3D 출력물을 후 가공을 하고 페인팅을 하는 것이기 때문에,..

피도체가 작기 때문에 앞에서 본 앵글 선반에 설치하여 작은 소형 DC 모터를 설치하여 페인트 건조 장치를 만든 것입니다.

앞에서 설명하던 내용에 이어 다시 설명을 이어가고요, DC12V ~ DC24V 소형 모터이지만, 무려 500:1의 감속 모터이기 때문에 작은 소형 모터이지만, 원래 모터 힘의 약 500 배의 힘을 내기 때문에 아주 작은 소형 모터이지만, 이런 페인트 건조 장치를 회전 시킬 수 있는 것입니다.

그리고 여기서 키포인트가 되는 것이 모터 축과 회전 축을 연결하는 일종의 클러치 역할을 하는 커플링인데요, 그냥 커플링이 아니라 모터 커플링입니다.

5-3-2. 모터 커플링

모터 커플링은 이런 모습이고요, 모터를 직접 구동 축에 연결하면 아무리 정밀하게 작업을 한다 하여도 모터의 회전력이 구동축에 직접 전달이 되므로 어떤 식으로든 진동이 생기게 되고요, 결국 모터도 오래 되지 않아 고장이 나게 되고 회전 축도 역시 고장이 나게 되어 있습니다.

그래서 이런 커플링을 달아서 모터와 회전축 사이의 진동을 없애고 모터의 회전력이 진동 없이 자연스럽게 회전축에 연결되도록 해야 하는 것입니다.

만일 모터에 풀리를 달아서 감속을 한다면 당연하고도 당연하게 이런 모터 커플링은 필요가 없습니다.

모터에 풀리를 달지 않고 모터 자체가 감속 모터이므로 모터 축을 그대로 회전축에 연결할 때만 사용하는 모터 커플링입니다.

커플링 사이에는 아래 화면에 보이는 부품이 들어가서 진동을 없애줍니다.

앞의 화면은 모터 커플링 판매 화면에서 인용한 것입니다.

커플링은 여러가지 의미로 사용되는 단어이기 때문에 반드시 모터 커플링이라고 해야 커플링 판매처에서 알아듣고요, 앞의 화면에 보이는 것처럼 모터 커플링도 천차만별 수 많은 종류가 있기 때문에 자신이 사용하는 모터축에 맞는 모터 커플링을 구입해야 합니다.

앞의 화면에 보이는 여러 모터 커플링은 모터 축과 회전축을 연결하여 강한 힘을 받는 부분이기 때문에 쉽게 마모되지 않도록 매우 강한 금속 재질로 만들어져 있습니다.
그래서 개인이 가공하기는 거의 불가능합니다.

밀링(Milling), 선반(Lathe), CNC 의 차이점 : 네...
m.blog.naver.com

CNC 선반, 밀링, 조각기 차이?? : 네이버 블로그
m.blog.naver.com

앞의 화면은 방금 구글 크롬에서 검색한 결과를 화면 캡쳐한 것이므로 참조만 해 주시고요,..

위에 보이는 것과 같이 밀링은 금속에 키 부분 등을 파내는 용도, 또는 평평하게 깎아내는 용도이고요, 선반은 회전축에 가공품을 물리고 회전시키면서 여러가지 금속 가공을 하는 공작 기계입니다.

위의 화면에 보이는 CNC라는 것은,..

필자의 수 많은 저서 중에 '3D프린터 운용기능사' 책이 있는데요,..

3D 프린터는 컴퓨터로 3D 모델링을 하여 그 결과물을 3D 프린터에서 인쇄를 할

수 있는 STL 파일로 만들어서 내 보내고, 이것을 다시 슬라이서 프로그램인 큐라(Cura) 등의 프로그램에서 실제로 3D 프린터에서 출력을 할 수 있는 Gcode 파일로 만들어서 내 보내는데요,..

이 과정에서 위에 보이는 CNC 공작 기계에서 자동으로 가공이 되도록 CNC 기계가 알아들을 수 있는 CNC 파일로 내보내며, 이 파일을 앞의 화면에 보이는 CNC 공작 기계에 삽입하여 PC에서 3D 모델링한 파일을 3D 프린터로 출력하듯이 금속을 자동으로 가공을 하는 기계입니다.

앞의 사진에 보이는 것과 같이 텀블러 사각 스위치로 모터를 켜고 꺼서 회전을 시키거나 중지를 하는데요, 브레이크는 없습니다.

어차피 매우 강한 힘을 가진 모터를 사용한 강력한 기계는 위험하기 때문에 브레이크가 있어야 하지만(모터 자체에 브레이크가 달린 브레이크 모터도 있습니다.),..

여기 보이는, 필자가 자작 손수 만든 페인트 회전 건조기는 아주 작은 소형 DC 모터로 작동하기 때문에, 물론, 500:1 의 강력한 감속 모터이지만, 손으로 잡으면 멈출 수 있을 정도이므로 브레이크까지 필요는 없습니다.

그러나 브레이크가 없기 때문에 스위치를 꺼서 모터에 전류를 차단해도 관성에 의해서 계속하여 조금 더 회전을 합니다.

그래서 멈추는 시간 및 각도 등을 고려하여 스위치를 꺼야 하며, 약간의 오차는 손으로 잡아서 멈출 수 있지만, 모터에는 500:1 의 강력한 고배율 감속 모터가 들어 있기 때문에 강제로 회전축을 돌리 면 감속 모터의 감속 기어에 무리가 갑니다.

How to use an air spray gun

크기가 큰 모터라면 감속 기어가 자동차 기어와 같이, 크기 때문에 파손되지 않겠지만, 지금 보시는, 필자가 자작으로 제작한 회전 페인트 건조기에 사용하는 모터는 장난감 자동차 등에 사용하는 아주 작은 모터이기 때문에 감속 기어가 시계 속에 들어 있는 기어와 같이 아주 작습니다.

그래서 모터축에 연결된 반대편 부분을 강제로 돌리면 모터에 달려 있는 감속 기어에 무리가 가서 파손될 수가 있는 것입니다.

위의 사진은 확대 촬영된 사진이기 때문에 이렇게 크게 보이는 것이고요, 모터의 크기가 장난감 자동차 등에 들어가는 소형 모터와 같은 크기이기 때문에 위의 사진에 보이는 기어 크기는, 실제 크기는 아주 작은 크기입니다.

또한 500:1 의 엄청난 감속비를 가지고 있는 감속 모터를 사용하기 때문에 이렇게 작은 모터를 장착하여 필자가 자작으로 만든 페인트 회전 건조기를 작동시킬 수가 있는 것입니다.

이 때 이런 종류의 기계를 제작한다면 다른 방법으로 모터의 회전을 제어할 수 있는 전압 및 전류 제어 방식의 모터 속도 조절기도 있습니다.

5-3-3. 모터 속도 조절기

여기 보이는 것은 필자가 직접 수입 판매하는 제품이고요, 위에 보이는 것과 같이 모터 브라켓이 들어 있기 때문에 따로 선반 가공 등을 하지 않아도 필자가 자작으로 만든 페인트 회전 건조기와 같은 기계 제작을 할 때 매우 유용한 감속 모터 세트 입니다.

위의 화면 우측에 보이는 것이 이런 모터 속도를 제어할 수 있는 속도 제어 회로가 들어 있는 가변 저항 방식의 모터 속도 조절기인데요, 필자의 경우 어차피 모터 속도가 분당 겨우 10rpm 이기 때문에 위의 화면에 보이는 속도 제어기를 사용하지 않았습니다.

아래 사진은 필자가 현재 부업도 아니고 취미 양봉 수준이지만, 양봉을 하고 있기 때문에 꿀을 따는 채밀기, 수동 채밀기에 모터를 달아서 자동 채밀기로 개조를 하고 모터 속도가 빠르기 때문에 여기에 속도 조절기를 달아서 작동시키는 모습입니다.
유튜브에서 '가나출판사' 검색하여 동그라미 속에 들어 있는 필자의 얼굴을 클릭하여 필자의 유튜브 채널에 오셔서 검색하시면 동영상을 보실 수 있습니다.

How to use an air spray gun

5-3-4. 일본산 밝은 골드

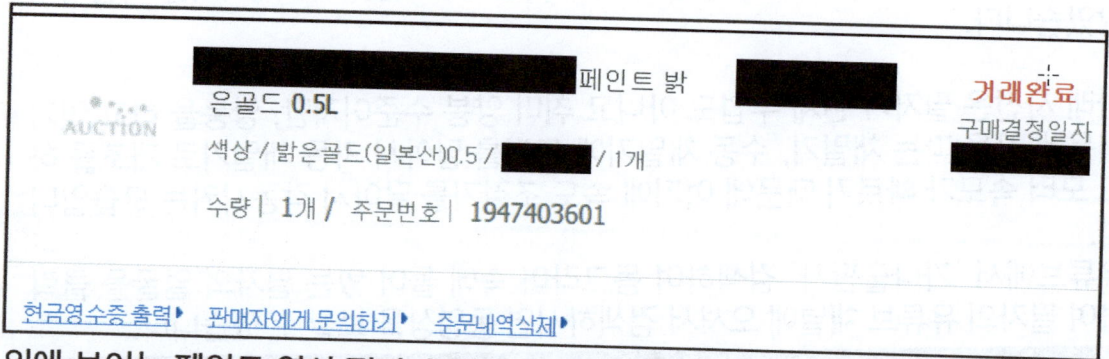

위에 보이는 페인트 역시 필자가 매우 여러 번 매우 많이 구입해서 페인팅을 했던 페인트인데요, 이제는 상품 자체가 사라져 버렸습니다.
그래서 해당 판매자 화면에서 검색을 하니 다음 화면에 보이는 것과 같이 가격을 몇 곱절 올려 버렸네요..

위에 보이는 페인트는 앞에서 자세하게 설명한 일종의 펄 페인트이고요, 금색 중에서도 환하게 밝은 금색이 나오도록 일부러 가격이 비싼 일본산 밝은 골드를 구입했던 것인데요, 금색을 구입했지만, 금색이 나오지 않습니다.

그럼에도 불구하고 필자가 여러 번 구입한 것은 당시 필자가 아직 페인팅에 초보라서 필자가 기술이 없어서 그런 줄 알고 그토록 많은 페인트를 그냥 에어스프레이건 연습만 하면서 엄청나게 많은 페인트를 구입했던 것입니다.

그런데 해당 페인트 판매자는 이 페인트가 인기가 있어서 많이 팔린다 생각하고 몇 곱절 가격을 올려 버렸습니다.

아무리 상품 가격이 많이 오른다 하여도 어느정도 오르는 것은 이해 할 수 있지만, 이렇게 하루 아침에 몇 곱절 올리는 것을 어떻게 설명해야 할까요?

어차피 필자가 엄청나게 많이 구입했지만, 결과적으로는 금색이 나오지 않기 때문에 결국 포기한 색상이기 때문에 이제는 필자도 필요하지 않은 페인트이지만, 기가 막혀서 말이 나오지 않습니다.

필자가 그렇게 많은 페인트를 구입했건만, 결국 페인트 가격만 몇 곱절 비싸게 올려 버리고, 금색이 나오지 않는 페인트를 왜 금색이라고 판매를 하는가 이 말입니다.

실제로 금색이 나온다면 가격이 비싸도 인정을 하겠습니다.

그러나 금색이라고 판매하는 페인트가 금색이 나오지 않으니 문제입니다.

실제로 그야말로 황금색이 나오는 것은 아래 화면에 보이는 황금분을 구입해서 완성하였습니다.

How to use an air spray gun

5-3-5. 황금분

앞의 화면 마우스가 가리키는 황금분(분말)은 그야말로 황홀할 정도의 진짜 황금색이 나오는 진짜 황금색 안료입니다.

그러나 가격이 상당히 고가입니다.(그러나 이 제품도 곧 판매 중지되어 현재는 없습니다.)

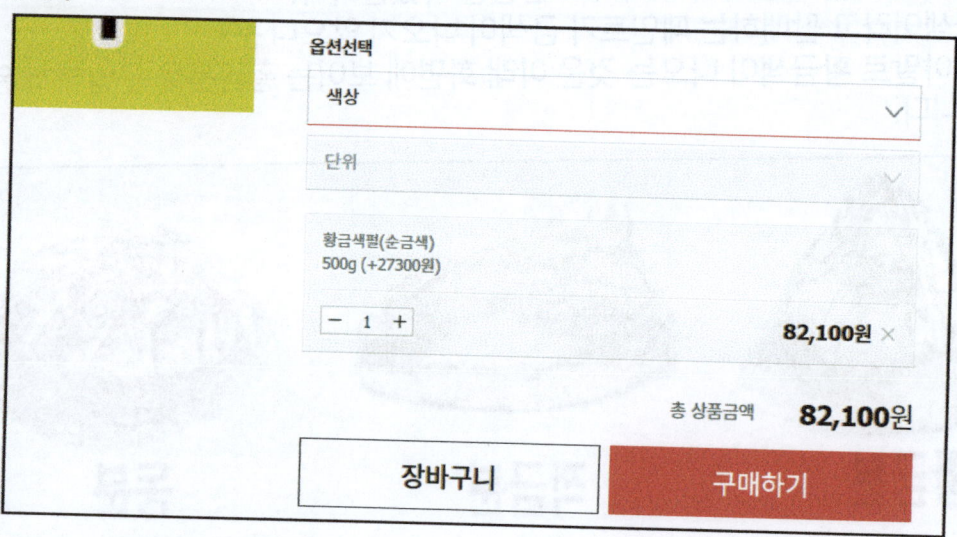

5-3-6. 클리어 코트

위의 화면에 보이는 것과 같이 500g의 가격이 82,100원입니다.(그러나 지금은 없습니다.)

이것은 그냥 금색 분말, 펄 안료입니다.

이것은 다시 투명 페인트에 섞어서 금색을 내야 하는 것인데요, 금색 상도 투명 유광 페인트를 구입해야 하고요, 이런 종류의 펄 분말 안료는 그냥 단순히 투명 페인트에 섞는 것보다는 완전 투명, 클리어코트에 섞어야 제대로 색상이 발현됩니다.

이런 투명 페인트 1말에 위의 안료 1Kg을 넣어야 제대로 금색이 나는데요, 결국 위의 안료 1Kg은 162,000원이고요, 투명 페인트 1말 역시 이 정도 금액을 줘야 합니다.

따라서 결국 금색 페인트 1말에 32만원 정도 되는 것이고요, 이 가격이면 금색을 내는 페인트 중에서는 그나마 가격이 저렴한 편입니다.

앞에서도 소개했습니다만, 금색 페인트 비싼 것은 한 말에 500만원이 넘습니다.

그러나 필자가 서울에서 무려 수십 년 동안 사업을 하면서 중국산 수입품을 산더미처럼 쌓아놓고 판매할 때 중국산, 순금이 아니면서도 순금과 같은 효과가 나는 수많은 제품들은 가격이 매우 저렴한 것이 가장 큰 특징이었습니다.

에어 스프레이건 사용법

앞의 화면에 보이는 황금색 좌불상은 수입가를 공개할 수는 없지만, 그야말로 저렴한 가격입니다.

그렇다면 금색 페인트가 이렇게 비쌀 수가 없습니다.
이 가격의 약 1/100 정도의 가격이어야 중국산 수입품, 가격이 저렴한 금색이 나는 제품들의 가격이 나올 수 있는 것입니다.

아무리 중국의 인건비가 우리나라보다 싸다고 하더라도 페인트가 이렇게 비싼 페인트를 사용해서 그토록 싸게 판매를 할 리가 없기 때문입니다.

따라서 필자가 내린 결론은 이렇습니다.
이런 종류의 제품을 판매하는 판매자들은 어디서 어떤 루트를 통하여 이런 제품을 들여오는지 모르지만, 몇 곱절도 아니고 수 백 배의 폭리를 취한다고 볼 수 밖에 없습니다.

페인트 1말에 수 백만 원씩 하며, 그렇게 비싼 페인트로 칠을 한 제품을 도대체 얼마를 받고 팔아야 타산이 맞는가 이 말입니다.

이런 페인트는 여러 사람이 사용하는 보편적인 제품이 아니다보니 몇 만원이면 족할 것도 수 백만원이라는 천문학적인 가격을 부르는 것이라는 것이 필자의 생각입니다.

따라서 지금까지 필자가 돈을 무려 1,500만원을 들여가면서 죽어라 에어스프레이건 연습을 해서 완성한 페인트가 1말에 약 32만원 정도 가격이고요, 사실 필자가 만드는 제품에 이 정도 가격의 페인트를 칠해서 금색이 나오게 하여 적당한 가격을 받고 판매를 하면 수지 타산을 맞출 수는 있습니다.

그러나 이보다 더 큰 문제는 필자가 1말 기준 32만원 정도에 필자가 원하는 그야말로 황금색을 만들어 냈습니다만, 필자가 원하는 황금색이 나오므로 추가로 더 많은 양을 주문하려고 했지만, 다시는 이 제품을 구입할 수가 없습니다.

이게 문제입니다.
여러분이 건축 도장을 한다면 이런 문제가 생기지 않겠지만, 필자와 같이 특수한 페인트로 특수한 효과를 내고자 한다면 필연적으로 필자가 격은 문제를 겪을 수 밖에 없는 것입니다.

How to use an air spray gun

지금까지 비교적 자세하게 설명한 펄 페인트는 투명 페인트에 섞어서 칠을 해야 펄 색상이 나옵니다.
어떠한 펄 페인트 상세 설명 화면에도 이렇게 써 있으며, 필자가 원하는 금색이 아니더라도, 다른 색상의 펄이라도 반드시 투명 페인트에 섞어서 페인팅을 해야 펄 효과가 나고요,..
그러나 진정한 펄 효과를 내기 위해서는 그냥 투명이 아니라 클리어코트, 즉, 클리어 투명, 완전 투명 페인트를 사용해야 진정한 펄 효과가 난다는 사실입니다.
그렇다면 필자가 아는 한, All 100%의 페인트 판매자는 그냥 단순히 투명 페인트에 섞어서 사용하면 펄 효과가 난다고 합니다.

> 벽, 가구, 소품에 페인트를 칠한 후 투명바니쉬(투명락카 등)에 섞어서 칠하면 펄효과를 낼수 있습니다.

위에 보이는 것과 같이 막연히 그냥 투명 페인트에 섞어서 페인팅을 하면 펄 효과를 낼 수 있다고 써 있습니다.
과연 그럴까요?
전혀 아닙니다.
기가 막힙니다.
왜 이렇게 모든 페인트 판매자들이 거짓말을 할까요?
자신들도 실제로 칠을 해 본적이 없기 때문이라는 것이 필자의 생각입니다.
적어도 자신들이 판매하는 제품을 직접 써 보고 장 단점을 파악을 해서 상세하게 기술하고 판매를 해야 하지만, 그렇게 하는 판매자가 단 한 사람도 없습니다.

그러니 도둑(?) 이라고 할 수 밖에요..??
도둑(?)이 아니고서야 어떻게 투명 페인트에 섞어서 페인팅을 하면 펄 효과가 난다는 거짓말을 스스럼 없이 하는 가 이 말입니다.

참으로 도둑(?) 들입니다..~!

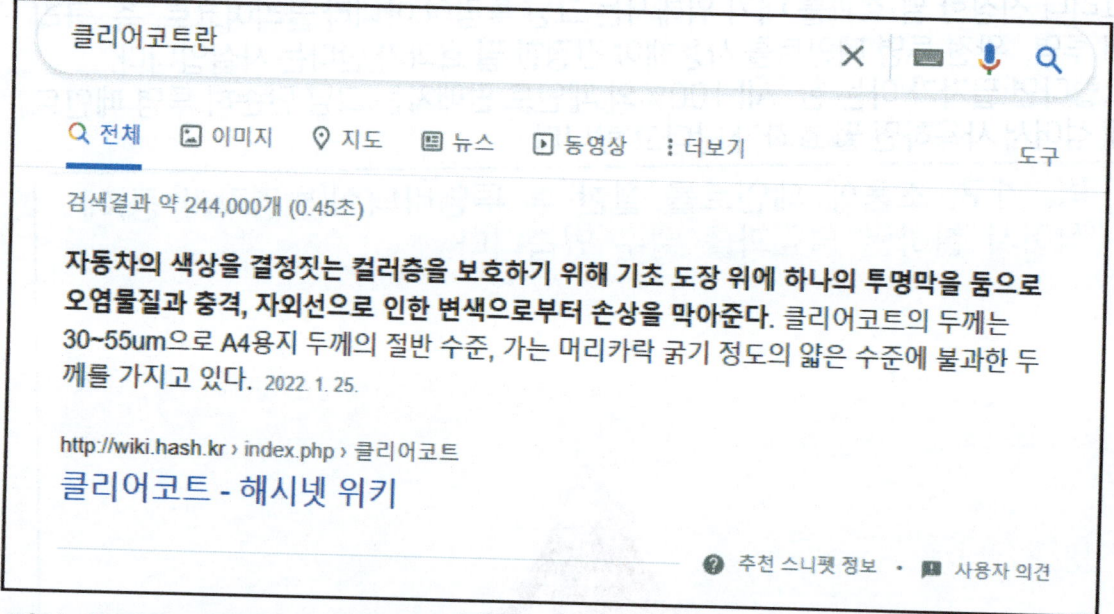

위의 화면은 방금 네이버에서 검색한 결과이므로 참조만 하시고요,..

위의 화면에 써 있는 것과 같이 자동차 도색의 가장 바깥 부분에 칠해져 있는 것이 바로 클리어 코트입니다.

즉, 요즘 마이카 시대이므로 자동차가 없는 사람이 거의 없는데요, 차량 세차를 하는 것은 바로 자동차에 칠해져 있는 클리어코트에 묻은 때를 닦아내는 것이고요, 광택을 내는 것은 바로 자동차 도색의 가장 바깥쪽에 최종적으로 마지막에 칠해 놓은 클리어 코트에 광택을 내는 것입니다.

이렇게 클리어코트란 자동차의 기본 색상을 보호하고 자외선 등을 차단하기 위하여 자동차 도색을 하고 맨 마지막으로 도색을 하는 것, 이것이 바로 클리어 코트입니다.

설명은 요란하지만, 클리어코트도 투명입니다.

그러나 그냥 투명과 클리어 투명은 완전히 다릅니다.

육안으로 보아서는 똑같아 보이지만, 절대로 똑같지 않습니다.
절대적으로 다른 페인트입니다.

그런데 모든 페인트 판매자들이 그냥 투명과 클리어 투명을 구분하지 못합니다.

참으로 기가 막힙니다.

필자가 클리어 코트 페인트를 소량 구매해서 써 보고 필자가 원하는 색상이 나와서 대량 구매를 하면, 이런 젠장, 그 때는 클리어 코트를 보내지 않고 그냥 일반 투명 페인트를 보냅니다.

혹시 여러분은 필자가 혹시 어리버리해서 그런 것이 아닌가 하는 분도 있을 수 있겠습니다만, 필자는 이 나이에도 컴퓨터 자격증을 약 10개나 가지고 있고요, 여러분에 비해서는 10배도 더 많이 구매하는 인터넷 최고 구매자입니다.

이런 필자가 실수를 해서 잘 못 구매를 하겠습니까?

필자가 이런 피해를 보는 것은 오로지 페인트 판매자들이 그냥 투명과 클리어 투명을 모르는 사람들이 많이 있기 때문입니다.

지금까지 지루할 정도로 설명한 것과 같이 펄 안료는 반드시 그냥 투명이 아닌, 클리어 투명, 즉, 클리어 코트에 섞어서 페인팅을 해야 제대로 펄 효과가 납니다.

펄 안료는 그냥 투명에 섞어서는 안 되는 것은 아니지만, 펄 효과가 제대로 나지 않고요, 반드시 클리어 투명에 섞어서 사용해야 재대로 펄 효과가 난다는 것도 필자가 직접 알아낸 것입니다.

한 번 구입한 페인트가 제대로 안 되어 다시 다른 페인트를 구입해서 테스트를 하려면 최소한 1주일 내지 2주일 걸립니다.

대부분의 페인트 판매자들은 대개 당일 발송은 하지 않습니다.

요즘같은 불경기에 이런 주문이 들어오면 넙죽 절하고 감사합니다 라고 복창하고 번개같이 포장을 해서 발송을 해야 하건만 얼마나 배가 부른 판매자들인지 그런 판매자는 아직 못 보았습니다.

5-4. 수성 페인트로 전환

앞에서 여러 번 설명한 것과 같이 필자는 건축 도장을 하는 것이 아닙니다.
3D 프린터로 출력한 3D 출력물, 즉, 플라스틱, 그것도 식물성 플라스틱에 칠하는 것이고요, 그것도 그냥 페인트를 칠하는 것이 아니라 중국산 황금색 관상용품과 같은 황금색을 내고자 함이었습니다.

그리고 필자는 페인트에 대해서, 에어 스프레이건에 대해서는 완전 문외한, 백지 상태에서 시작하였습니다.

그 당시만 하여도 수성 페인트는 건축 내부에만 칠을 하는 용도로 알았고요, 건축이라도 외부, 기타 내구성을 요구하는 페인트는 수성 페인트는 거의 절대로 안 되는 것으로 알았습니다.

그래서 유성 페인트로 시작했고요, 처음에는 락카 페인트로 시작했고요, 이후 우레탄 페인트를 사용했고요, 이후 여러 종류의 펄 페인트를 사용했고요, 그리고 최종적으로 1말 기준 32만원 상당의 페인트를 구입하여 필자가 원하는 황금색을 냈을 냈습니다만, 그게 처음이자 마지막이었습니다.
필자가 최종적으로 구입한 황금색 안료가 필자가 그토록 원하던 황금색이었고요, 투명 페인트.. 가 아니라 투명 클리어 페인트는 얼마든지 구입할 수 있고요, 문제는 필자가 그토록 원하는 황금색이 나오는, 황금색 펄 안료를 다시는 구입할 수가 없다는 얘기입니다.

물론 필자가 최종적으로 구입했던 판매자는 필자에게 아마도 처음이자 마지막으로 필자가 원하는 황금색 안료를 판매하고 바로 판매 중지를 해 버렸지만, 다른 판매자로부터 다시 황금색 안료를 구입할 수는 있습니다.

그러나 그렇게 하려면 또 또 다시 다른 판매자로부터 버릴 셈 치고 16만원~30만원 정도의 돈을 주고 일단 황금색 안료 1Kg을 구입해서 테스트를 해야 하는데요, 필자의 경험상 최소한 2~5번은 실패를 해야 합니다.

필자의 경험상 어떠한 페인트 판매자도 필자가 원하는 황금색 안료를 판매하는 판매자가 없기 때문입니다.

황금색 펄 안료를 판매하는 판매자는 많지만, 자신들이 판매하는 황금색 펄 안료가 실제 황금색이 나오는지 칠이라도 해 보고 판매하는 판매자는 단 한 명도 못 보았습니다.

그래서 또 다시 테스트를 해야 하는데요, 결국 최소한 100만원~150만원 정도 버릴 각오를 해야 합니다.

이게 페인트 업계의 진실이요 현실입니다.

그래서 결국 고민 고민 끝에 유성 페인트는 포기를 하고 수성 페인트로 돌아섰습니다만, 훨씬 더 일찍 수성 페인트를 사용했어야 했습니다.

그 동안 유성 페인트를 사용했기 때문에 페인트를 그토록 많이 사용했고요, 페인트 희석제인 시너를 엄청나게 구입한 것입니다.

유성 페인트는 시너 정말 많이 들어갑니다.
에어 스프레이건 포함 모든 페인팅 관련 용품을 모두 시너로 세척해야 하기 때문입니다.

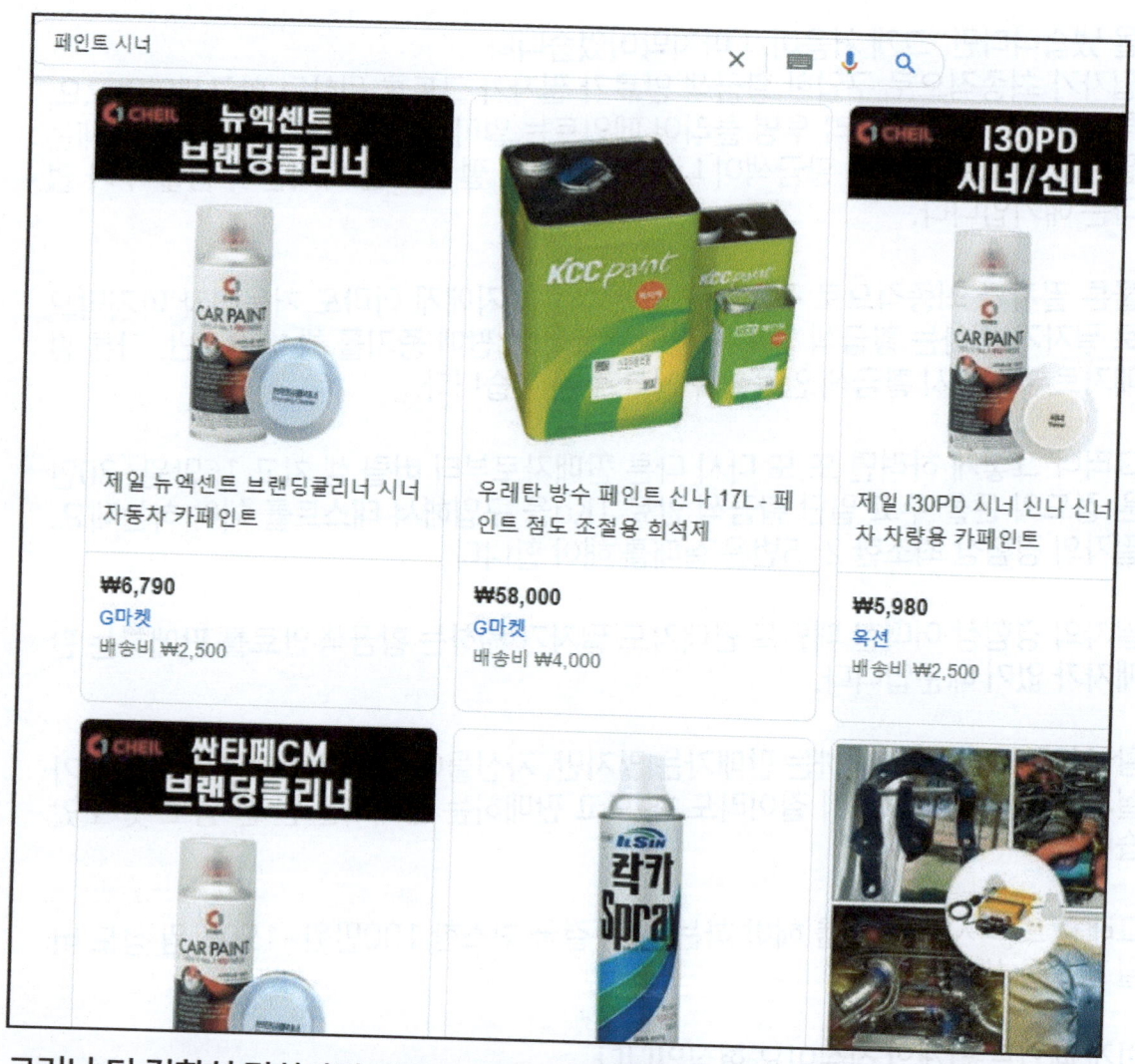

그러나 더 정확히 말하자면 필자가 페인트에 대해서 너무나 몰랐기 때문에 유성 페인트를 사용한 것이고요, 그래서 에어 스프레이건을 그토록 많이 구입한 것입니다.

물론 지금도 유성 페인트를 사용해야 하는 곳에는 당연히 유성 페인트를 사용해야 합니다.

모든 페인팅에 수성 페인트를 사용해야 한다는 뜻은 아닙니다만, 오늘날의 현재의 기술로도 대부분의 유성 페인트를 수성 페인트로 교체할 수 있지만, 아직은 가격이 가장 큰 문제이고요, 그리고 아직도 선박 등에 칠을 하는 조선소, 자동차 등에서는 지금도, 아마 앞으로도 상당 기간 유성 페인트는 변함없이 사용될 것입니다.

그러나 필자가 유성 페인트에서 수성 페인트로 돌아선 것은 가격도 아니고요, 유성 페인트를 수성 페인트로 대체할 수 있어서도 아닙니다.

유성 페인트를 사용하면서 너무 많은 시너를 사용했고요, 사방이 온통 페인트 투성으로서 에어 스프레이건도 무려 수십 개를 사용했으며 가장 큰 문제는 페인트 작업을 하고 나서 에어 스프레이건 포함 모든 페인트 관련 용품들을 시너로 세척하는 것이 너무나 번거로워서 수성 페인트로 돌아선 것입니다.

이에 비해서 수성 페인트는 물만 사용하면 되기 때문에 가장 첫 번째로 편리한 것은 시너를 사용하지 않아도 되는 점입니다.

그리고 에어 스프레이건 역시 수성 페인트를 사용한 뒤로는 단 한 개의 에어 스프레이건도 구입하지 않았고요, 이 책을 집필할 즈음 사용 가능한 에어 스프레이건이 없어서 1개를 구입한 것이 다 입니다.

5-5. 유성 페인트 수성 페인트 혼합

원칙적으로 유성 페인트와 수성 페인트는 혼합할 수 없습니다.
유성 페인트는 기름, 수성 페인트는 물이기 때문에 근본적으로 혼합은 불가능합니다.

그래서 건축 도장을 하시는 분들은 신축 건물이 아니라면 이미 예전에 칠을 해 놓은 페인트가 있는 상태에서 새로 도색을 해야 하기 때문에 이전에 칠을 한 페인트의 종류를 가장 먼저 알아내야 합니다.

앞에서도 설명을 했습니다만, 같은 유성 페인트라 하더라도 페인트의 종류가 다르면 트러블이 발생할 수 있고요, 유성 페인트와 수성 페인트는 덧칠하면 필연적으로 트러블이 생기기 때문입니다.

필자가 시도하는 3D 프린터로 출력한 3D 출력물에 칠을 할 때에도 이 원칙은 반드시 지켜야 합니다.
즉, 유성 페인트이든 수성 페인트이든 맨 처음 칠을 한 페인트의 종류를 그대로 칠을 해야 트러블이 발생하지 않습니다.
이것은 모든 페인팅에 공통적으로 적용되는 것이고요, 특히 인테리어 도장이라면 반드시 지켜야 하며 원칙적으로는 먼저 칠해진 페인트를 벗겨내고 새 칠을 하는 것이 원칙입니다.

그러나 필자는 최종적으로 최근에 수성 페인트로 칠을 한 3D 출력물의 최종적인 페인팅은 유성 페인트인 락카, 금색 락카 페인트로 마감을 해서 완성했습니다.

How to use an air spray gun

에어 스프레이건 사용법　　　　　　　　　　　　　　에어 콤푸레서

앞의 화면에 보이는 것이 최근에 완성해서 필자의 쇼핑몰에 판매를 위하여 상품으로 만들어서 올린 제품인데요, 수성 페인트로 인형의 거친 표혐을 메우고 최종적으로는 유성 페인트인 금색 락카 스프레이 페인트칠을 해서 완성한 제품입니다.

이렇게 할 경우 기존의 수성 페인트 칠을 한 위에 유성 페인트인 락카 스프레이 페인트를 칠하는 것이기 때문에 아래 화면과 같이 트러블이 발생을 합니다.

How to use an air spray gun

앞의 화면에 보이는 것과 같이 수성 페인트 칠을 한 위에 유성 페인트인 락카 스프레이 페인트를 칠했기 때문에 필연적으로 트러블이 발생을 합니다.

그래서 필자는 수성 페인트로 3D 프린터로 출력한 출력물에 수성 페인트 칠을 하여 거친 표면을 메운 뒤에 유성 페인트인 락카 스프레이 페인트를 살짝 냄새만 날 정도로 가볍게 뿌리고 건조를 합니다.

건조 된 뒤에 다시 페인트 냄새만 날 정도로 아주 약간만 뿌리는 동작을 반복하여 여러 날 동안 반복 칠을 합니다.

이렇게 하여 수성 페인트로 칠해진 페인트를 유성 페인트인 락카 스프레이 페인트가 완전히 덮인 다음에는 과감하게 금색 락카 스프레이 페인트를 약 30Cm 거리에서 비교적 약간 충분하게 칠을 합니다.

이것도 여러 날에 걸쳐서 점진적으로 반복해야 하고요, 절대로 과하게 칠하면 몇 날 며칠 동안 작업한 것이 도로아미타불이 됩니다.

이 때 락카 스프레이 페인트도 서로 다른 메이커의 락카를 사용하면 트러블이 생기고요, 그리고 락카 스프레이 페인트는 이름 없는 무명 락카의 경우 가장 큰 문제는 금색이 나오지 않고요, 다음으로 문제는 트러블이 굉장히 심하게 발생합니다.

그래서 수성 페인트는 가격이 저렴한 페인트를 사용해도 별 문제가 없지만, 락카 스프레이 페인트는 여기서 메이커까지 밝힐 수는 없지만, 이름 있는 유명한 메이커의 금색 락카를 써서 완성한 것입니다.

앞에서 매우 자세하게 길게 설명한 것과 같이 필자가 원하는 황금색 펄 안료는 수백 만원을 들여서 수 많은 시행 착오를 겪치면서 드디어 찾아낸 황금색 펄 안료는 두 번 다시 구할 수가 없으니 그 동안 들어간 수 백 만원은 버린 것입니다.

그래서 이런 엉터리 페인트 판매자들에게 다시 속지 않으려고 아예 황금색 펄 안료는 결국 포기를 했고요, 앞의 화면에 보이는 금색 락카 스프레이 페인트로 마무리를 하여 완성한 것입니다.

어차피 필자는 3D 프린터 사업은 접었습니다.
다만 그 때 3D 프린터로 출력 해 놓은 3D 출력물이 거의 1,000 여 개나 되므로 아예 모두 버리려고 자루에 담다서 내 놓았으나 세월이 흐르면서 필자의 마음이 조금 누그러져서 버렸던 자루를 뒤져서 금색 스프레이 락카로 마무리를 하고 밑 바닥 스탠드는 인터넷으로 검정색 아크릴 판을 구입해서 특수 접착제로 접착을 한 것입니다.

5-6. 거제 대우 옥포 조선소

필자가 옛날에 거제도에 있는 대우 그룹 산하 옥포 조선소를 방문 한 적이 있는데요, 위의 화면은 방금 구글에서 검색한 결과이므로 참조만 해 주시고요,..

위의 사진에 보이는 대형 골리앗 크레인의 맨 윗 부분의 넓이는 8차선 도로와 같은 넓이이고요, 이미 수십 년 전이었습니다만, 당시의 가격으로 이 크레인에 페인트를 칠하는 비용이 무려 2억원이 들어간다는 안내를 받았습니다.

이런 엄청난 페인팅을 하는 것은 확실히 일반 페인트와는 완전히 차원이 다른, 그야말로 이런 페인팅의 전문가가 아니면 할 수 없는 페인팅입니다.

또한 위의 사진에 보이는 엄청난 조선소의 초대형 골리앗 크레인이 아니더라도 각종 플랜트에는 어김없이 유성 페인트, 최고급 유성 페인트를 사용합니다.

How to use an air spray gun

요즘 세계적인 불황으로 많은 나라들, 특히 남미 국가들이 아우성입다만, 우리나라는 다행히 이런 엄청난 해양 플랜트, 특히 조선이라는 어마어마한 분야에서 세계 1위를 고수하고 있으니 참으로 자랑스럽고 가슴 뿌듯한 일입니다.

또한 최첨단 기술로, 일부 국가에서만 가지고 있는 원자력 기술 또한 세계 최고 수준으로 전 세계에서 각종 원자력 발전소 수주량 역시 무시할 수 없는 저력을 가지고 있습니다.

그리고 우리나라도 이제는 세계 최고의 선진국이 되어 수많은 분야에서 세계를 선도하고 있고요, 얼마 전에 발사한 달 탐사선을 비롯하여 우주 개발에도 적극적으로 참여하고 있습니다.

머지 않은 미래에 우리나라도 달에 착륙선을 보낼 예정으로 달 탐사에도 적극적으로 가담하고 있는데요, 이러한 우주선 역시 페인트가 없으면 절대로 할 수 없는 기술들입니다.

우주선 뿐만이 아니고 각종 항공기, 기차, 자동차, 선박, 각종 산업 기계 등등 페인트가 들어가지 않는 분야는 없다고 해도 과언이 아닙니다.

에어 스프레이건 사용법 　　　　　　　　　　　　　　　　　에어 콤푸레셔

그래서 이런 어마어마한 페인팅을 하는 것이 아닌, 필자와 같이 3D 프린터로 출력한 3D 출력물에 페인팅을 하는 것은 완전히 다른 것이라는 것을 알아야 합니다.

필자는 그 동안 오로지 유성 페인트만 가지고 헤일 수 없이 많이, 여러 번 덧칠을 하여 3D 프린터로 출력한 3D 출력물의 거친 표면을 비교적 매끄럽게 하는 작업을 했는데요, 페인팅을 하도 여러 번 덧칠을 하다보니 가장 잘 칠해진 표면도 매끄럽게 되지 않습니다.

처음에는 트러블이 생겨서 무척 고생을 했고요,..

How to use an air spray gun

똑같은 유성 페인트 종류라도 페인트의 종류가 다르면 화학 성분이 달라서 마치 가뭄에 저수지 바닥이 드러나서 쩍쩍 갈라지는 것 같은 현상이 발생을 합니다.

필자는 또 이 문제를 해결하기 위하여 엄청난 돈을 들여가며 수 많은 시간을 들여가며 연구에 연구를 거듭하였지만, 근본적으로 이 문제를 해결하는 것은 불가능합니다.

한 가지 종류, 예를 들어 유성 페인트로 시작했다면 유성 페인트로 처음부터 끝까지 페인팅을 하면 되지만, 그렇게 할 수가 없습니다.

프라이머도 다르고, 하도 페인트도 다르고, 중도 페인트도 다르고, 상도 페인트도 다르기 때문에 어떤 페인트에서라도 트러블이 발생을 하기 때문입니다.

특히 락카 페인트와 우레탄이나 에폭시 등의 페인트는 마치 물과 기름처럼 트러블이 극대화 되어 나타납니다.

아니, 도대체 이런 것들을 일반인이 어떻게 알 수가 있겠어요..??

필자 역시, 남다른 많은 재주를 가지고 있지만, 난생 처음 페인팅을 해 보는 것이므로 이런 것을 알 수 없는 것은 너무나 당연한 것입니다.

그래서 필자는 돈을 무려 1,500만원을 써 가면서 죽어라 페인팅 연습을 하는 과정에서 이 모든 것을 알게 된 것이고요, 그래서 이 책에 거의 필자의 경험담을 기술하는 형식으로 집필을 하는 것입니다.

5-7. 유성 페인트의 문제점

유성 페인트를 꼭 써야 하는 곳에서는 당연히 유성 페인트를 사용해야 하겠습니다만, 유성 페인트는 여러가지 문제점을 가지고 있습니다.

가장 큰 문제는 인체에 해롭다는 문제이고요,..

같은 유성 페인트라도 페인트의 성분이 다르면 여기에 맞는 시너를 사용해야 한다

는 것도 문제이고요, 페인트 작업이 끝나지 않았더라도 하루의 일과를 끝낼 때는 에어 스프레이건 포함 모든 페인팅 관련 용품들을 시너로 세척을 해야 하기 때문에 시너가 매우 많이 들어갑니다.

그래서 에어 스프레이건 사용법을 익히는 것과는 별개로 페인트의 종류와 종류별 특성을 알아야 합니다.

페인트의 종류가 너무 많기 때문에 모든 페인트를 다 안다는 것은 사실상 불가능하고요, 페인트 역시 끊임없이 새로운 신제품이 나오기 때문에 새로운 페인트에 대해서도 숙지를 해야 합니다.

그러나 유성 페인트의 문제점은 여기에 그치지 않습니다.
뒤에서 설명하는 1액형 페인트와 2액형 페인트의 문제점이 또 있습니다.

How to use an air spray gun

이러한 것들은 필자가 돈을 무려 1,500만원을 써 가면서 죽어라 페인팅 연습을 하는 과정에서 알게 된 것이고요, 그래서 이 책에 거의 필자의 경험담을 기술하는 형식으로 집필을 하는 것입니다.

유성 페인트는 이 문제만 있는 것이 아닙니다.

앞에서도 설명했습니다만, 가장 큰 문제는 페인트가 마르지 않는다는 점입니다.

물론 자동차 도색 등과 같이 간단한 페인팅, 한 번 칠하고 두 번 정도 덧칠하는 페인팅은 그리 큰 문제가 발생을 하지 않습니다.

그러나 필자와 같이 3D 프린터로 출력한 3D 출력물을 후가공을 하여 거친 표면을 가진 피도체의 거친 표면을 오로지 페인트 만으로 메워서 매끈하게 해야 하기 때문에 페인트 두께가 최소한 1mm ~ 2mm 정도로 두껍게 칠을 해야 합니다.

페인트 제조사의 권장 페인팅, 도장 두께가 마이크미터, 즉, 십억분의 1을 따지는 마당에 두께가 1mm~2mm의 두꺼운 페인팅은 마치 거대한 조선소 골리앗 크레인이나 각종 해양 플랜트와 같은 엄청난 구조물에 두께 1~2미터의 페인팅을 하는 것과 같습니다.

제 아무리 어마어마한 조선소의 골리앗 크레인이나 엄청난 해양 플랜트 구조물에 페인팅을 하는 최고의 기술자라 할지라도 여기에 페인트를 1~2미터 두께로 칠을 한다면 미친 사람 소리를 들은 것은 너무나 당연한 일입니다.
그래서 어려운 것입니다.

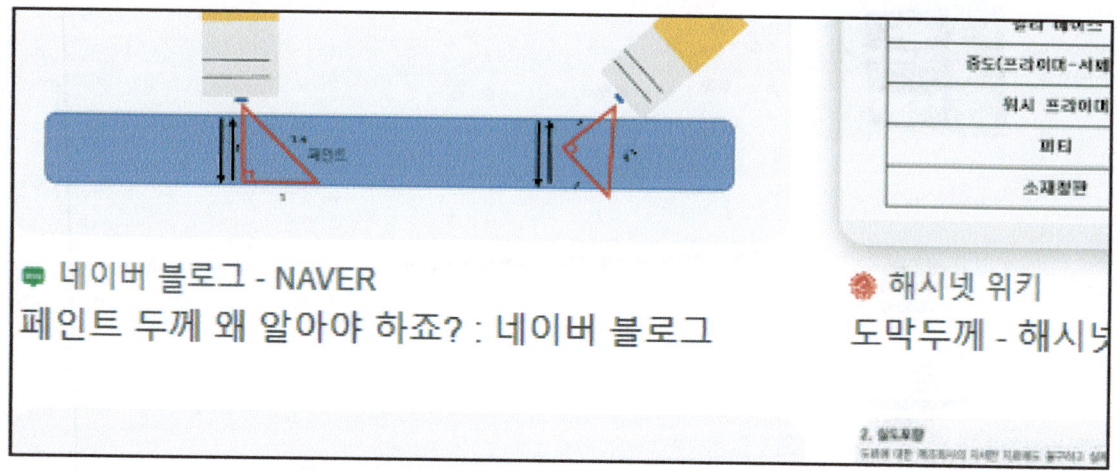

필자는 이런 일에는 밥도 먹지 않고 연구를 하는 사람이므로 필자 나름대로는 여러 가지 방법을 사용해서 이 문제를 해결하기 위하여 엄청난 노력을 하였습니다.

그러나 결과적으로는 불가능한 일이고요, 다만, 페인팅을 한 번 하고 혹은 여러 번 해서 어느 정도 피도면의 거친 표면을 메운 다음에는 다른 종류의 페인트를 칠할 때 최대한 살짝 칠을 해서 트러블이 생기지 않게 유도를 하고 이런 식으로 몇 번 또 덧칠을 하고 트러블이 생기지 않을 정도로 다른 페인트를 몇 번 칠을 한 다음에 본격적으로 다른 페인트를 칠을 하면 되기는 됩니다.

그러나 이렇게 하는 과정에서 덧칠을 수십 번 해야 하며, 매번 건조시켜야 하므로 페인팅 시간, 건조 시간 등 시간이 너무 많이 걸리고, 페인팅을 수십 번 이상 덧칠을 해야 하므로 엄청난 노동력이 들어가고 결과적으로 제조 단가가 너무 높아지기 때문에 성공을 했어도 이 방법은 안 되는 것입니다.

최종적으로 칠하는 상도 페인팅을 할 때 2액형 페인트를 사용하여 경화제를 넣어서 빨리 건조시킬 수는 있지만, 상도 페인팅을 하기 전에 너무 많은 덧칠을 한 페인트가 완전 건조가 되지 않은 상태이기 때문에 육안으로 보기에는 괜찮은 것처럼 보이지만, 이렇게 칠을 한 제품을 바닥에 높여 놓으면 바닥에 닿은 부분이 납작하게 변형이 됩니다.

무려 1년이 지난 뒤에도 이런 현상이 발생하기 때문에 유성 페인트로 작업하는 것은 결국 포기를 한 것입니다.

베어 강력 올인원 젯소 프라이머 4L, 방문 가구 싱크대 몰딩 리폼 다용도 페인트젯소
광고 69,000원
생활/건강 > 공구 > 페인트 > 수성페인트
광도: 무광 | 특징: 친환경, 항균 | 용량: 4L
스토어찜 & 첫구매 중복 쿠폰 최대 2,000원 할인!
리뷰 15 · 구매건수 9 · 등록일 2016.06. · 찜하기 5 · 신고하기

실크리트 락다운 바닥용 초벌제 도장용 프라이머
광고 24,600원
생활/건강 > 공구 > 페인트 > 수성페인트
오랜기간 유지되는 강한 보호막, 고성능 마감재 실크리트
리뷰 4 · 등록일 2018.11. · 찜하기 0 · 신고하기

How to use an air spray gun

네이버에서는 상품 검색을 할 때 원하는 검색을 빨리 할 수 있는 검색 연산자가 많아서 아주 좋습니다.

예를 들어 "수성 페인트 +프라이머" 이런 식으로 연산자를 넣어서 검색을 하면 원하는 상품을 빨리 찾을 수 있고요, 앞의 화면에 보이는 것과 같이 수성 페인트에도 프라이머, 하도, 중도, 상도, 다 있습니다.

앞의 화면은 방금 네이버에서 검색한 결과이므로 참조만 하시고요,..
이와 같이 여러분이 직접 여러분이 원하는 조건식을 넣어서 검색을 하면 됩니다.

앞의 화면에 보이는 검색 결과는 헤일 수 없이 많이 나옵니다.
이 중에서 자신에게 딱 맞는 페인트는 오로지 자신이 직접 선택을 해야 합니다.

필자는 필자가 원하는 페인트를 직접 검색하여 찾았고요, 처음에는 잘 모르기 때문에 수성 페인트도 대충 10 종류를 구입해서 테스트를 하였습니다.

수성 페인트도 평활도가 높은 제품이 있고요, 특히 수성페인트는 유성 페인트에 비하여 필자가 구현하는 3D 프린터로 출력한 3D 출력물 후가공을 한 피도면에 칠을 하면 페인트를 흡수하지 않기 때문에 줄줄 흘러 내리는 현상이 훨씬 더 심하게 나타납니다.

더구나 필자가 구현하는 3D 프린터로 출력한 3D 출력물은 플라스틱이기 때문에 유성 페인트에 비하여 수성 페인트는 더더욱 페인트칠이 잘 안 됩니다.

그래서 필자는 돈을 무려 1,500만원을 써 가면서 오로지 유성 페인트로만 페인팅을 하다가, 아무리 해도 안 되기 때문에 발상의 전환을 하여 플라스틱에는 수성 페인트를 칠하면 안 된다는 통념을 깨고 수성 페인트로 페인팅을 시도하여 결국 유성 금색 스프레이 락카 페인팅으로 마무리를 한 것입니다.

여기서 주의 해야 할 점은 필자가 현재 구현하고자 하는 3D 프린터로 출력한 3D 출력물은 크기도 작고 아기자기 한 구조이기 때문에 수성 페인트로 칠을 해도 괜찮은 것이고요, 만일 크기가 크거나 도포 면적이 넓은 플라스틱 피도면이라면 수성 페인트는 곤란합니다.

물론 안 되는 것은 아니고요, 플라스틱 전용 수성 페인트를 사용하면 됩니다만, 가격이 미우 비싸기 때문에 덥석 구매하기가 어렵습니다.
앞에서 유성 페인트는 페인트의 종류가 서로 다른 페인트를 덧칠할 경우 트러블이 매우 심각하게 발생한다고 설명을 했는데요,..
수성 페인트는, 필자가 대체로 약 10종 정도 구입해서 페인트 칠을 했는데요, 어떠한 종류의 수성 페인트라 하더라도 용해제는 오로지 물 한 가지입니다.
앞에서 유성 페인트는 페인트의 종류에 따라 서로 다른 시너를 사용해야 하며, 이렇게 정확하게 잘 지켜도 페인트의 종류가 다를 경우 페인트의 화학 성분이 다르기 때문에 서로 다른 페인트를 덧칠 할 경우 트러블이 매우 심각하게 발생을 한다고 했는데요,..

수성 페인트는 대체로 어떠한 종류의 수성 페인트이든지 용해제는 오로지 단 한 가지 물이기 때문에 트러블이 거의 없습니다.
그리고 물에 씻겨 내려가기 때문에 페인팅이 끝나고 페인팅 도구는 물론 손 등 피부 역시 그냥 물로 세척하면 되는 매우 편리한 페인트입니다.
물론 건조되기 전이라야 가능합니다.
수성 페인트도 일단 건조되면 유성 페인트와 같지는 않지만, 수성 페인트도 잘 닦이지 않기 때문에 피인팅 도구 등을 세척할 때는 반드시 건조되기 전에 세척을 해야 합니다.

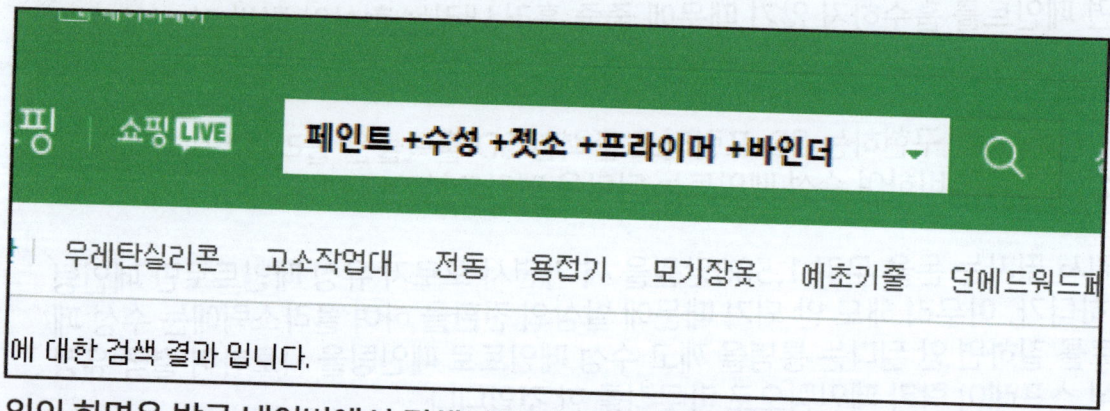

위의 화면은 방금 네이버에서 검색어를 다르게 입력하여 검색한 화면인데요, 위에 보이는 젯소, 프라이머, 바인더는 모두 같은 말입니다.

즉, 프라이머는 수성 페인트의 경우 흔히 젯소라고 부르며, 프리이머는 초기 애벌 칠을 하는 페인트이며 이후 덧칠을 하는 중도 페인트 및 상도 페인트가 표면에 잘 부착되도록 해 주는 중요한 역할을 하기 때문에 프라이머는 또 다른 말로 바인더라는 용어를 사용하기도 합니다.

How to use an air spray gun

5-8. 해외 직구의 문제점

필자는 아주 오랜 옛날부터 사업을 해 왔기 때문에 해외 직구를 많이 했고요, 원래 해외 직구는 미국에서 많이 했습니다.

그러나 미국에서 직구를 하면 배송 기일이 너무 오래 걸립니다.

그러다가 중국의 알리바바 그룹의 자회사인 알리익스프레스가 네이버에 입점하면서 알리에서 해외 직구를 하기 시작했고요, 알리에서 구매하면 국내에서 구매하는 것과 별반 다르지 않게 빠르면 3~4일, 보통 1주일~보름 정도 걸립니다.

그래서 알리에서 계속 직구를 했는데요, 결과적으로 국내에서 조금 더 주고 구입하는 것보다 훨씬 더 비싸게 구입한 결과가 되고 만 것입니다.

알리에서 하도 많은 사기를 당했기 때문입니다.
일부는 제품이 오지 않는데도 불구하고 환불도 해 주지 않습니다.

필자가 원하는 금색 페인트도 알리에는 많이 있습니다만, 알리에서는 또 사기를 당하지 않을까 하는 염려 때문에 쉽게 구입할 수가 없습니다.

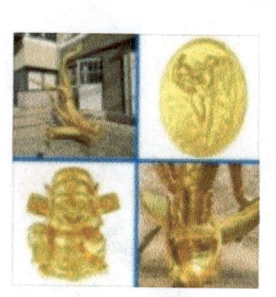
해외 금분 메탈릭페인트 골드 실버 브론즈 메탈파우더 빈티지인테리어 금분안
상 분류:02 수성금박페인트 100g (송구)} {용량:01 기타}
225,160원
생활/건강 > 공구 > 페인트 > 수성페인트
등록일 2022.07. · 찜하기 0 · 신고하기

해외 골드 금색 금분 페인트 커스텀 금분칠 석가모니 불상용
221,680원
생활/건강 > 공구 > 페인트 > 수성페인트
등록일 2022.08. · 찜하기 0 · 신고하기

필자가 서울에서 사업을 할 때는 중국산 수입품을 산더미처럼 쌓아놓고 판매를 했고요, 이 중에는 순금이 아니면서도 순금과 같은 효과가 나는 제품이 많이 있었기 때문에 중국에서 금색 페인트를 구매하면 아마도 국산 페인트보다 더욱 금색이 잘 나올 것으로 생각은 됩니다.

특히 중국어에 능통하고 중국에서 유학을 했거나 중국과 밀접한 관계가 있는 분이라면 중국에서 이런 페인트를 구입해서 사용해도 될 것입니다.

다만, 필자는 중국인들에게 하도 속아서 이제는 중국에서는 구입을 하지 않는 것일 뿐입니다.

필자는 알리에서 그야말로 엄청나게 구입을 많이 했지만, 결과적으로 돈을 조금 더 주고 국내에서 구입하는 것이 더 낫다는 교훈만 얻었습니다.

How to use an air spray gun

알리에서는 상품 페이지도 기가 막히게 만들어 놓고 판매를 합니다.

그러나 국내에서 구입을 해도 페인트는 거의 반품 및 교환이 불가능하거늘 하물며 믿을 수 없는 중국인들한테서 이런 제품을 구입한다는 것은 혹시 잘 못 와도 그냥 버려야 한다는 것을 알기 때문에 믿을 수가 없어서 구매를 하지 않는 것입니다.

또한 혹시 이런 페인트를 구입해서 진짜로 원하는 금색이 나왔다 하더라도 이런 제품을 지속적으로 공급을 받을 수 있을지 절대로 알 수 없습니다.

규모가 큰 대형 무역 회사에서야 담당 전문가인 해당 직원이 중국의 무역 상사와 협의를 하여 국가간 무역에 준하는 거래를 할 수 있겠지만, 필자와 같은 개인 사업자는 모두 본인 혼자서 중국인을 상대를 해야 하므로 안 되는 것입니다.

중국은 믿을 수 있다, 중국인은 믿을 수 있다.. 는 이런 신뢰를 심어주면 필자는 아마 거리낌 없이 덥석 구매할 것입니다.
중국, 중국인으로서도 얼마나 큰 손해인가 이 말입니다.

필자가 원하는 것이 바로 이런 제품을 만들기를 원하는 것입니다.

필자는 중국에서 수입 판매하던 제품을 그대로 만들어 보고 싶어서 페인팅을 시작한 것이고요, 결국 성공을 했지만, 지금까지 설명한 이유로 지지부진합니다.

무엇보다 중국에서 수입하는 이런 제품들은 가격이 매우 저렴하다는 점입니다.
그런데 어째서 페인트는 이렇게 비싸게 판매를 하는지 모르겠습니다.
따라서 이 부분은 필자도 잘 모르는 부분이므로 중국, 중국인, 중국어 등에 대해서 잘 아시는 분이라면 필자가 하지 못한, 중국에서 페인트를 수입하여 시도를 해 보시기 바랍니다.
다만, 중국이든 국내이든 앞에서 기술한 페인트 구입시 고려 사항을 반드시 고려해야 합니다.

5-9. 중국의 황금색 제품들

앞의 화면에 보이는 것은 중국산 펄인데요,.. 필자는 서울에서 사업을 할 때 중국산 수입품을 산더미처럼 판매를 했으므로 이런 종류의 제품들도 많이 판매를 했습니다만, 이런 제품들은 가격이 매우 저렴합니다.
그런데도 이런 효과가 나게 하는 펄 페인트는 여전히 엄청나게 고가에 올려 놓았습니다.
이렇게 비싼 펄 페인트라도 판매량을 보면 엄청납니다만, 정말인지는 모르겠습니다.

필자가 이 책에서 언급하는, 3D 프린터로 출력한 3D 출력물에 바로 이런 효과를 내고 싶어서 3D 프린터도 여러 대 구입하고 콤푸레셔도 여러 대 구입하고 에어스프레이건도 여러 개 구입하고 페인트 역시 엄청나게 구입을 해서 페인팅을 시작한 것인데요, 사실 이런 제품을 만드는 곳에 가서 기술을 배우면 좋겠지만, 그럴 수가 없어서 필자는 결국 무에서 유를 창조했습니다.

사실 필자보다 먼저 이런 시도를 한 사람도 있을 것입니다.
3D 프린터 역시 필자보다 먼저 각종 피규어 등을 제작해서 현재 시중에서 시판하고 있는 사업자들도 많이 있으니까요,..

에어 스프레이건 사용법 에어 콤푸레셔

따라서 이 책은 '에어스프레이건 사용법' 이라는 타이틀로 필자의 경험담을 소개하는 형식으로 기술하는 것이므로 필자보다 능력이 되시는 분들은 중국에 직접 가서 이런 제품을 만드는 곳을 직접 견학을 하고 기술을 배워 보시는 것도 좋은 방법이라고 생각합니다.

따라서 이 책 뿐만이 아니고, 어떠한 책이라도 책은 그저 방향을 제시하는 이정표와 같은 것입니다.

그 이정표를 따라 걸어가는 사람이 어떻게 걷느냐에 따라 크게 성공하는 사람도 있을 것이며 그렇지 않은 사람도 있을 것입니다.

How to use an air spray gun

일본은 아무리 미워도 실질적으로 중국보다 큰 나라이며 인구도 우리나라의 2배가 넘습니다.
또한 실질적인 국가의 힘을 나타내는 GDP는 우리나라의 4배에 이릅니다.
따라서 아무리 일본이 미워도 일본을 멀리 할 수 만은 없습니다.

중국은 또 아무리 중국이 미워도 중국은 인구만 해도 14억, 국토 면적은 한반도의 50배에 이릅니다.
따라서 이 책에서는 필자가 알리에서 사기를 하도 많이 당해서 중국을 다소 못 된 국가로 소개를 했습니다만, 일본도, 중국도 무조건 멀리만 해서는 득이 될 게 하나도 없습니다.

특히 필자가 이 책에서 구현하고자 하는 3D 프린터로 출력한 3D 출력물에 순금이 아니면서도 순금과 같은 효과가 나도록 하는 기술은 거두절미하고 중국이 세계 1위입니다.
따라서 필자와 같이 순금이 아니면서도 순금과 같은 효과가 나도록 하려는 사람은 가능하다면 중국에 가서 기술도 익히고 중국산 안료를 수입해서 사용해 보는 것도 하나의 방법이라고 생각합니다.

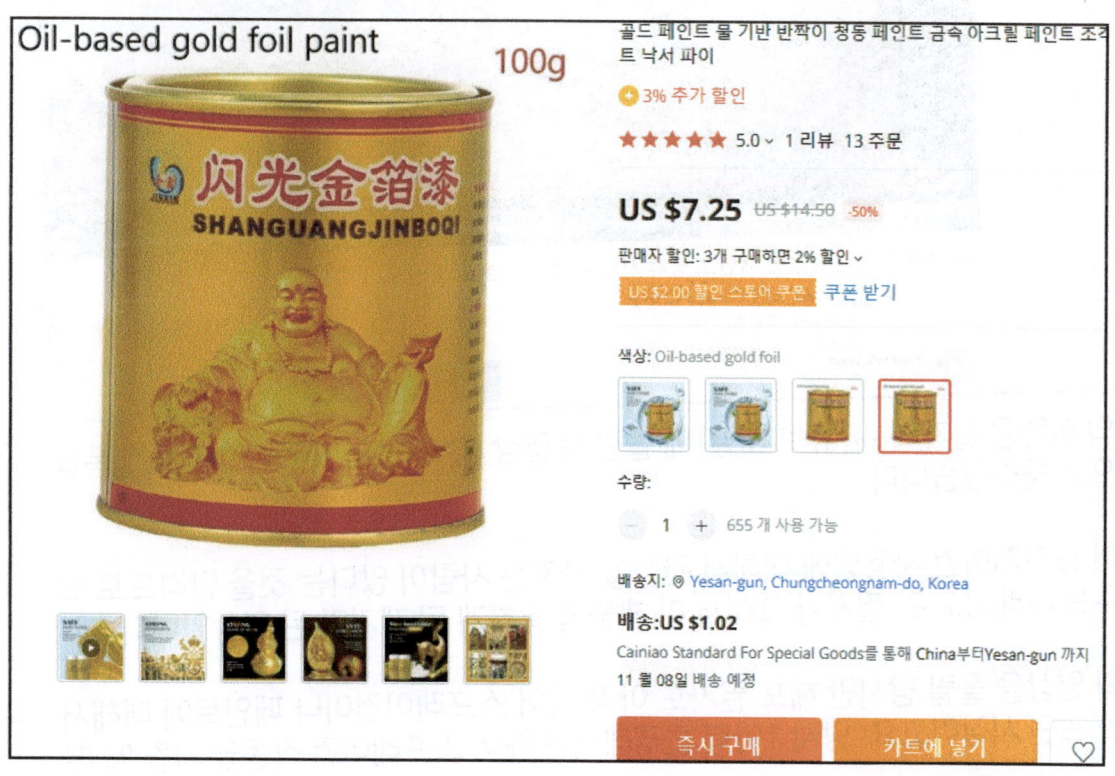

5-10. 유튜브 동영상 조회수

위의 화면은 필자의 [유튜브 채널]에 올린 동영상 중의 하나인데요, 조회수가 폭발적으로 올라갔습니다.

에어 스프레이건 사용법에 대해서 관심을 가지는 사람이 많다는 것을 단적으로 보여주는 사례이고요, 필자가 그래서 이 책을 집필하게 된 게기가 된 영상입니다.

위의 영상을 올릴 당시만 해도 필자도 아직 에어 스프레이건이나 페인트에 대해서 잘 모르던 시절이고요, 당시 1마력 콤푸레셔로 에어 스프레이건 작동을 시킬 때 페인트 농도가 진하면 분사가 안 되므로 이 영상에 보이는 정도의 농도로 희석을 하면 분사가 잘 된다는 영상을 올린 것입니다.

이렇게 1마력 혹은 2.5마력 콤푸레셔로 에어 스프레이건 작업을 한다면 앞에서 본 영상의 내용과 같이 페인트를 희석시켜서 농도를 묽게 해서 에어 스프레이건 작업을 하면 되기는 되지만, 결과적으로는 안 된다고 앞에서 설명은 했습니다만, 다시 한 번 설명을 하겠습니다.

일단 페인트를 정도 이상 희석시키면 페인팅이 제대로 안 됩니다.
우선 줄줄 흘러 내려서 안 되고요, 건조된 뒤에도 제대로 색상이 나오지 않습니다.

원래 모든 페인트는 희석 시키지 말고 원액 그대로 페인팅을 하는 것어 원칙입니다.

다만, 페인트가 너무 뻑뻑해서 페인트칠이 힘 들 때 페인트 제조사의 권장량에 따라 유성 페인트는 해당 페인트에 맞는 시너를, 수성 페인트는 물을 희석시켜서 사용하도록 합니다만, 그 비율이 소량의 시너 혹은 소량의 물을 희석시키도록 하고 있습니다.

그리고 페인트의 희석 비율만 문제가 되는 것이 아닙니다.

앞에서 에어 콤푸레셔 구입시 고려 사항에 대해서 자세하게 설명은 했습니다만, 에어 콤푸레셔의 압력은 어떤 에어 컴퓨레셔이건 동일하므로 압력이 고려 사항이 아니고요, 에어 콤푸레셔 구입시 가장 큰 고려 사항은 분당 에어 생산량이라고 했습니다.

그래서 1마력, 2.5마력 에어 콤푸레셔는 압력이 낮아서 못 쓰는 것이 아니라 분당 에어 생산량이 적어서 에어 스프레이건 작업을 할 수 없는 것입니다.

에어 스프레이건은 많은 양의 에어를 분사해서 이 에어의 힘으로 페인트를 빨아들여서 분무를 하는 것이기 때문에 많은 양의 에어를 생산하는 에어 콤푸레셔가 있어야 에어 스프레이건 작업을 할 수 있는 것입니다.

그래서 1마력이나 2.5마력 에어 콤푸레셔를 가지고 에어 스프레이건 작업을 하기 어렵고요, 최소한 필자가 사용하는 3.5마력 쌍기통 피스톤식 에어 콤푸레셔가 분당 에어 생산량이 충분하기 때문에 에어 스프레이건 작업을 충분히 할 수 있는 것입니다.

그러나 이것도 에어 스프레이건 1대 밖에는 사용할 수 없습니다.

현장에서 에어 스프레이건을 2명 이상 동시에 사용한다면 필자가 사용하는 3.5마력 에어 콤푸레셔도 부족하고요, 이런 경우에는 최소한 5마력 이상의 에어 콤푸레셔가 있어야 합니다.

앞에서 보았던, 필자의 유튜브 채널에 올린 동영상이 그토록 조회수가 많이 올라가는 것을 보면 당시의 필자와 같이 1마력 혹은 2.5마력 콤푸레셔를 가지고 에어 스프레이건 작업이 가능한지 알아 보려는 사람이 많다는 것을 알 수 있습니다.

그러나 거듭 강조합니다만, 필자는 에어 스프레이건에 대해서 완전 무지, 백지 상태에서 시작하였기 때문에 여러 대의 에어 스프레이건 및 여러 대의 에어 콤푸레셔를 구입해서 결과적으로 많은 돈을 낭비를 했습니다.

그래서 이 책을 보시는 여러분은 기존에 가지고 있는 에어 콤푸레셔를 이용한다면 어쩔 수 없지만, 새로 구입한다면 약간 돈이 더 들더라도 필자가 사용하는 3.5마력 쌍기통 에어 콤푸레셔를 구입하기를 강력하게 권고합니다.

5-11. 1액형 페인트의 문제점

앞에서 필자가 유성 페인트는 1액형 페인트와 2액형 페인트가 있다고 했는데요, 당시 필자는 2액형 페인트는 서로 다른 2가지 용제를 섞어서 페인트를 만들어서 사용해야 하는 줄 알고 죽어라 1액형 페인트만 사용을 했습니다.

물론 일반적인 용도에서는 1액형 페인트도 쓸만 합니다.

그러나 필자는 3D 프린터로 출력한 3D 출력물을 후가공을 하여 거친 표면을 오로지 페인트를 여러 번 덧칠을 하여 두껍게 페인팅을 해서 거친 표면을 메워서 매끄럽게 해야 하므로 참으로 여러 번 덧칠을 해야 합니다.

이렇게 여러 번 덧칠을 하여 페인트를 두껍게 칠 할 경우 치명적인 문제가 발생을 합니다.

에어 스프레이건 사용법   에어 콤푸레셔

이 사진은 필자가 금색 페인팅을 완성을 하고 무려 3~4개월 건조시킨 다음, 표면이 변형되지 않는지 바닥에 아무렇게나 놓아두었더니 앞의 사진은 목 부분이, 아래 사진은 마우스가 가리키는 부분이 푹 패여서 이렇게 변형이 된 것입니다.

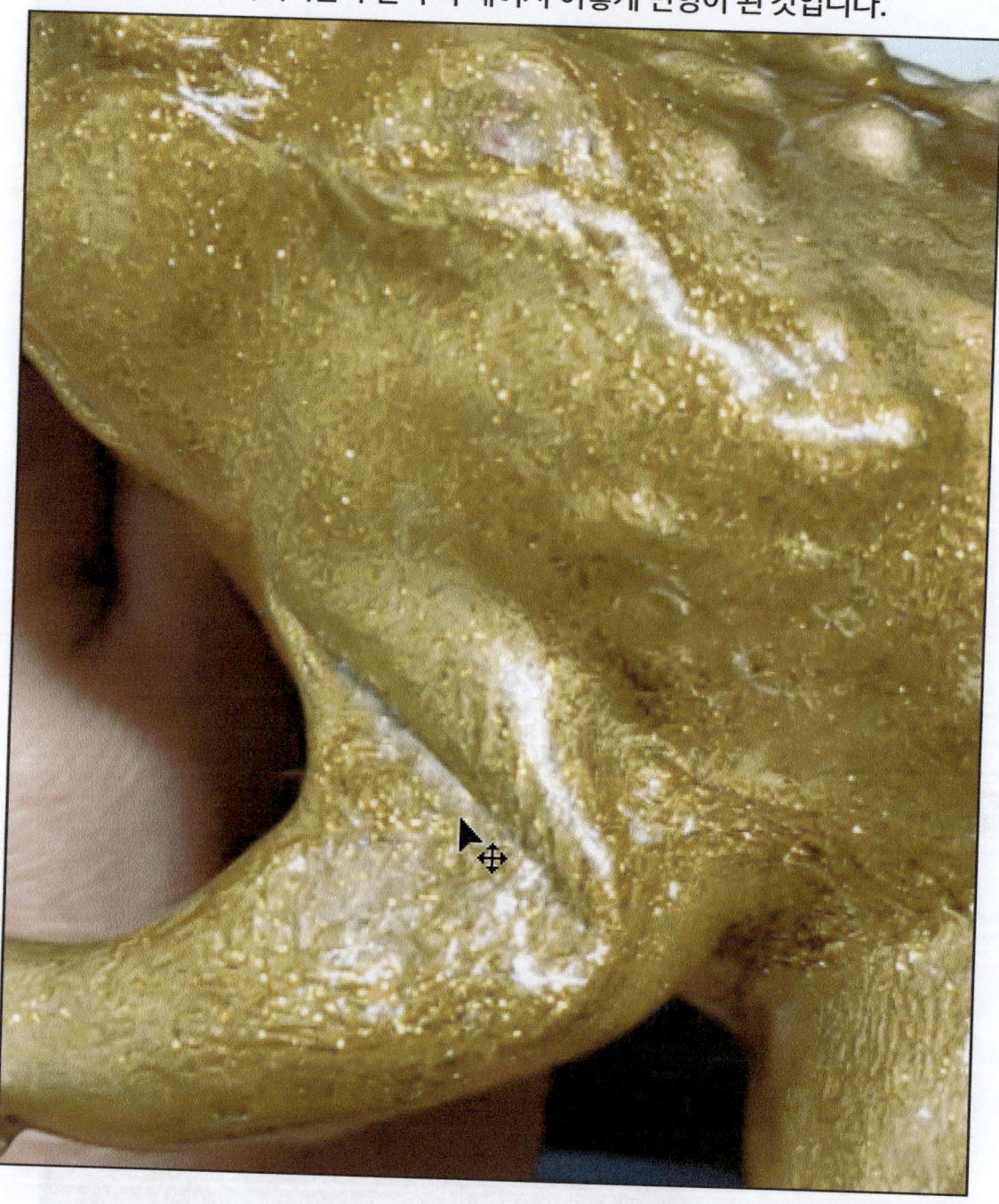

How to use an air spray gun

이렇게 금색 펄을 칠하여 필자가 원하는 금색 페인팅은 완성이 되었습니다.

그런데 앞에서 본 사진과 같이 일부러 제품에 변형이 오는지 압력을 가한 것도 아니고 그냥 바닥에 아무렇게나 놓아두었더니 이렇게 변형이 된 것입니다.

즉, 1년이 지나도 완전 건조는 불가능합니다.

이것이 1액형 페인트의 문제점입니다.

그리고 나서 2액형 페인트에 눈을 돌렸고요, 그 동안 2액형 페인트는 서로 다른 2가지 용제를 섞어서 필자가 페인트를 만들어서 사용해야 하는 줄 알고 사용하지 않았던 2액형 페인트의 2액형이라는 것이 한 가지는 페인트를 빨리 굳게 하는, 즉, 경화시키는 경화제였던 것입니다.

5-12. 2액형 페인트의 문제점

비중	약 0.96
고형분용적비	약 31±1%
이론도포량	7.7 ㎡/ℓ (1회 - 40㎛)
건조도막두께	40㎛
색상	투명
광택	유광, 반광
혼합비	주제(A)/경화제(B)=7/1(부피)
보관 및 저장	12개월(통풍이 잘되는 건냉암소)

에어 스프레이건 사용법 　　　　　　　　　　　　　　　　　　　　　에어 콤푸레셔

앞의 화면은 방금 인터넷으로 검색한 2액형 페인트의 판매 화면을 화면 캡쳐한 것이므로 참고만 해 주시고요,..

앞의 하면에 보이는 페인트의 주제와 경화제의 혼합 비율은 7:1 로 나와 있습니다.

이것이 주차장 바닥 페인팅이나 건물 옥상 페인팅 등 넓은 면적에 말통들이 페인트 몇 통씩 들어가는 대량 페인팅이라면 아무런 문제가 없습니다.

그러나 필자와 같이 작은 피도체에 페인팅을 할 경우 페인팅을 하고 남는 페인트는 즉시 버려야 한다는 점입니다.

경화제는 문자 그대로 경화제이므로 조금 비약하자면 페인트를 칠하고 돌아서면 굳을 정도로 매우 빨리 건조되기 때문에 남는 페인트를 그대로 둘 경우 잠시 후에는 굳어서 페인팅 도구는 물론 필자의 경우 에어스프레이건으로 페인팅을 하는 것이기 때문에 에어스프레이건의 페인트 라인에 들어 있는 페인트도 굳어 버려서 에

How to use an air spray gun

어스프레이건까지 못 쓰게 됩니다.

따라서, 필자의 경우 피도체가 작은 인형들이기 때문에 에어스프레이건 페인트 통에 적당량의 2액형 페인트를 주제와 경화제를 제조사의 권장 비율에 맞춰서 혼합하여 페인트를 만들 때, 페인팅을 하려는 인형의 갯수를 최대한 정확하게 계산하여 에어스프레이건 페인트통에 들어 있는 2액형 페인트를 다 쓸 때까지 페인팅을 할 수 있는 인형 여러 개에 페인팅을 합니다.

그러나 에어스프레이건은 어떠한 경우에도 에어스프레이건에 달려 있는 페인트 통 속의 페인트를 끝까지 다 쓸 수는 없습니다.

에어스프레이건에 달려 있는 페인트 통의 바닥 부분, 에어스프레이건 속에 들어 있는 페인트를 빨아들이는 스트로우가 닿지 않는 부분의 페인트는 분사가 안 되기 때문에, 그냥 두면 급속 건조가 되어 버리므로 결국 버려야 합니다.

에어 스프레이건 사용법

그리고 여러가지 이유로, 특히 건망증으로 깜박 잊고 에어스프레이건으로 페인팅을 하고 에어스프레이건에 달려 있는 페인트 통에 들어 있는 페인트를 버리지 않고, 나아가 페인트를 버리는 것 뿐만이 아니고 에어스프레이건에 달려 있는 페인트 통 속의 페인트를 버리고 여기에 시너를 붓고 세척을 해서 한 두 번 헹구어 내고, 그리고 다시 깨끗한 시너를 붓고 에어스프레이건으로 강제 분사를 하여 , 즉, 시너를 분사하여 에어스프레이건의 페인트 라인을 깨끗히 세척을 해야 합니다만, 이것을 잊어 버리면 에어 스프레이건을 못 쓰게 되므로 버려야 합니다.

따라서 2액형 페인트가 빨리 굳기 때문에 페인트가 오랜 세월이 지나도 굳지 않아서 발생하는 문제가 해결되지만, 이런 문제가 있으므로 정신이 혼미한 상태에서 페이팅을 하면 안 됩니다.

그러나 필자의 경우, 이래 저래 유성 페인트는 여러가지 문제를 야기하기 때문에 결국은 수성 페인트로 돌아섰고요, 그러나 수성 페인트만으로 칠을 하면 또 다시 수성 페인트만의 문제가 발생하기 때문에 발상의 전환을 하여 이제는 수성 페인트와 유성 페인트를 혼합하여 사용하는 것입니다.

How to use an air spray gun

위의 화면은 수성 페인트와 유성 페인트를 혼합하여 마지막으로 수성 페인트 위에 유성 페인트인 스프레이 락카 칠을 한 사진인데요,..

수성 페인트와 유성 페인트를 번갈아 덧칠을 할 경우, 또 다시 유성 페인트를 사용하기 위하여 유성 페인트통, 유성 페인팅 도구, 붓, 페인트 소분 도구 등 여러가지 페인팅 소품들을 꺼내야 하며, 지독한 독성 물질이며 인화성 물질인 시너를 또 다시 사용해야 하는 문제가 생깁니다.

그래서 필자의 경우, 수성 페인트 위에 여러가지 페인팅 도구들을 사용하지 않아도 되는 유성 페인트인 에어 스프레이 락카를 뿌린 것입니다.

앞의 화면은 너무 여러 번 덧칠을 하여 원래 모습을 잃어버려서 너무 애매모호하여 버린 것인데요, 그냥 폐기 처분 하기 위하여 아무렇게나 버려 두었더니 위의 사진에 보이는 얼굴 부분은 다른 곳에 닿아서 일그러졌고요, 얼굴 모습 및 손의 모습을 보면 너무 많은 덧칠을 하여 원형은 사라지고 모두 두리뭉실하게 보이는 모습입니다.

페인트를 너무 여러 번 덧칠을 하여 이런 현상이 생긴 것입니다.

How to use an air spray gun

이래 저래 페인트를 칠하는 것은 참으로 어렵습니다.
그냥 단순히 페인트를 칠하는 것이야 누군들 못 하겠습니까마는, 이렇게 깊이 있게 파고 들면 하면 할 수록 어려운 것이 페인팅 작업입니다.

위의 화면은 필자가 페인트를 건조시키기 위하여 원적외선 난로를 구입한 화면인데요, 일단 가격도 저렴하고, 페인트는 단순히 난로를 피워서는 별 효과가 없고요, 반드시 원적외선 난로를 피워야 페인트 건조에 도움이 됩니다.

원적외선 난로는 일반 난로에 비하여 열이 덜 발생하면서 원적외선을 내뿜기 때문에 페인트가 열로 인해서 변형되는 것을 최소화하면서 페인트를 건조시킬 수 있습니다만, 필자가 실제로 테스트한 결과로는 별로 효과가 없고요, 자동차 공업사 등에서 사용하는 건조실은 아마도 필자가 테스트한 결과와는 다를 것입니다.

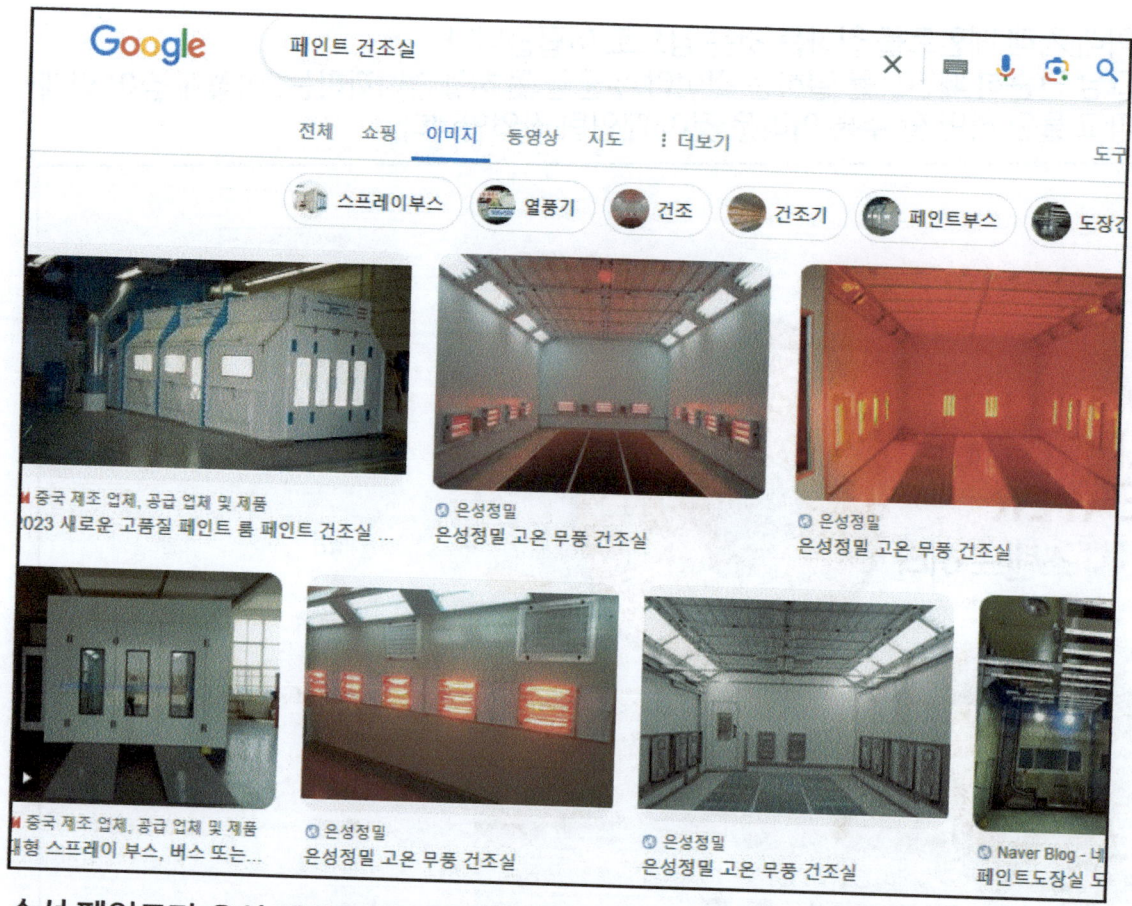

수성 페인트가 유성 페인트에 비해서는 빨리 마르지만, 수성 페인트도 제조사의 권장 건조 시간의 최소한 2배 이상의 건조 시간이 필요하고요,..

특히 유성 페인트는 페인트 건조시키는 것이 지상 최대의 과제입니다.

특히 필자와 같이 수 없이 많은 횟수의 덧칠을 해야 하는 경우 매 번 완벽하게 건조시켜야 하지만, 그렇게 하려면 천문학적인 시간이 필요하기 때문에 필자의 경우 피도체를 수십 개를 한 꺼번에 도색을 하는 것입니다.

위와 같은 건조실은 어마어마한 돈이 들어가기 때문에 앞쪽에서 보았던 원적외선 난로를 이용해서 건조를 시켜 보았지만, 별로 효과가 없습니다.

그래서 결국 유성 페인트를 포기를 하고 수성 페인트를 사용해서 피도면을 메우고 최종적으로는 스프레이 락카, 금색 락카 칠을 해서 완성한 것입니다.

이상 필자의 경험담을 토대로 에어 스프레이건에 대해서 기술했고요, 여기에 꼭 필요한 에어 콤푸레셔, 그리고 결과적으로는 페인팅을 하기 위해서 에어 스프레이건을 사용하는 것이므로 페인트에 대해서도 비교적 많은 정보를 담았습니다만, 항상 책의 원고를 마무리할 단계에서는 못내 아쉬움이 남습니다.

필자는 3D 프린터로 출력한 출력물을, 중국산 수입품, 황금색 조각상과 같은 황금색을 내기 위하여 페인팅을 시작해서 결국 성공을 했습니다만, 이 과정에서 너무 많은 돈이 들어 갔고요, 그러나 이 책을 펴 냈으므로 결코 헛 돈을 쓴 것은 아닙니다.

부디 여러분은 필자와 같은 시행 착오를 최대한 줄이시어 원하는 에어 스프레이건 작업을 원활하고 순조롭고 멋지게 완성하시기 바랍니다.

감사합니다.

저자 윤관식

<필자 약력>
1. 한국방송통신대학교 미디어 영상학과 4년 수료
2. 컴퓨터 자격증 다수 보유
3. 컴퓨터 관련 서적 및 사진, 그래픽 등 각종 서적 수십 권 이상 집필
4. 현 가나출판사 운영

제 목 : 에어스프레이건 사용법
부 제 : 에어 콤푸레셔
가 격 : 23,000원
발행일 : 2024. 04. 19.
발행처 : 가나출판사
대 표 : 윤관식
충남 예산군 응봉면 신리길 33-4
HP : 010-6273-8185
Fax : 02-2604-8185
Home : 가나출판사.kr

에이 스프레이건 사용법						에어 콤푸레셔

에어 스프레이건 사용법　　　　　　　　　　　　　　　　　　　　　　　　에어 콤푸레셔